职业教育院校重点专业系列教材

数控技术应用专业教学用书

激光加工工艺与设备

郑启光　　邵　丹　编著

机 械 工 业 出 版 社

本书是根据教育部制定的高职和高专课程的基本要求，紧紧围绕高等职业院校专业人才培养目标要求编写的。

本书共分 11 章，主要内容包括激光加工工艺与设备，具体如下：第 1 章激光加工技术基础；第 2~8 章激光加工工艺，其中第 2 章激光打孔与切割，第 3 章激光焊接，第 4 章激光表面热处理，第 5 章激光快速成形，第 6 章激光烧结合成陶瓷，第 7 章准分子激光微加工，第 8 章激光制备薄膜；为了突出激光加工的应用，在第 9 章较详细地介绍了激光在工业中的应用；第 10 章介绍了激光加工成套设备系统；为了引起学生对激光安全的重视，在最后的第 11 章讲述了激光安全。大部分章节均有习题。

本书适合作为高等职业院校激光专业的教材，也可作为相关专业本科生和相关工程技术人员的参考用书或培训教材。激光加工工艺与设备课程的参考学时数为 30 学时左右，其中第 6 章和第 8 章可作为教学参考内容。

图书在版编目（CIP）数据

激光加工工艺与设备/郑启光，邵丹编著. —北京：机械工业出版社，2009.10（2025.8 重印）

职业教育院校重点专业教材　数控技术应用专业教学用书

ISBN 978-7-111-28452-9

Ⅰ. 激…　Ⅱ. ①郑…②邵…　Ⅲ. ①激光加工—工艺—职业教育—教材 ②激光加工—设备—职业教育—教材　Ⅳ. TG665

中国版本图书馆 CIP 数据核字（2009）第 179052 号

机械工业出版社（北京市百万庄大街 22 号　邮政编码 100037）
策划编辑：汪光灿　责任编辑：刘远星　版式设计：霍永明
封面设计：陈　沛　责任校对：陈延翔　责任印制：刘　媛
北京富资园科技发展有限公司印刷
2025 年 8 月第 1 版第 13 次印刷
184mm×260mm·14.75 印张·360 千字
标准书号：ISBN 978-7-111-28452-9
定价：45.00 元

电话服务　　　　　　　　　　网络服务
客服电话：010-88361066　　机 工 官 网：www.cmpbook.com
　　　　　010-88379833　　机 工 官 博：weibo.com/cmp1952
　　　　　010-68326294　　金 书 网：www.golden-book.com
封底无防伪标均为盗版　机工教育服务网：www.cmpedu.com

前　　言

先进制造技术是国内外优先发展的领域，激光加工技术是这个领域中的一个重要方向。随着激光技术的迅速发展，激光加工作为一种新工艺已经显示出了强大的竞争力，并在国内外尤其在国外得到了广泛的应用，取得了显著的经济效益。

然而，激光加工工艺在我国还未得到广泛的采用，与国外相比还有较大的差距。原因很多，其中之一是人们对其不十分了解，从事激光加工的工程技术人员还不够注意应用推广工作。因而需要一本较系统介绍激光加工工艺的书，以促进激光加工技术在我国更快更好地发展。

本书是根据教育部关于高职高专教学基本要求，紧紧围绕着高等职业教育专业人才培养目标要求编写的，适合作为高等职业院校及成人高等教育机械类或相关专业的教学用书（参考学时为 32～40 学时），也可作为相关专业本科生和工程技术人员参考用书或培训教材。在本书编写过程中，结合我们多年的教学实践经验，从培养学生初步掌握激光加工技术入手，在内容取舍上，既保证基本知识内容，考虑整个激光加工工艺知识的系统化，又注重了所学知识在工程中的实际应用，突出了高等职业教育的特色。本书编写具有以下几个特点：

1. 本书紧紧围绕高等职业院校着重培养技能型人才的要求，在内容取舍上，着重偏重工艺与方法，尽量减少较深的理论与公式推导。

2. 为方便学生的实训，书中列举了激光加工实例与激光加工的典型工艺参数。

3. 本书加强了实用性，书中用较大篇幅介绍了激光加工的成套设备，使学生对激光加工工艺与设备有一个较完整的了解。

本书共分 11 章，由郑启光和邵丹主编。其中第 1 章、第 2 章、第 3 章（部分）、第 4 章、第 7 章、第 8 章、第 9 章（部分）由郑启光编写，第 5 章、第 6 章、第 10 章、第 11 章、第 3 章（部分）、第 9 章（部分）由邵丹编写。华中科技大学李再光教授对书稿进行了认真、细致的审阅，提出了许多宝贵意见，在此表示衷心的感谢。另外，武汉船舶职业技术学院周兰老师和崔西武老师对本书也提出了建设性意见，作者在此一并表示感谢。

在教材编写中，为了突出本书的特色，我们作了许多努力，但由于水平有限，书中难免存在不妥之处，恳请读者批评指正。

编　者

目　　录

第1章 激光加工技术基础

激光与其他光源相比，具有单色性好、相干性好、方向性好和亮度高等特点。

1）单色性好。普通光源发出的光均包含较宽的波长范围，即谱线宽度宽，如太阳光就包含所有可见光波长。而激光为单一波长，谱线宽度极窄，通常在数百纳米至几微米，与普通光源相比，谱线宽度窄了几个数量级。

2）相干性好。普通光源发出的光属于非相干光，不产生干涉现象，而激光有很好的相干特性。激光束叠加在一起，其幅度是稳定的，在相当长时间内，可保持光波前后的相位关系不变，这是任何其他的光源所达不到的。

3）方向性好。普通光源发射的光射向四方，谈不上有什么方向性，光束发散度大。而激光发散角小，一般为几个毫弧度，方向性好，如将激光束射向月球，则在月球表面的光斑直径不超过2km，甚至更小。

4）亮度高。所谓亮度，光学上给出的定义是，光源在单位面积上某一方向的单位立体角内发射的光功率。激光束能通过一个光学系统（如透镜）聚焦到一个很小的面积上，具有很高的亮度。例如一支输出功率为1mW的He-Ne激光器输出的激光，经过透镜聚焦后，其亮度比太阳的亮度高10万倍。

1.1 激光产生的机理

1.1.1 电磁辐射特性

1. 光具有波动性

众所周知，光波是一种电磁波，激光也是一种电磁波，它既存在电场分量，又存在磁场分量，如图 1-1 所示。

光波满足一维波动方程，即

$$\frac{\partial^2 E}{\partial Z^2} = \frac{1}{c^2} \frac{\partial^2 E}{\partial t^2} \tag{1-1}$$

式中，E 是电场强度；c 是光速（3×10^8 m/s）。

另一方面光波又遵循麦克斯韦方程，即

$$S = EH \tag{1-2}$$

$$S_\Psi = \frac{1}{2} EH \tag{1-3}$$

图 1-1 电磁场辐射的电场
和磁场矢量

式中，S 是单位面积的功率流；H 是磁场强度；S_Ψ 是单位面积的平均功率流。

光在真空中的传播速度是 3×10^8 m/s。

光波长和频率满足关系

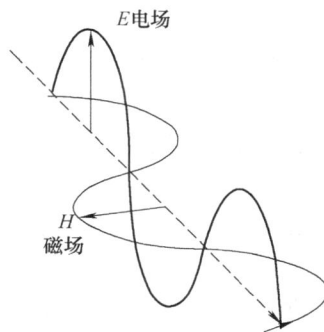

$$c = \lambda \nu \quad \text{或} \quad \lambda = \frac{c}{\nu}, \quad \nu = \frac{c}{\lambda} \tag{1-4}$$

式中，λ 是光的波长；ν 是光波频率。

当光在介质中传播时，其传播速度为

$$v = \frac{c}{n} \tag{1-5}$$

式中，v 是光波在介质中的传播速度；n 是介质的折射率。

$$n = \sqrt{\varepsilon_r} \tag{1-6}$$

式中，ε_r 是介质的介电常数，同时有

$$\frac{1}{\sqrt{u\varepsilon}} = \frac{c}{\sqrt{\varepsilon_r u_r}} \tag{1-7}$$

式中，u_r 是磁导率。

2. 光具有粒子性

当人们发现某些光学现象（例如光电效应、热辐射等）与光的波动性相矛盾时，并不能采用光的波动性来解释。光的微粒学说最早是牛顿在 1704 年提出的，他认为光是由大量通过空间运动的微粒组成的。例如，在人们的日常生活中，物质在一定温度下能向四周辐射热量，这种现象叫做"热辐射"。热辐射是物体发射光能的一种形式，当温度不太高时，发射红光，随着温度的升高，发光的颜色逐渐由红变成橙色、蓝色至紫色。太阳光、白炽灯、氙灯等的发光均属于热辐射。另一方面，经典的电磁场理论并不能解释光电效应。光电效应是光照射到金属体上，金属中的电子吸收光能，从金属表面逸出来的现象。具有一定能量 E 的电子，其能量与入射光的强度有关。

$$E = h\nu - P$$

式中，h 是普朗克常数（$6.626 \times 10^{-34} \text{J} \cdot \text{s}$）；$\nu$ 是光波频率，$\nu = c/\lambda$；P 是与材料有关的常数。

按照经典的电磁场理论，电子从光波阵面连续获得能量，获得的能量大小应与光强有关，而与光的频率无关。因此，按照这种思路，那么对于任何频率的光只要有足够的光强和足够的照射时间就会产生光电效应，但这恰恰与光电效应的实验结果相矛盾。在光电效应实验中，发现产生光电效应时有一个截止频率。对于高于这个截止频率的光照金属表面，即使入射光强非常弱，辐射时间非常短，也能在金属表面逸出电子。因此，采用电磁波理论不能很好地解释光电效应。

1926 年，汉森伯格（K. Heisenberg）和薛定谔（E. Schrodinger）创立了量子理论。之后，由波耳（N. Bohr）在分析普朗克常数时，正式提出光既具有波动性，同时又具有粒子性。如果光波具有一个周期 T、波长 λ，粒子能量为 E 和动量为 p，波耳认为可得到

$$h = ET = p\lambda \tag{1-8}$$

从式（1-8）中可以看出，如果光的粒子性强，那么光的波动性则弱。这就是说，普朗克常数是由很强的粒子辐射转变到很强的波型辐射。由式（1-8）可以得到

$$\lambda = h/p \tag{1-9}$$

即得到所有具有动量的物质均具有一个波长，这就是通常所说的物质波。由于普朗克常数很小，故物质波的波长很短。例如，地球的波长 $\lambda = [6.626 \times 10^{-34}/(5.976 \times 10^{34} \times 3 \times$

10^4）]m $= 3.7 \times 10^{-73}$ m，其中地球质量 $m = 5.96 \times 10^{34}$ kg，地球转动速度 $v = 3 \times 10^4$ m/s。

1905 年，爱因斯坦在普朗克的量子假设的基础上，提出了光量子的学说，于是建立了光量子的理论，即光辐射是量子化的，将光辐射称为光量子（简称为光子）。按照光量子的理论，认为光辐射是一种以光速运动的光子流，光子（也称电磁场量子）和其他基本粒子一样，具有能量、动量和质量等，光的粒子属性（例如具有能量、动量和质量等）和光的波动属性（频率、波长和偏振等）密切联系，光子的性质可归纳如下：

1）光子能量 E 与光波频率 ν 的关系为

$$E = h\nu \tag{1-10}$$

2）光子具有运动质量 m，光子的静止质量为 0。

$$m = \frac{E}{c^2} = \frac{h\nu}{c^2} \quad 或 \quad h\nu = mc^2 \tag{1-11}$$

3）光子的动量 p 与单色平面波的波长 λ、波矢 k 的对应关系为

$$p = mcn = \frac{h\nu}{c}n = \frac{h}{2\pi}\frac{2\pi}{\lambda}n = \hbar k \tag{1-12}$$

式中，$\hbar = \dfrac{h}{2\pi}$；n 是光子运动方向（平面波传播方向）上的单位矢量。

4）光子具有两种独立偏振状态，对应于光波场的两个独立的偏振方向。

5）光子具有自旋，且自旋量子数为整数，因此大量光子的集合服从波耳兹曼统计的规律。处于同一状态的光子数目是没有限制的，这是光子与其他服从费米统计布的粒子（如电子、质子和中子等）的重要区别。

上述式（1-10）、式（1-11）和式（1-12）后来为康普顿散射实验所证实，并在现代量子电动力学中得到解释。表 1-1 列出了几种不同激光的光子性质。

表 1-1　几种不同激光的光子性质

激光器类型	$\lambda/\mu m$	ν/Hz	E_p/eV	$E_p/\times 10^{-20}J$
Nd：YAG	1.06	2.8×10^3	1.16	18.5
CO	5.4	5.5×10^{13}	0.23	3.64
CO_2	10.6	2.8×10^{13}	0.12	1.85
准分子	0.248	1.2×10^{15}	4.9	70.4
氩离子	0.488	6.1×10^{14}	2.53	40.4
He-Ne	0.6328	4.7×10^{14}	1.95	31.1
自由电子	$3 \times 10^{-3} \sim 8 \times 10^3$	$10^8 \sim 10^{11}$	10^6	$10^2 \sim 10^5$

表 1-1 中，λ 为激光波长，ν 为激光频率，E_p 为光子能量，对于 CO_2 激光，由表中所列可知其光子能量为 1.85×10^{-20} J。那么对于一台 1kW CO_2 激光器，光子流量为 [$1000/(1.85 \times 10^{-20})$] 光子/秒 $= 5 \times 10^{22}$ 光子/秒，得到的光压力为 6×10^{-6} N/m²，如果将激光束聚集到 0.1mm 光斑，则光压为 $(4 \times 6 \times 10^{-6})/\pi$ $(0.1 \times 10^{-3})^2 = 760$ N/m²。但在很多情况下，光压是可以忽略的。

假定光子运动速度为 c，光子在真空中的传播速度（3×10^8 m/s）是一个常数，但光子是一个普通的粒子，光子的速度是可改变的。例如，光从一种介质传播到另一种介质时，光

速是要发生改变的。这是因为光子在通过一种介质时，由于光子与物质分子相互作用而使光波波前运动变慢。

1.1.2 激光产生的必要条件

1. 原子结构和能级

为了弄清爱因斯坦的三种辐射过程，必须了解原子结构和能级的物理含义。

物质是由分子和原子组成的，原子是由原子核和核外电子组成的，原子核带正电荷，占有几乎所有原子的质量，电子带负电荷，电子绕原子核旋转。

根据经典理论，电子绕核转动，会辐射出电磁波（光子），电子能量会逐渐减少，转动的半径也会越来越小，但显然与实际不符。

1916 年，波耳将爱因斯坦的光子学说应用到卢瑟福的原子模型，并提出如下新的假设：

1）原子中的电子可沿某些稳定的轨道旋转，而不辐射能量。按照这个假设，每个原子都有某些确定的稳定的轨道，并对应有确定的能量 E，这种稳定的轨道就称能级，这个条件也称定态条件。

2）原子的核外电子不能任意自由分布，它绕原子核旋转的轨道是一定的。电子绕核旋转的动量不是连续的，而是量子化的，即电子的轨道角动量（或动量矩）L 要满足量子化条件

$$L = m\omega r^2 = nh/2\pi = n\hbar \tag{1-13}$$

式中，ω 是电子绕核旋转的角频率；r 是电子离核的距离；n 是正整数，称为量子数。

3）一个原子从一个较高（或较低）的特定状态跃迁到另一个能量较低（或较高）的特定状态（能级）时，伴随着发射（吸收）一个光子，这个光子的能量等于跃迁前后两个能量 E_n、$E_{n'}$ 之差，这个辐射光子的频率 $\nu_{nn'}$ 由 $h\nu = E_n - E_{n'}$ 决定，即

$$\nu_{nn'} = \frac{E_n - E_{n'}}{h} \tag{1-14}$$

式中，h 是普朗克常数，这个条件也称为辐射的频率条件。

当原子中的电子从某一个轨道跃迁到另一个轨道上时，电子的能量就要发生变化，这个能量变化就反映为整个原子能量的变化。由于电子运动的轨道是不连续的，因此，原子的能量也是不连续的，即定的值称为能级。能级也是量子化的，能级用图来表示，如图 1-2 所示。

图 1-2 中最下的一个能级称为"基态"，基态以上的能级称为"激发态"，如图中的 E_2，E_3，$\cdots$，E_{n-1}，E_n。

2. 光的辐射与吸收（爱因斯坦的辐射理论）

当原子从低能级跃迁到高能级时，就要从外界吸收能量；反之，从高能级跃迁到低能级时，就要释放能量。如果原子在跃迁过程中，能量是以光的形式释放出来的，则称为"辐射跃迁"。只有在原子两个能级之间满足跃迁选择定则时，才能实现辐射跃迁。当能量不是以光的形式释放出来，而是通过与外界碰撞等过程

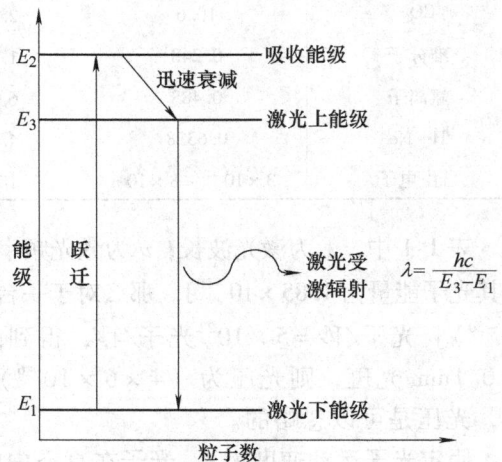

图 1-2 能级图

来进行能量交换（例如变成热能）时，即以热辐射形式释放能量，这时，从一个能级跃迁到另一个能级称为"无辐射跃迁"。

　　1917 年，爱因斯坦从辐射与原子相互作用的量子观点出发，提出在光与物质相互作用中，包含原子的自发辐射、受激辐射和受激吸收三个跃迁过程。尽管爱因斯坦当时提出的辐射跃迁理论带有假设性质，但这一理论为激光器和近代的微波量子放大器的发明奠定了理论基础。

　　（1）光的自发辐射　以二能级系统为例（$E_2 > E_1$），原子从能量较高的能级 E_2 自发地衰变到较低的能级 E_1 时，会发射出频率为 ν_{21} 的光子，跃迁过程中原子释放的能量是两个能级的能量差（$E_2 - E_1$）。如果这些能量是以电磁波（光子）形式释放出来的，则称为"自发辐射"，如图 1-3a 所示。

　　自发辐射的频率 $\nu_{21} = \dfrac{E_2 - E_1}{h}$，式中，$h$ 为普朗克常数。

　　自发辐射仅仅是原子衰变的两种过程之一，原子也可能以无辐射跃迁（释放热能）形式跃迁到低能级。

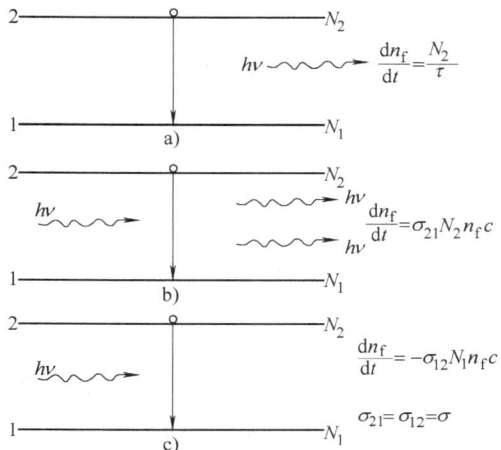

图 1-3　光的发射与吸收过程
a）自发辐射　b）受激辐射　c）受激吸收

　　自发辐射可用自发辐射几率来描述，在一个粒子系统中，单位体积内，由 E_2 自发辐射跃迁到 E_1 的粒子数 dN_{21} 可用下式表示

$$dN_{21} = A_{21} N_2 dt \tag{1-15}$$

式中，N_2 是 E_2 能级上的粒子数，A_{21} 是自发辐射跃迁速率（也称爱因斯坦自发辐射系数）。

　　或写成

$$A_{21} = \frac{dN_{21}}{N_2 dt} \tag{1-16}$$

$$\frac{dN_{21}}{dt} = \frac{N_2}{\tau} \tag{1-17}$$

式中，τ 是辐射衰减时间，或称上能级寿命。

　　于是

$$A_{21} = \frac{1}{\tau} \tag{1-18}$$

　　式（1-18）说明上能级寿命越短，自发辐射跃迁几率越大。

$$I(t) = I_0 e^{-A_{21}t} \tag{1-19}$$

式中，$I(t)$ 是自发辐射光强；I_0 是 $t = 0$ 时的初始光强。式（1-19）说明自发辐射光强随时间的变化呈指数衰减。

　　（2）光的受激辐射　当原子处于电磁场中，原子在受到频率恰好近似或等于两能级之差的电磁辐射（光子）作用时，这个入射光子将诱发原子从 E_2 能级跃迁到 E_1 能级，且跃迁释放的能量将以辐射光子形式释放出来，这个辐射的光子也将叠加于入射光子上。这就是爱因斯坦的受辐射跃迁，如图 1-3b 所示。

这里值得一提的是，受激辐射跃迁与自发辐射跃迁有本质上的区别。在自发辐射情况下，一个原子发射的光子与另一个原子发射的光子之间没有确定的位相关系，彼此之间是不相干的，而且所发射的光子方向是任意的、随机的。而在受激辐射情况下，通过受激辐射诱发出来的光子与入射光子具有同频率、同相位、同偏振和相同传播方向。因此，受激辐射的光是相干的。受激辐射从高能级 E_2 跃迁到低能级 E_1 的粒子数 dN'_{21} 为

$$dN'_{21} = B_{21}N_2\rho_\nu dt \tag{1-20}$$

式中，B_{21} 是爱因斯坦受激辐射系数；ρ_ν 是入射波单色辐射能量密度。

同样有

$$W_{21} = B_{21}\rho_\nu = \frac{dN'_{21}}{N_2 dt} \tag{1-21}$$

式中，W_{21} 是受激辐射跃迁速率。从式（1-21）可清楚地看到，受激辐射跃迁速率与入射波的能量密度 ρ_ν 密切相关。而自发辐射对于同一种物质来说是一个常数。

如果设定入射波的光子通量为 F，则有

$$W_{21} = \sigma_{21}F \tag{1-22}$$

式中，σ_{21} 是受激发射截面，它只与受激辐射本身有关。

（3）光的受激吸收 光的受激吸收是与受激辐射相反的过程。受激吸收是处于低能级 E_1 的原子受到能量恰好为两能级能量之差（$E_2 - E_1$）的光子照射，原子吸收入射光子从 E_1 跃迁到高能级 E_2 上，这种跃迁称为受激吸收过程，如图 1-3c 所示。

与受激辐射类似，从低能级 E_1 跃迁到高能级 E_2 的原子数 dN_{12} 为

$$dN_{12} = B_{12}\rho_\nu N_1 dt \tag{1-23}$$

式中，B_{12} 为受激吸收系数。

这时受激吸收跃迁速率 W_{12} 为

$$W_{12} = B_{12}\rho_\nu = \frac{dN_{12}}{N_1 dt} \tag{1-24}$$

显然，受激吸收跃迁速率与入射波辐射能量密度 ρ_ν 成正比。

同样，

$$W_{12} = \sigma_{12}F \tag{1-25}$$

式中，σ_{12} 是受激吸收辐射截面。爱因斯坦的受激辐射截面与受激吸收截面相等。

$$\sigma_{21} = \sigma_{12} = \sigma \tag{1-26}$$

式中，σ 统称为跃迁截面。

3. 激光产生的必要条件

（1）黑体辐射，普朗克公式 实验证明，对于一个物体来说，它在热辐射过程中在一定时间内发出的辐射能量以及按波长分布均与它的温度有关。前面已提到，温度不太高的热辐射呈红颜色，温度高呈白色，温度更高则呈蓝紫色。辐射的波长随着物体温度的升高由长波长向短波长改变。

一个物体在单位面积的表面发射的波长在 $\lambda \sim \lambda + d\lambda$ 范围辐射的能量为

$$dE_\lambda = \varepsilon(\lambda, T)d\lambda \tag{1-27}$$

式中，$\varepsilon(\lambda, T)$ 是一个物体的辐射本领，对于不同的物体其辐射本领是不同的。

当辐射能射到物体表面时，一部分能量被吸收，另一部分能量则从物体表面上反射，如果被辐射的物体是透明的，则还会有一部分能量被透射。被吸收的能量与入射辐射总能量之比称为该物体的吸收系数，以 α（λ，T）表示。被反射的能量与入射辐射总能量之比称为该物理的反射系数，以 R（λ，T）表示，对于不同物体表面，入射辐射的吸收系数和反射系数是不同的。

对于一个不透明物体（尤其是表面状态不同，例如表面粗糙度不同时）来说，其吸收系数和反射系数之和为 1，即

$$\alpha（\lambda，T）+ R（\lambda，T）= 1 \tag{1-28}$$

如果有这样一个物体，在任何温度下对任何波长的辐射都能全部吸收，吸收系数等于 1，那么，这个物体称绝对黑体。

黑体辐射的能量与温度的 4 次方成正比，且温度越高，辐射的波长越短。

普朗克通过黑体辐射实验得出了一个计算黑体辐射能量密度的公式为

$$\rho_\nu = \frac{8\pi\nu^2}{c^3} \frac{h\nu}{e^{\frac{h\nu}{KT}} - 1} \tag{1-29}$$

式中，ν 是辐射频率；h 是普朗克常数；T 是绝对温度。

（2）激光产生的必要条件　当外来辐射作用物体（原子）时，受激吸收和受激辐射将同时起作用。作用的结果是入射光被衰减或得到放大，衰减还是放大完全取决于两种过程哪一种占主导地位。如果受激吸收超过受激辐射，则光的衰减大于增益，则总的效果是光被衰减；反之，若受激辐射占主导地位，则光得到放大。

在物质处于热平衡状态时，各能级上的原子数服从波耳兹曼的统计分布规律，即

$$\frac{N_2}{N_1} = e^{-\frac{(E_2 - E_1)}{KT}} \qquad (E_2 > E_1) \tag{1-30}$$

在热平衡状态时，原子总是处于最小能量的能级上，故处于高能级的粒子数 N_2 总是小于处于低能级上的粒子数 N_1，即有 $N_1 > N_2$，故受激吸收过程超过受激辐射过程。只有在 $N_2 > N_1$ 时，受激辐射过程才会超过受激吸收过程。因而要产生激光，其中一个必要条件是要获得受激辐射光，则必须使介质处于粒子数反转分布状态，即需要高能级粒子数大于低能级粒子数，因此 $N_2 - N_1 > 0$ 或 $\Delta N_{21} > 0$。

另一方面，要产生激光还必须使增益大于损耗。这也就是为什么在设计实际激光器时，需要有一个光学谐振的缘故，因为只有受激辐射光在谐振内来回反射才可以得到光的振荡放大。

1.2　激光束特性

1.2.1　激光波长

自从 1960 年第一台红宝石激光器发明以来，激光波长范围从远红外光到可见光，从可见光到紫外光，从紫外光到 X 射线激光，一直到纳米级波长范围，但真正适合于激光材料加工的激光波长为数也不是很多。

激光波长取决于光的受激辐射，而且激光波长还会因为谱线加宽而扩展，在气体激光器中，由于 Doppler 效应，使谱线常呈现非均匀展宽，谱线的展宽通常按高斯型曲线改变，在

固体激光器中，谱线展宽按均匀展宽，且按洛仑兹型曲线改变，当固体激光工作物质有缺陷时，也会出现非均匀展宽，激光的频谱宽度取决于材料的类型。在气体激光器中，由于气体中的原子运动引起的多普勒效应，使得气体的激光频谱宽度比较窄。为了得到单色频谱激光，可以进行选频，例如在激光器中，可采用光栅选频方法，当然在激光材料加工中，这个问题并不十分突出。但是激光材料加工更希望短波长激光，这也是准分子激光和飞秒激光加工大有前途的原因所在。

1.2.2　激光的相干性

激光束与普通光源相比，具有很好的相干性，包括时间相干性和空间相干性。

1. 时间相干性

如图 1-4a 所示为迈克耳逊干涉仪的光路，表示出了光束的时间相干性。当光束产生相干时，有一个相干时间 τ_c，$\tau_c \propto \dfrac{1}{\Delta\nu}$（$\Delta\nu$ 为谱线宽度），则其光束的纵向相干长度为 $L_t = c\tau_c \propto \dfrac{1}{\Delta\nu}$，$c$ 为光速。对于普通光源来说，它的相干时间近似为 10^{-10} s，故其时间相干长度仅为 3cm。对于一台激光器，$\Delta\nu$ 近似为 500Hz，相干时间为 2×10^{-3} s，则激光束的时间相干长度能达到 6×10^7 cm；如果对激光器进行锁模，τ_c 可压缩到 10^{-9} s，则此时锁模激光束的时间相干长度为 $c\tau_c = 3\times10^{10}\times10^{-9}$ cm $= 30$ cm。

2. 空间相干性

如图 1-4b 所示，S 为光源，S_1 和 S_2 为

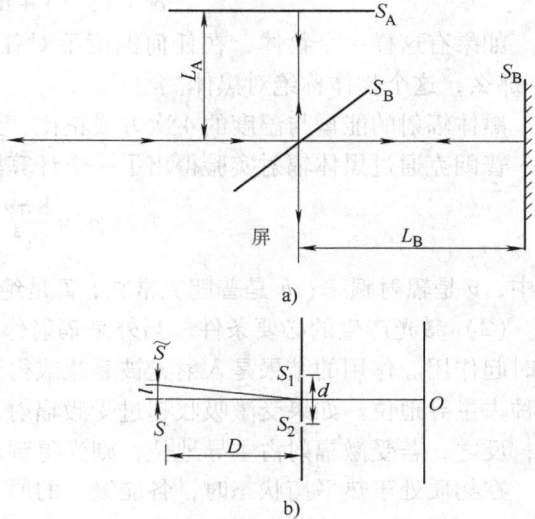

图 1-4　相干性

a）迈克耳逊干涉仪的光路　b）杨氏双缝实验光路图

注：缝宽为 0.00075cm，双缝之间的距离为 0.0054cm，
可通过此双缝实验观察到双缝干涉图。
点对应于理论计算值，假定平面波穿过双缝。

两窄缝，D 为 S 至缝 S_1 和 S_2 间的垂直距离，$S\tilde{S} = l$，$D \gg d$，空间相干长度 $l = \dfrac{\lambda D}{2d}$，$\lambda$ 为波长。对于由点源伸长的扩展源，要得到好的相干性，必须使 $l \ll \dfrac{\lambda D}{d}$，即 $d \ll \dfrac{\lambda D}{l}$ 或 $d \ll \dfrac{\lambda}{\theta}$（这里 $\theta \approx \dfrac{l}{D}$）。

由此可看出，空间相干长度与 θ 有关。对于普通光源，为了得到空间相干光，必须通过针孔；而激光束具有很好的空间相干性，图 1-5 所示为一台红宝石激光器的空间相干性，从图 1-5 中可清楚地看到激光束具有较好的空间。

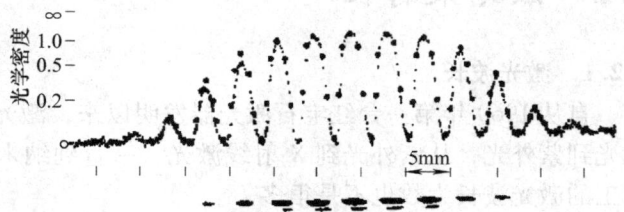

图 1-5　红宝石激光器的空间相干性

1.2.3　激光束输出模式

按照经典电磁场理论，电磁场的运动规律由麦克斯韦方程决定，单色平面波导是麦克斯韦方程的一种特解，它表示为

$$E\ (r,\ t) = E_0 e^{i2\pi\nu t - i\kappa r} \tag{1-31}$$

式中，E_0 是光波电磁场的振幅矢量；ν 是单色平面波的频率，r 是空间坐标矢量，κ 是波矢。而麦克斯韦方程的通解可表示为一系列单色平面波的线性叠加，在自由空间具有任意波矢 κ 的单色平面波都可以存在，但在一个有边界条件限制的空间（例如激光谐振腔）内，只能存在一系列独立的具有特定波矢 κ 的单色平面驻波，这种能够存在于腔内的驻波（以特定波矢 κ 为标志）称为光电磁波的模式。一种模式就代表电磁波运动的一种类型，或者说代表一种光子状态，它具有一定能量、动量和光波模体积。不同模式以不同 κ 来区分，且同一波矢 κ 也具有不同偏振方向。

在谐振腔纵向的光子状态（或在纵向的稳定光场分布）称为纵向的光波模（简称纵模），在腔横向的光子状态或者说在横向的稳定光场分布称横模。

在激光谐振腔内，激光场是一个稳定的驻波场，垂直于激光传播方向的光场分布称为横模，通常讲的光束的质量，主要是看输出光束的横模（TEM_{mn}，这里 m、n 分别代表两个正交方向的节点数）分量，也就是看 m、n 的大小。

对于一台圆柱形的固体激光器或放电管内径为圆形的气体激光器，激光束的横向光场分布函数为

$$E_{mn}\ (r,\ \varphi) = C_{mn} \left[\frac{\sqrt{2}}{W\ (z)} r \right]^m \cdot L_n^m \left[\frac{2}{W^2\ (z)} r^2 \right] \cdot \exp \left[-\frac{r^2}{W^2\ (z)} \right] \cdot \cos\ (m\varphi) \tag{1-32}$$

式中，r 是径向坐标半径；φ 是相位角；C_{mn} 是归一化因子；L_n^m 是关联拉盖尔多项式；$W\ (z)$ 是束腰 $W_0\ (z = 0)$ 处光斑的半径。当 m、n 均为零时，即为基模高斯光束，其光强分布为

$$E_{00}\ (r,\ \varphi) = A_{00} \cdot \exp \left[-\frac{r^2}{W^2\ (z)} \right] \tag{1-33}$$

在激光材料加工中，光斑半径是一个重要参数，如何得到光斑半径大小，可以通过下式计算得到

$$W\ (z) = W_0 \left[1 + \left(\frac{\lambda Z}{\pi W_0^{\ 2}} \right)^2 \right]^{1/2} \tag{1-34}$$

式中，$W\ (z)$ 是距激光束腰的距离为 z 处的光斑半径；W_0 是高斯光束的束腰半径。从式（1-34）可看出，随着 z 的增大，激光束的光斑尺寸越大。

1.2.4　激光束的形状与发散

激光束的空间形状是由激光器的谐振腔决定的，且在给定边界条件下，通过解波动方程来决定谐振腔内的电磁场分布，在圆形对称腔中具有简单的横向电磁场的空间形状。正如前述，腔内的横向电磁场分布称为腔内横模，用 TEM_{mn} 表示（见图 1-6 和图 1-7），整数表示在每两个互相垂直的方向通过光束模图的零点数（暗区），第一位整数表示沿径向穿过光斑的零点数（暗区），第二位整数表示沿圆周方向的零点数的一半。用星号表示的模图是两个模相对中心的轴旋转 90° 后的线性叠加。TEM_{00} 表示基模，TEM_{01}、TEM_{02} 和 TEM_{10}、TEM_{11}^*、TEM_{20} 表示低阶模，TEM_{03}、TEM_{04} 和 TEM_{30}、TEM_{33}、TEM_{21} 等均表示高阶横模。图 1-8 所示为激光器的谐振腔，图 1-9 所示为高斯光束经透镜后的传播，图 1-10 所示为基模高斯光束

的光强分布。

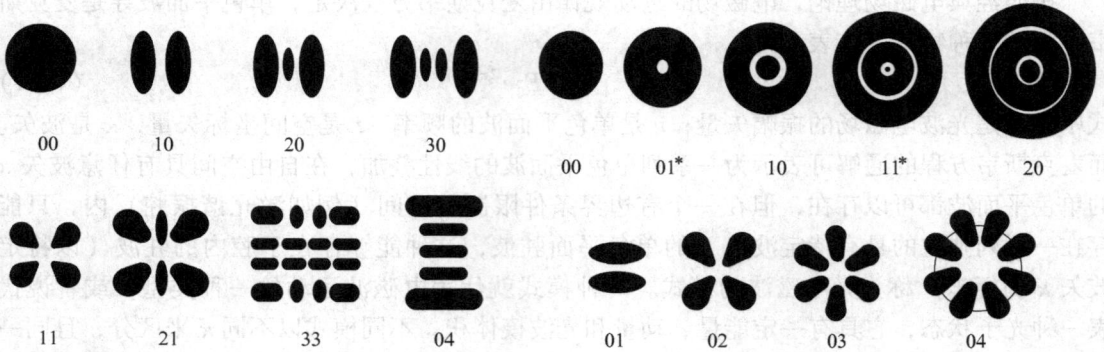

图 1-6　矩形对称系统中的横模图　　　　图 1-7　圆形对称系统中的横模图

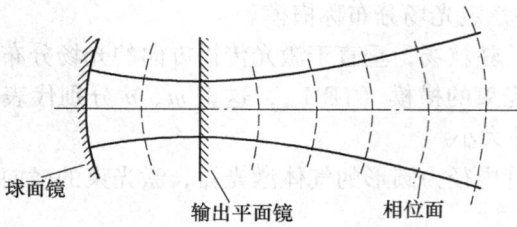

图 1-8　激光器的谐振腔

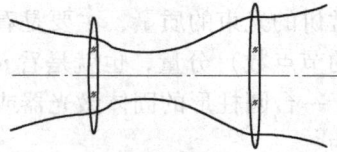

图 1-9　高斯光束通过一组
凸透镜后其束腰增加

当谐振腔以基模振荡时，其输出光束的波前近似为平面，如果采用合适谐振腔参数，光束发散较小，根据式（1-33）可知，基模高斯光束的光强 I（r）为

$$I（r）=I_0 \cdot \exp\left(-\frac{2r^2}{W^2}\right)$$

式中，W 是光束半径；r 是径向坐标；I_0 是初始光强。在激光谐振腔内，激光束通常按高斯光束传播，在激光束聚焦后也是如此。

　　大多数激光器输出均为高阶模。为了得到基模或是低阶模输出，需要采取选模技术，目前通常的选模方法均是基于增加腔内衍射损耗，例如采取多折腔增加腔

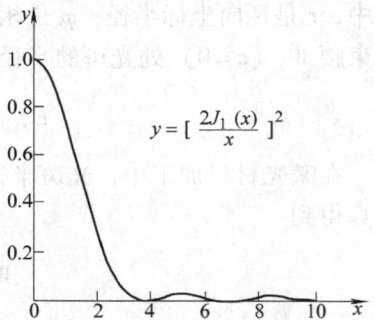

图 1-10　基模光束光强按贝
塞尔函数曲线分布

长，以增加腔内衍射损耗；还可以减少激光器的放电管直径，或者在腔内加小孔光闸，其目的也是增加腔内的衍射损耗。基模高斯光束的衍射损耗很大，能达到衍射极限。故基模光束的发散角小，基模在腔内的模体积最小。从增加激光泵浦效率考虑，腔内的模体积应尽可能充满整个激光介质，即在长管激光器中，TEM_{00}（基模）输出占主导地位，而在高阶模激光振荡中，基模只占激光功率的较小部分，故高阶模输出功率大，但高阶模的发散也厉害。

　　激光束（高斯光束）的发散及光强分布如图 1-11 所示。图 1-11b 中，$z=0$，$W=W_0$；$|z|>0$，$W>W_0$。

发散角是光束能量发散程度的衡量，也是光束方向性的度量，其大小由高斯光束的光斑尺寸随 z 的变化决定

$$2\theta = 2\frac{\mathrm{d}W(z)}{\mathrm{d}z} \qquad (1\text{-}35)$$

式中，θ 是光束发散角（半角）；$W(z)$ 是高斯光束半径；z 是沿 z 轴传播的距离。当 $z = 0$ 时，$2\theta = 0$；

图 1-11　高斯光束的发散及光强分布
a) 高斯光束的光斑尺寸与距离的关系　b) 高斯光束的光强分布

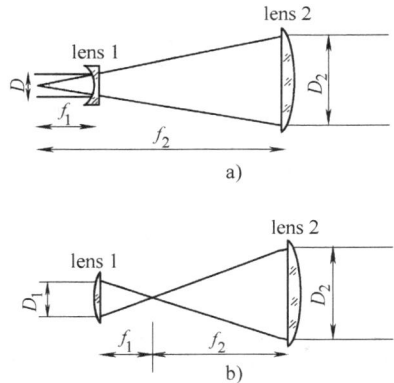

当 $z = \dfrac{\pi W_0^2}{\lambda}$（$\lambda$ 为光束波长）时，$2\theta = \dfrac{\sqrt{2}\lambda}{\pi W_0}$。当 $z = \dfrac{\pi W_0^2}{\lambda}$ 时，则有

$$2\theta = \frac{2\lambda}{\pi W_0} \qquad (1\text{-}36)$$

式（1-36）为高斯光束远场发散角的表达式。当 $z = 0 \sim \dfrac{\pi W_0^2}{\lambda}$ 时，光束发散角大约为远场发散角的 $1/\sqrt{2}$ 倍，通常称这个范围为高斯光束的准直距离。与普通光源相比，激光束的发散角很小，一般在 $0.1 \sim 10\text{mrad}$。例如大多数红外激光器输出光束的发散角均小于 10mrad，仅半导体激光器的发散角达 100mrad，尽管如此，激光束的发散角比普通光源的发散角要小 $10^5 \sim 10^6$ 数量级。与普通光源相比，激光是一种方向性极好的光源。激光束的方向性好也是激光束作为加工热源的重要原因之一。

激光束的发散可通过合适的光学系统压缩。图 1-12 所示为两种常用的光束准直系统，这里采用发散透镜的目的是减少激光束在会聚处的空气击穿和使光学系统设计更紧凑，得到高强度光束。

当焦距 f 与透镜数匹配时，光束可充满两个透镜区域，这时输出光束的发散角 θ_1、θ_2 与入射光束的发散有如下的关系

$$\theta_2 = \frac{\theta_1 D_1}{D_2}$$

式中，D_1 和 D_2 是透镜 1 和 2 的直径，如果 $D_2/D_1 = 10$，这意味着光束的发散压缩 10 倍。

图 1-12　光束准直系统
a) 发散系统　b) 会聚系统

1.2.5　激光束的亮度

激光束的另一个显著特点是亮度高，只要用一块聚焦透镜就可将激光束的绝大部分（大于 99%）能量聚焦在激光焦点上。而普通光源只能聚焦万分之一的能量。

光源亮度是描述发光表面特性的一个物理量，光源亮度（B）被定义为立体角内单位面积上的辐射功率（P），则光源亮度为

$$B = \frac{P}{\pi^2 A^2 \theta^2}$$

对于接近衍射极限的光束，$\theta = \lambda/(\pi A)$，A 为辐射半径，则

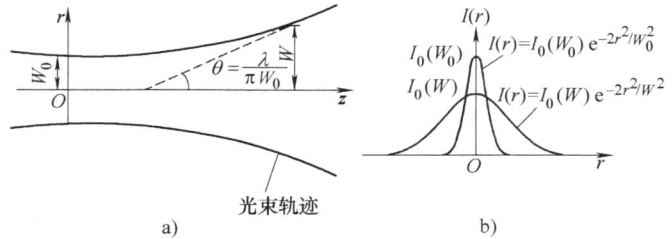

$$B \approx \frac{P}{\lambda^2}$$

对于激光这种特殊的辐射光束，其光谱辐射亮度 $B_\nu = B/\Delta\nu$，这里 $\Delta\nu$ 是激光线宽（单位为 Hz）。由于激光线宽 $\Delta\nu$ 极窄，故激光亮度极高。

表 1-2 列出了普通光源和激光源的亮度。

表 1-2　普通光源和激光源的亮度

光　　源	光源亮度/$W \cdot cm^{-2} \cdot sr^{-1}$	光谱辐射亮度/$W \cdot cm^{-2} \cdot sr^{-1} \cdot Hz^{-1}$
1kW 弧灯	10^3	10^{-10}
10W Ar^+ 激光器	4×10^9	1
100W CW CO^2 激光器	10^8	10
1J 钕玻璃激光器，10ns 脉冲	10^{16}	10^3

1.2.6　激光束偏振

光的受激辐射不仅可以产生一系列不同波长的相干光，而且这些受激辐射相干光还有它们各自的电场矢量，即这些相干光束是偏振的。早期激光器的谐振腔中，在腔内并没有折叠，大多数输出自由偏振光。在这种情况下，光束的偏振面随时间发生改变，例如激光切割质量将受到影响。为了改善光束的偏振状态，近年来，在激光切割和焊接中越来越多地采用平面偏振或圆偏振光。

图 1-13 和图 1-14 所示几种激光偏振模式是由两个平面偏振 TEM_{01} 模叠加而成的。

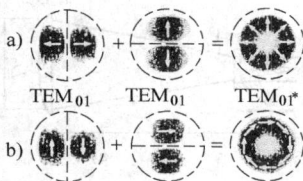

图 1-13　具有平面偏振的 TEM_{01} 模

a）径向偏振　b）角向偏振

图 1-14　用角向偏振变换成径向偏振的变换图解

1.3　激光束的聚焦与传输特性

1.3.1　激光束聚焦

在激光材料加工中，最重要的参数是激光强度（或功率密度）。如果考虑让激光束通过一个光学系统传播，则光强将沿光路改变。随光程的增加，光强变弱；随光束的会聚，光强增强。当光功率密度不变时，光强仍会因光的吸收等损耗因素而发生改变，这种变化还随光束的衍射和聚焦而发生。对于激光热加工，激光焦点附近的光强分布是非常重要的。

激光束的聚焦形式可分为两类：一类是激光束的透射式聚焦（见图 1-15）；另一类是激光束的反射式聚焦（见图 1-16）。激光束经过一个单透镜聚焦后的衍射极限光斑尺寸，光束的每一个独立部分经过透镜后能成像为一个点辐射源的新的波前，并出现夫琅和费衍射，透镜能将入射光束聚集在一个焦平面上，在焦平面中心集中了 86% 入射光束的光

功率，故将焦平面中心 $\left(\dfrac{1}{e^2}\right)$ 处的光斑直径定

义为聚焦光斑直径。当激光束以高斯形式传播时，经过光学系统后仍是高斯光束，激光束聚焦在其焦点附近的光强分布是可以进行简单计算的。图1-15表示了激光束经简单聚焦后沿光轴三个点的光强分布情况，从图中可看到，初始入射光束发散较小，激光焦点位于几何焦点附近，并在几何焦点右边的 $S' - f'$ 处。

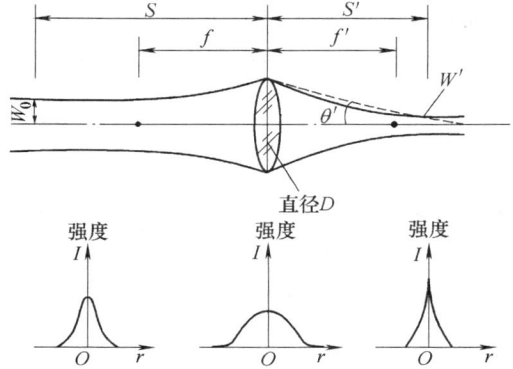

图 1-15　会聚透镜聚焦高斯光束

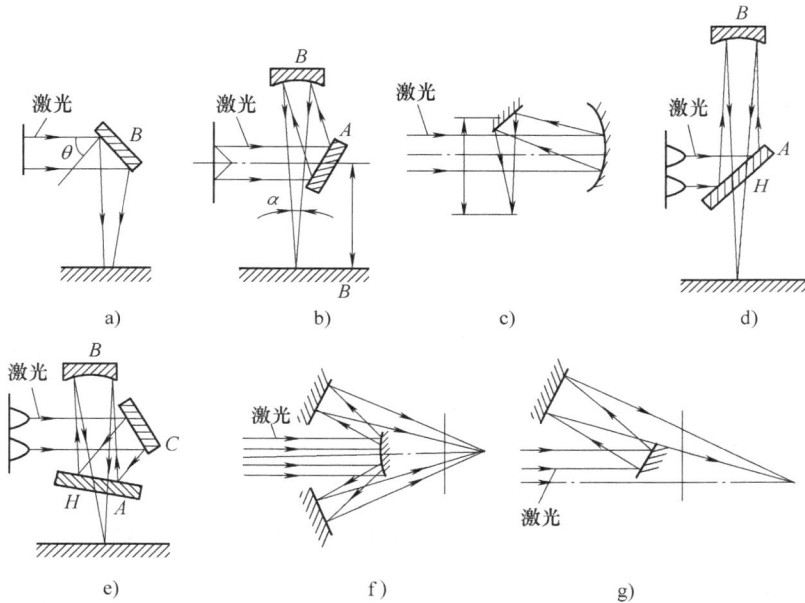

图 1-16　球面反射镜的聚焦光路

通过一个圆形孔径的衍射理论可证明 $W' = \dfrac{\lambda}{\pi\theta'}$，$\lambda$ 为激光波长，θ' 为焦点处透镜的会聚角，W' 为焦点处的高斯光束半径。由于光束充满整个透镜，故有 $\theta' \approx D/(2f)$，D 为透镜直径，f 为透镜焦距，并有

$$W' = \frac{2\lambda f}{\pi D} \tag{1-37}$$

W' 也是激光焦点处的光束衍射极限半径，因为 $f/D = f/n$（n 为透镜数），则有 $W' = \dfrac{2\lambda}{\pi}F$，$F = f/D$。

由于 f/n 通常不小于1，故只在理想情况下，最小聚焦光斑尺寸可达到激光波长数量级，但实际上难以达到。在可见光和近红外波段运转的激光器，比较好的情况是基模光束的最小

聚焦光斑尺寸可接近激光波长。然而要得到衍射极限光束，其光学系统的像差必须最小。最小聚焦光斑直径 d_{min}（距束腰 z 处）可以按下式计算

$$d_{min} = \frac{4f^2 M^2 \lambda}{\pi D_0}$$

（1-38）

$$d_{min} = 2f\theta$$

式中，M^2 是光束质量因子；D_0 是激光束腰直径；θ 是光束发散角。

表 1-3 列出了几种常用激光器的最小聚焦光斑尺寸。表中列出的最小聚焦光斑尺寸是按常用的商用激光器输出光束的发散角计算的，并不代表这些激光器所有的最小聚焦光斑尺寸。

表 1-3　常用激光器的最小聚焦光斑尺寸（假设 $f=2$ cm）

激光器类型	光束发散角/mrad	最小聚焦光斑尺寸/cm
He-Ne	0.5	10^{-3}
Ar^+，Kr^+	0.5	10^{-3}
红宝石	1	2×10^{-3}
CO_2	2	4×10^{-3}
Nd：YAG	3	6×10^{-3}
钕玻璃	5	10^{-2}

1.3.2　激光束聚焦深度

激光聚焦的另一个重要参数是光束的聚焦深度（焦深）。聚焦深度 Δ 可按下式估算

$$\Delta = \pm \frac{r_s^2}{\lambda}$$

（1-39）

式中，r_s 是光束的聚焦光斑半径。

当 r_s 接近 λ 时，则 $\Delta \approx \pm \lambda$。显然，当 $r_s > \lambda$ 时，Δ 大于 λ。

这里要说明的是，各种资料文献中对聚焦深度的截取位置各有不同。有些是以从束腰向两边截取至光束半径增大 5% 处，此时聚焦深度为 $\Delta = \pm \frac{0.32\pi W_f^2}{\lambda}$，$W_f$ 为聚焦光斑半径。另外有些是以光轴上某点的光强降低至激光焦点处的光强一半时，该点至焦点的距离作为光束的聚焦深度，此时有 $\Delta = \pm \frac{\lambda f^2}{\pi W_1^2}$，$W_1$ 为光束入射到透镜上的光斑半径。由此可看出，光束的聚焦深度与入射激光波长 λ 和透镜焦距 f 的平方成正比，与 W_1^2 成反比。因此要获得较大的聚焦深度 Δ，就要选择长聚焦透镜，例如在深孔激光加工以及厚板的激光切割和焊接中，要减少锥度，均需要较大的聚焦深度。

对于一台输出功率为 10W 的 Ar^+ 激光器，采用焦距 $f=2$ cm 的透镜，$D=1$ cm，这里考虑两种情况，一种是采用单透镜聚焦，另一种是在光束聚焦之前加扩束器，将入射光束直径扩大 10 倍，假设激光光斑半径为 1mm，发散角 $\theta=0.5$ mrad。

1. 单透镜聚焦情况

由于 D 大于光束直径，$r_s = f\theta$，θ 为发散角，则可估算出 $r_s = 1.0 \times 10^{-3}$ cm，在激光束焦点处的峰值光强与激光功率有如下的关系

$$P = 2\pi \int_0^\infty I\ (r)\ r dr = 2\pi I_0 \int_0^\infty e^{-2r^2/r_s^2} r dr = \frac{\pi I_0 r_s^2}{2} \tag{1-40}$$

式中，$I_0 = \dfrac{2P}{\pi r_s^2} = 6.4 \times 10^6 \mathrm{W/cm^2}$。

这时的聚焦深度 Δ 为 $\pm 10^{-2} \mathrm{cm}$。

2. 透镜前加光束扩束器系统情况

当入射激光束被扩大 10 倍后再入射到聚焦透镜时，光束发散角压缩了 10 倍，即有 $\theta = 0.05 \mathrm{mrad}$，那么 $r_s = f\theta = 1 \times 10^{-4} \mathrm{cm}$，$I_0 = 6.4 \times 10^8 \mathrm{W/cm^2}$，这时聚焦深度 Δ 为 $\pm 10^{-4} \mathrm{cm}$。

通过上面简单的计算可看出，在聚焦前加扩束器对压缩光束发散、减小聚焦光斑尺寸和提高焦点处光强是非常有利的，但也减少了聚焦深度，因此对需要大聚焦深度的应用（厚大件的激光加工）是不利的。

对于一些给定的光学聚焦系统，在不考虑光学系统的像差时，激光聚焦光斑尺寸可按式（1-37）或式（1-38）计算；但如果考虑光学系统的像差，采用式（1-37）或式（1-38）计算聚焦光斑尺寸就会产生偏差。故在实际的光学系统中，聚焦光斑尺寸通常采用实测的方法，有几种方法可用来实测激光束聚焦光斑尺寸。在这些方法中，一个简单的分析是将激光束看做高斯分布，这些方法已由 Sliney 和 Marshal 在 1979 年公布出来。

图 1-17 所示为扫描刀口法示意图。

图 1-17 表示出了一种测量聚焦光斑尺寸的简单方法——扫描刀口法，它是通过激光束扫描窄缝来实现的，所透过的激光功率可由下式计算

$$P\ (a) = \frac{P}{2} erfc \left(\frac{\sqrt{2}a}{r} \right)$$

式中，a 是窄缝坐标；$erfc\ (x)$ 是余误差函数，$erfc\ (x) = \dfrac{2}{\sqrt{x}} \int_x^{+\infty} e^{-t^2} dt$，$r$ 是高斯光束半径。测量方法：采用一个斩波

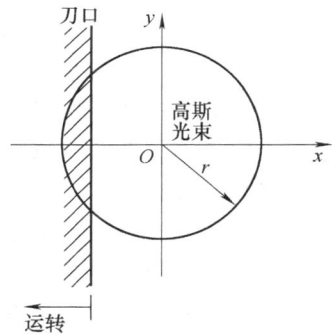

图 1-17　扫描刀口法示意图

器和光电探测器，首先使激光束透过窄缝后的光通过光电探测器检测并由示波器记录，然后通过激光束的形状和脉宽来计算聚焦后的高斯光束半径。

1.3.3　像差

前面已经提到，激光束通过光学系统，如透镜，聚焦后会产生像差，激光聚焦光斑半径因光学系统的像差而远远大于理论计算值。

通常单色光经光学系统聚焦后会产生以下五种类型的像差：

（1）球差　轴外和近轴外光线通过透镜聚焦后，不是会聚于一点，而是会聚在不同的位置（会聚成一个模糊圆），从而引起球差。图 1-18 所示为光束经单透镜聚焦后的球差，球差随入射光束半径 W_1 的平方改变，大光斑入射与短焦距透镜聚焦引起的球差最大，球差可通过改变透镜的形状，使透镜形状最佳化来减小。例如采用平凸或凹凸透镜，将透镜凸面朝向入射光方向时所引起的球差最小。

（2）彗差　当旁轴光线在焦平面上成像成一个圆晕结构（类似于彗星成像）时，即引起彗差（见图 1-19）。彗差与 φW 成正比，φ 为光束入射角，W 为成像尺寸，彗差也可通过

优化透镜形状来消除。

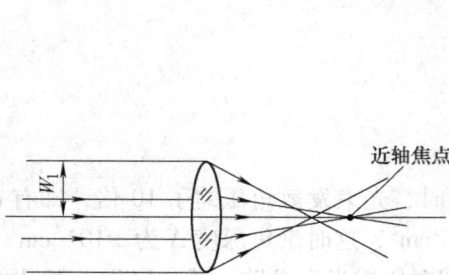

图 1-18　单透镜聚焦后的球差　　　　　　图 1-19　单透镜成像中的彗差

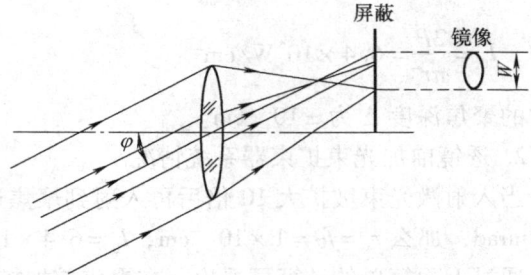

（3）像散　像散是由于旁轴光线通过一个透镜后产生的，它可以通过引入一个附加透镜来补偿，像散与 $\varphi^2 W^2$ 成正比。

（4）场曲率　场曲率是指成像不在一个平面上，而是沿一个曲面成像，那么如果在一个平面屏上观察成像，则像边缘会变模糊。场曲率的大小与 $\varphi^2 W^2$ 成正比，场曲率可以通过引入一个光阑来减小。

（5）畸变　光学畸变是由于成像因放大而发生改变，透镜往往不产生大的畸变，但畸变通常是由于引入附加光阑而产生的，畸变与 $\varphi^3 W^3$ 成正比。

在激光束通过透镜后引起的像差中，球差、彗差和像散是主要的像差，当然这也要视具体情况而定，但一个总的原则是要减少光束入射角。

1.3.4　热透镜效应

在高功率激光材料加工系统中，光学元件包括激光窗口和聚焦光学元件（例如透镜）。在受到强光束入射时，光学元件因本身对激光的吸收产生变形，并使光学元件材料的折射率发生变化，随着入射激光功率和材料的吸收率改变，会产生热透镜效应和焦点位置发生变化，这主要与激光输出窗口和聚焦透镜有关。热透镜效应主要是由于温度升高引起折射率的增加（$\mathrm{d}n/\mathrm{d}T$），继而引起焦距变短而产生的。焦距的漂移量由下式计算

$$\Delta f = \frac{APf^2}{\pi KD_L} \cdot \frac{\mathrm{d}n}{\mathrm{d}T}$$

式中，A 是光学元件的吸收率；P 为激光功率（W）；T 是温度（K）；K 是热导率（W/(m·K)）；f 是焦距。

1.3.5　激光束传输

前面已提到激光束是高斯光束，高斯光束经过透镜和光学系统变换后仍是高斯光束。对于 $10.6\mu m$ 红外 CO_2 激光器光束的传输与变换通常采用转折反射镜，但近几年国外也有采用 $10.6\mu m$ 红外光波导传输的，但功率通常局限于 5kW 以内。对于 $1.06\mu m$ 的 Nd：YAG 激光和光纤激光器，在激光材料加工中可以采用柔性光纤传输，如图 1-20 所示。采用光纤传输可使输光路体积小，重量轻，方便灵活。但光纤传输也有几个问题要解决：①如何将激光束有效地耦合到光纤中去，光纤直径通常在微米数量级。②另一个问题是如何尽量减少光纤传输中的损耗，提高光纤传输效率。尤其是在传输高功率时光纤不至于破坏，例如将 2kW 的 YAG 激光采用 $\phi0.5mm$ 直径的光纤传输，这时在光纤中承受的激光功率密度达到 $10^6 \mathrm{W/cm}^2$。

从图 1-20 中可看到，如果减少光纤承受的功率密度，需要增大光纤直径，那么就会降低激光束的聚焦性能，并丧失激光束的主要特性。多模光纤的聚焦将成像在光纤的终端，采用准直光束也将不能聚得很小，通常只能限制到一半大小。此外光纤由于进行散射等非线性的影响，使光

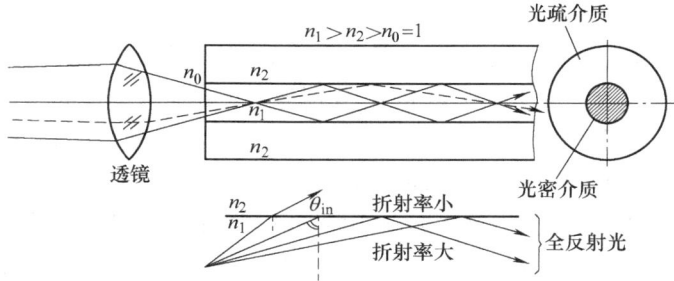

图 1-20　光纤传输

纤损耗很高。这些都限制了光纤高功率高质量的传输，通常要传输 5kW，则最好采用 $400\mu m$ 光纤直径。

图 1-21 所示为三束光纤通过单透镜聚焦的传输情况。

光纤传输系统在 Nd：YAG 激光加工中有很大的应用前景，目前许多大于 1kW 的 Nd：YAG 激光加工系统均采用光纤传输。对于多模输出的 Nd：YAG 激光加工系统均采用小于 $400\mu m$ 的光纤直径来传输，则光纤可传输较远的距离，传输的距离可达到几千米甚至更远，且光纤可将激光器输出光束同时传输到几个工作台。

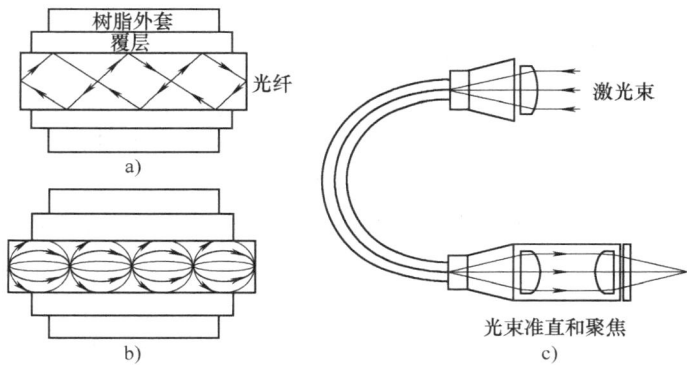

图 1-21　光纤传输
a）阶梯折射率光纤　b）梯度折射率光纤　c）光束准直和聚焦

光纤由高纯硅制作，为了避免因铜或钴或其他杂质的影响，光纤通常在 $SiCl_4$ 或 Cl_2 气体中制作，其纯度保持在 99.9999% 以上。光纤的结构是由光纤芯组成的，纤芯四周覆有低折射率材料，且外面有塑料保护层（见图 1-21）。传输的光束在光纤纤芯与低折射率覆层之间的界面反射。目前有两种类型的光纤，即阶梯型光纤和梯度型光纤。在阶梯型光纤中，光束在光纤中以 Z 字路径传输，直至光线均匀地填充在纤芯内。尽管光纤是弯曲的，光纤传输后输出光束的强度分布呈矩形。而在梯度型光纤中，影响折射率的掺杂量随穿过光纤直径而改变，通常折射率呈抛物线变化，光线在光纤内传输。光纤通常基于准直望远系统。

1. 光纤耦合

当激光束以最大入射角 α_{max} 耦合到光纤中以低损耗传播时，其光纤的数值孔径（NA）计算公式为

$$NA = \sin\ (\alpha_{max}/2)$$

这里数值孔径是光纤纤芯的折射率平方与覆层的折射率平方之差的平方根，即

$$NA = (n_1^2 - n_2^2)^{1/2}$$

式中，n_1 是纤芯折射率；n_2 是光纤包层折射率。

对熔融硅来说，它的数值孔径在 0.17 ~ 0.25 范围（0.25 对应于入射角达到 28°时）。更

高的值需要增加掺杂浓度，光纤耦合装置示意图如图 1-20 所示。$d_m < d_{core}$ 和 $\sin(\theta_{in}/2) < NA$，d_m 值是激光束直径，是时间的函数，实际的光纤纤芯直径 d_{core} 和数值孔径是按入射激光束直径 d_m 和光束入射角 θ_{in} 分别为 1.5 和 3 来确定的。

光纤端面的制作通常要考虑能很好地接收聚焦激光束，其端面要求仔细清洗和抛光。

2. 其他激光波长的传输光纤

对 CO 激光器输出的 $5.4\mu m$ 波的光纤材料可采用 CaF_2 和 Zn 来制作。对于 $10.6\mu m$ 的 CO_2 激光束可采用空心光波导来传输，由于传输损耗较大，使传输激光功率受到了限制，目前国际上空心 CO_2 激光柔性光波导传输激光功率可高达 5kW，激光束传输的距离已超过几米。

3. 光纤的选择和光纤传输系统的设计

目前 Nd：YAG 激光主要是选择石英光纤，现已开发出塑料光纤。

阶梯折射率光纤芯和包层间交界处的折射率是阶梯型实变，这种光纤主要用作激光焊接、激光热处理等。

阶梯折射率光纤数值孔径为

$$NA = \sqrt{n_c^2 - n_2^2} = \sqrt{(n - n_2)(n_1 + n_2)} \approx \sqrt{\Delta n \times 2n} \qquad (1-41)$$

在实际使用中，光纤常处于弯曲状态。在使用时，应该尽量避免光纤弯曲为太小的半径，以免降低光纤传输效率，甚至折断光纤。

NA_{eff} 为光纤有效数值孔径，设光纤弯曲半径为 R，那么可以得到

$$NA_{eff}(R) = \sqrt{(NA)^2 - \frac{Dn^2}{R}} \qquad (1-42)$$

显然
$$NA_{eff}(R) < NA$$

如果入射角一定，那么最小弯曲半径 R_{min} 为

$$R_{min} = \frac{Dn^2}{(NA)^2 - (NA)_{eff}^2} \qquad (1-43)$$

激光加工所需光纤直径多在 $0.2 \sim 1mm$。在满足传输要求的情况下，应该尽量选用较小直径的光纤，因为小直径光纤对光束质量的下降要小些，此外，小直径光纤可使聚焦光斑更小，从而使激光加工能量密度更高，这在某些激光输出能量受到限制情况下，尤为重要。

在实际中考虑到光纤耦合效率和光纤传输的光束质量，需考虑光纤的纤芯直径必须大于光束聚焦的光斑直径，即 $d_{core} = 2f\theta$（f 为聚焦透镜的焦距，θ 为激光束发散角）。而光纤的数值孔径 NA 必须大于激光束的会聚角 α，即 $NA > W_0/f$（W_0 为光束束腰半径）。

1.3.6　激光束扫描系统

在激光材料加工中有些情况需要线光束，线光束可通过圆柱透镜或光束扫描方法获得。图 1-22 所示为两种常见的扫描系统。一种是采用振镜扫描（见图 1-22a），这种扫描方法在激光打标和雕刻中常用。采用这种方法每次扫描的末尾由于有返回点，常出现激光功率分布不均匀的现象。为了克服上述缺点，可采用旋转多面镜的方法（见图 1-22b），但这种方法由于光束出射角度的改变，也存在扫描速度改变的问题，通过设计一种二倍多面镜系统可解决上述问题。

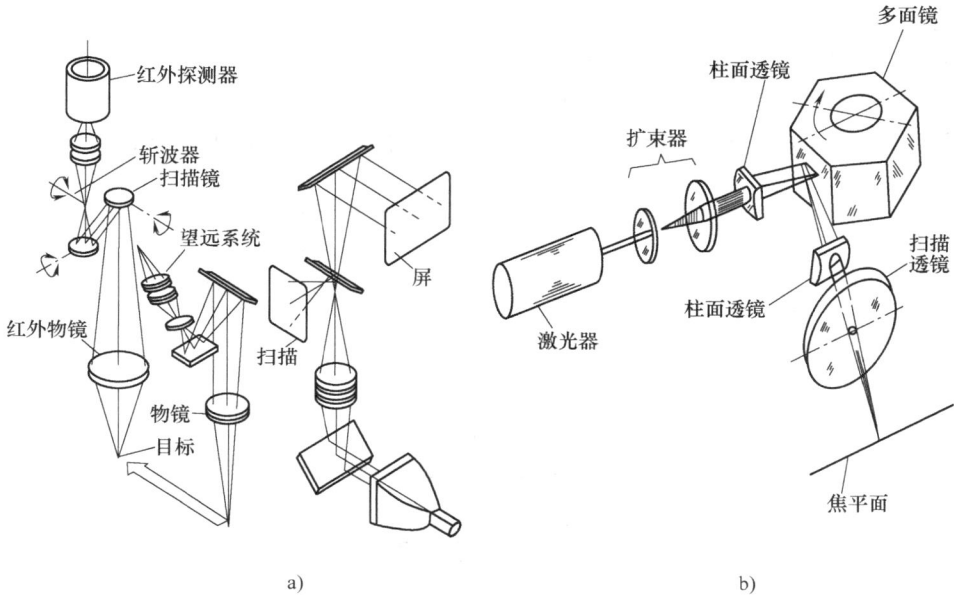

图 1-22　光束扫描系统
a) 振镜扫描　b) 旋转多面镜扫描

1.3.7　激光束的分束与合束

1. 分束方式

在激光材料加工中，往往需要采用多工位（多个工作台）同时加工，以提高激光加工效率。激光束的分束通常也有两种类型：一种是透射式，如图 1-23e 所示；另一种是反射式，反射式分束方式如图 1-23c、d、g 所示。

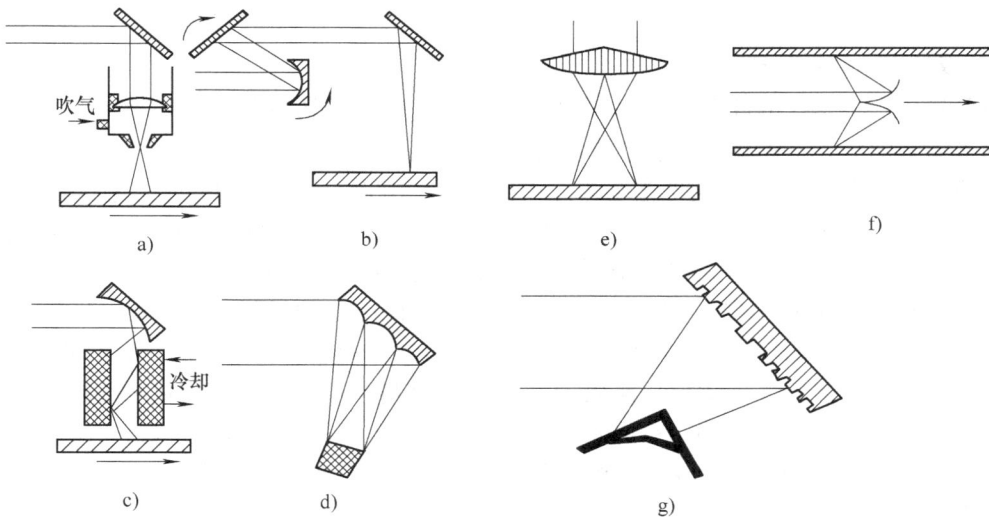

图 1-23　光束分束
a) 离焦光束　b) 转换光束　c) 四面转换　d) 光束积分镜
e) 轴锥式透镜　f) 环形曲面镜　g) 衍射光学元件

2. 合束方式

合束方式如图 1-24、图 1-25 和图 1-26 所示。

图 1-25 是利用小角度全反射棱镜进行光束合成。其中，ZL 是可调焦透镜，TRP 是小角度全反射棱镜，MR 是光学腔。图 1-26 是利用平板偏振分光镜进行光束合成。

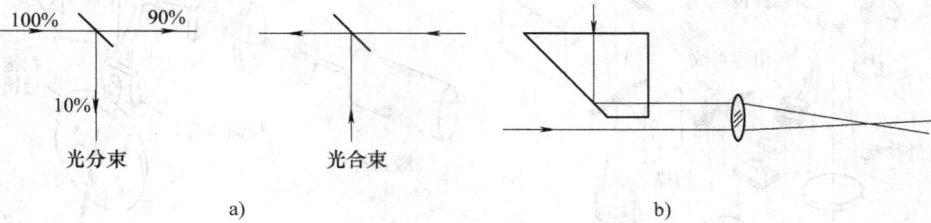

图 1-24　激光合束方法

a) 用平板玻璃进行光束合成　　b) 用缺角直角棱镜进行光束合成

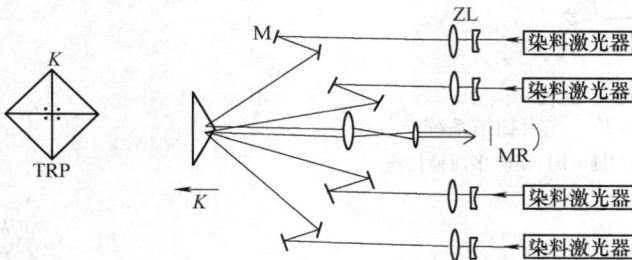

图 1-25　利用小角度全反射棱镜进行光束合成

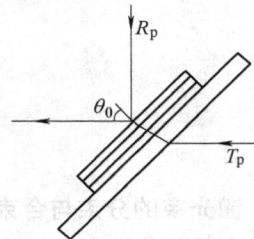

图 1-26　利用平板偏振
分光镜进行光束合成

1.4　激光窗口、透镜及反射镜材料

1.4.1　激光窗口和透镜材料

激光器中一个重要的部件是输出窗口，尤其是对固体激光器和 CO_2 激光器，输出窗口的材料及参数对激光器的输出性能影响极大。

石英、帕克斯玻璃和其他玻璃通常可作为 350～1000nm 波长范围的激光器窗口材料，而工作在紫外区的激光器需要由石英、氟化镁（MgF_2）或氟化锂（LiF）作为窗口材料。Nd：YAG 激光器的窗口材料一般是石英和玻璃，而这些材料在远红外区并不是透明的，许多半导体材料（如 Ge、GaAs、ZnSe、CdTe 等）和碱性卤化物材料（如 KCl、NaCl 等）可用来作为红外激光器的窗口材料和聚焦透镜材料。金属卤化物，如 NaCl、KCl，可以作为输出波长为 $10\mu m$ 的激光器（如 CO_2 激光器）的窗口材料，甚至还可用作高质量的化学涂层材料；半导体材料（如 Ge、GaAs、ZnSe、CdTe 等）有较高的化学耐蚀性能。

作为激光器窗口和聚焦透镜的材料，常需具备如下几方面要求和条件：

（1）光学吸收性　吸收率的定义为

$$\alpha = -\frac{1}{x}\ln\left(\frac{I}{I_0}\right)$$

式中，I_0 是初始入射光强；I 是通过窗口或透镜后的光强；x 是窗口或透镜的厚度。用作窗口和透镜的材料要求其对入射光的吸收越小越好。

（2）热导率　窗口和透镜材料要求热导率尽可能大。

（3）硬度和平滑度　窗口和透镜材料要求硬度高，以增加抗擦伤能力；平滑度要求高，以适应镀膜要求。

（4）化学阻抗性　光学组件要求在水中溶解度低，耐蚀能力强。

对于应用在高功率激光器的窗口和透镜材料，更加要求低吸收率和高热导率，在相同条件下，应尽可能选择低吸收率的材料，以降低光学组件对激光功率的吸收。

表 1-4 列出了应用于 $10.6\mu m$ 的 CO_2 激光器的几种典型窗口和透镜材料的光学和热学参数。

表 1-4　几种典型窗口和透镜材料的光学和热学参数

材　料	CdTe	ZnSe	GaAs	Ge	NaCl	KCl
吸收率/cm^{-1}	0.002	0.005	0.02	0.032	0.002	0.001
热导率/$W \cdot cm^{-1} \cdot \text{℃}^{-1}$	0.06	0.18	0.48	0.59	0.07	0.07
线胀系数/$10^{-6} \cdot \text{℃}^{-1}$	5.9	8.5	5.7	5.7	44	36
品质因子（垂直入射）	53	69	5300	1673	—	—
品质因子（布儒斯特角）	151	179	17.214	6898	—	—
折射率	—	2.41	3.30	4.02	—	1.47
抗张率/$kN \cdot cm^{-2}$	—	5.52	13.8	9.31	—	0.44
光学变形	—	0.7	0.6	0.2	—	1.86
硬度（努氏）	—	354	750	700	—	7
耐水性	好	好	好	好		差（易潮解）
化学阻抗性	好	好		差	好	好
对可见光透明度	×	好		×	×	好

注：表中品质因子等于 $\sigma K/(\alpha \alpha_L E)$，这里 σ 是裂纹系数，K 是热导率，α 是吸收率，α_l 是线胀系数，E 是弹性模量。

从表中可看到，GaAs 和 Ge 具有很高的质量因子，但 Ge 的热导率小，不宜作高功率激光器窗口和透镜材料。GaAs 常用来作透镜和窗口是因为它具有承受高功率的能力，但 GaAs 的吸收率较大，故不适宜作高功率激光器窗口。ZnSe 在可见光区有较好的透过性，因此作为透镜在调整光路时非常方便。为了减少激光光学组件的反射损耗（增加透过率），或者为了增加光学组件反射率（减少其他类型损耗），通常需要在光学组件表面镀膜。对于 $10.6\mu m$ 波长的 CO_2 激光器，其光学组件的镀层材料有 Ge、Si、ThF_4 和 ZnS 等。

对于商用的红外光学组件有如下指标：

1）对于抗反涂层（AR）

反射率（每个面）$<0.5\%$

吸收率（每个面）$<0.1\%$

2）对于部分反射涂层

反射率 （45~85）% ±3%

　　　　（90~95）% ±1.5%

　　　　（97~98）% ±1%

　　　　>99% ±0.5%

吸收率（每个面）<0.3%

　　在透镜的两个面上通常镀有增透膜以降低反射率，提高光透过率；其他组件，例如窗口、滤光片，则需在反射面镀增反膜，而在对应面镀增透膜。增反膜涂层需要镀多层，故在许多情况下，镀膜的费用要高于光学组件材料本身的费用。图 1-27 所示为光学组件涂层结构的应用。

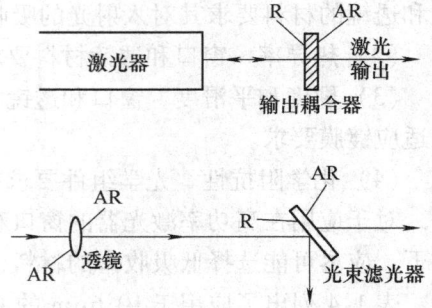

图 1-27　光学组件涂层结构的应用

R—反射面　AR—逆反射面

1.4.2　反射镜

　　反射镜材料的选择主要依据两项指标：热破坏性和热变形性。

　　1）对热破坏性能的评价指标 $(F, M)_f$，有

$$(F, M)_f \propto (T_c/A_s) \cdot K$$

式中，T_c 是材料破坏的临界温度；A_s 是表面吸收系数；K 是热导率。

　　2）对热变形性能的评价指针 $(F, M)_0$，有

$$(F, M)_0 \propto K/(\alpha_l A_s)$$

式中，α_l 是线胀系数。

　　用于红外区 CO_2 激光器的反射镜材料有 Si、Ge 和金属（包括铜、钼等），在高功率 CO_2 激光器中的反射镜主要采用金属铜镜和钼镜，并且需对反射镜加水冷系统以防止产生热畸变。表 1-5 列出了几种常用反射镜材料的物理性能。

　　为了提高反射镜的反射率，需在反射镜表面镀膜。通常在金属反射表面镀金膜，但也有的镀多层介质膜，镀过膜的反射镜反射率高达 99% 以上。在金属表面镀多层介质膜时，每层的光学厚度（折射率×厚度）等于 $\lambda/4$（λ 为激光波长），反射率可通过每层增加 $\lambda/4$ 厚度得到增加。在紫外波段区域，用于真空镀膜的材料有 MgF_2、NaF、Al_2O_3、ZrO_2、ThO_2、HfO_2 和 Y_2O_3 等；在可见光区域，有 SiO_2 和 Al_2O_3 等；而在红外波段区域，有如前述的 Ge、Si、ThO_2 和 ZnS 等。

表 1-5　常用反射镜材料的物理性能

	热导率/ W·cm⁻¹·℃⁻¹	线胀系数/ 10⁻⁶·℃⁻¹	F, M $(=K/\alpha_l)$	反射率 （%）	弹性模量 （293K）/10⁵MPa	硬度 HV	熔点/℃	化学稳定性
Mo	0.32	5.0	1.12	98.4	3.00 <111>	290	2610	好
Cu	0.95	16.7	1.00	99.2	1.98 <111>	80	1083	差
Al	0.56	23	0.42	97.8	0.72 <111>	40	660	差
Si	0.33	2.5	2.33	100	1.95 <111>	1100	1400	好

　　对于准分子激光器，Gill 和 Newman（1979 年）已经提供了紫外波段涂层在 266nm 和 355nm 处的破坏强度阈值，现列于表 1-6。

表 1-6　光学涂层的破坏强度阈值　　　　　　　　（单位：MPa）

涂　层	波　长	
	266mm 处的破坏强度阈值	355mm 处的破坏强度阈值
NaF	450	>1390
ThO_2	122	340
ZrO_2	67	250
Al_2O_3	106	210
NaF/Al_2O_3	154	470
ThO_2/SiO_2	71	180

1.5　激光束质量

1.5.1　激光束质量的评价标准

激光束的光束质量是激光器输出特性中的一个重要指标参数。

评价光束质量的方法很多，曾采用聚焦光斑尺寸、远场发射角、β 值和斯特列尔（Strehl）比等作为评价标准，它们各有优缺点，长期以来均未形成评价激光束质量的统一标准。1988 年，A. E. Siegman 利用无量纲的量——光束质量因子 M^2，较科学合理地描述了激光束质量，并为国际标准组织（ISO）所采纳，作为国际标准。

1.5.2　激光束品质因子

激光束品质因子 M^2 的概念为

$$M^2 = \frac{实际光束束腰宽度和远场发散角的乘积}{基模高斯光束束腰宽度和远场发散角的乘积}$$

对于基模（TEM_{00}）高斯光束，有 $M^2 = 1$，光束质量好；实际光束 M^2 均大于 1，表征了实际光束衍射极限的倍数。光束品质因子 M^2 可表示为

$$M^2 = \pi D_0 \theta / (4\lambda) \tag{1-44}$$

式中，D_0 是实际光束束腰宽度；θ 是光束远场发散角。

或　　　　　　　　　　　　　　　$$M^2 \approx \frac{\theta_{实}}{\theta_{远}}$$

式中，$\theta_{远}$ 是远场光束发散角；$\theta_{实}$ 是实际光束发散角。

M^2 参数同时包含了远场和近场的特性，能够综合描述光束的质量，且具有通过理想介质传输变换时不变的重要性质。由式（1-44）可知，对激光束质量因子 M^2 的测量，可归结为光束束腰宽度和光束远场发散角的测量。

1.6　材料的吸收和反射特性

激光束入射到材料表面，会在材料表面产生反射、散射和吸收等物理过程。要进行材料的激光加工，必须弄清材料对激光的反射与吸收特性。

1.6.1　材料的吸收特性

在许多情况下，材料的吸收特性是通过计算材料的发射率得到的，因为材料的发射率

ε_λ（T）是由下式给出的

$$\varepsilon_\lambda（T）= 1 - R_\lambda（T） \tag{1-45}$$

式中，λ 是激光波长；R_λ 是反射率；T 是材料的表面温度。一般来说，ε_λ（T）是随 λ 和 T 的改变而改变的。

对于一种金属材料，假定表面没有氧化，且处于真空中，则可计算其发射率。垂直入射的材料的发射率为

$$\varepsilon_\lambda（T）= \frac{4n_1}{(n_1+1)^2 + K_2^2}$$

式中，n_1 是复发射率的实部；K_2 是消光系数。对于金属材料来说，n_1 和 K_2 均是 λ 和 T 的函数。

1. 波长对材料发射率的影响

图 1-28 所示为 300K 时钛的发射率参数与波长的关系。从图中可看出，λ 在 $0.4 \sim 1.0\mu m$ 范围内，n_1、K_2 变化较慢，而发射率 ε_λ 在这个区域变化较大。在长波区域，n_1 和 K_2 随 λ 的增加迅速增加，而相应的 ε_λ 则减小。表 1-7 列出了几种常用金属在不同波长下的发射率。

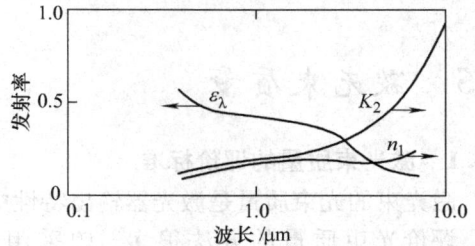

图 1-28 钛的发射率参数与波长的关系（300K）

表 1-7 常用金属的发射率

金属（$T=20℃$）	发射率		
	红宝石（700nm）	Nd：YAG（1000nm）	CO_2（10600nm）
Al	0.11	0.08	0.019
Cu	0.17	0.10	0.015
Au	0.07	—	0.017
Fe	0.64	—	0.035
Mo	0.48	0.40	0.027
Ni	0.32	0.26	0.03
Ag	0.04	0.04	0.014
Ti	0.18	0.19	0.034
W	0.50	0.41	0.026

2. 温度对材料发射率的影响

图 1-29 所示为波长为 $1\mu m$ 时几种金属材料的发射率 ε_λ（T）随温度的变化。图 1-30 所示为波长为 $10.6\mu m$ 时几种金属材料的发射率随温度的变化关系。

金属材料的发射率与温度和金属电阻率有关，并可用下式进行计算

$$\varepsilon_\lambda（T）= 0.365\left[\rho_{20}（1+\gamma T）/\lambda\right]^{1/2} - 0.0667\left[\rho_{20}（1+\gamma T）/\lambda\right]$$
$$+ 0.006\left[\rho_{20}（1+\gamma T）/\lambda\right]^{3/2}$$

式中，ρ_{20} 是 20℃ 时金属的电阻率；γ 是电阻率随温度的变化系数；T 是温度。对于 CO_2 激光，$\lambda = 10.6\mu m$ 时，发射率为

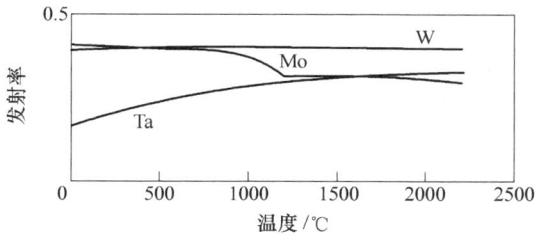

图 1-29　金属材料的发射率（$\lambda = 1\mu m$）与温度的关系

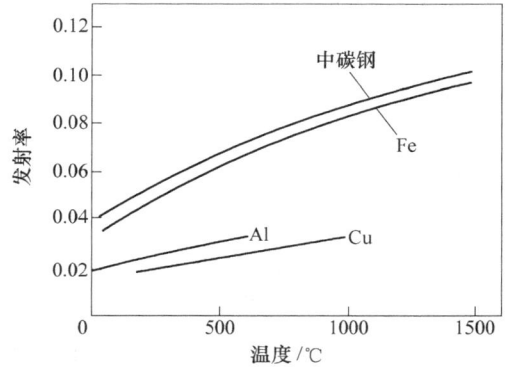

图 1-30　金属材料的发射率（$\lambda = 10.6\mu m$）与温度的关系

$$\varepsilon_{10.6}\ (T) = 11.2\ [\rho_{20}\ (1 + \gamma T)]^{1/2} - 62.9\ [\rho_{20}\ (1 + \gamma T)] + 174\ [\rho_{20}\ (1 + \gamma T)]^{3/2}$$

在测出材料的电阻率后，即可计算出材料的发射率，表 1-8 列出了部分材料的电阻率及随温度的变化系数。

表 1-8　材料的电阻率及随温度的变化系数（$\lambda = 10.6\mu m$）

金 属 材 料	$\rho 20/\Omega \cdot cm$	$\gamma/\Omega \cdot cm \cdot ℃^{-1}$
Al	2.82×10^{-6}	3.6×10^{-3}
磷青铜	8.00×10^{-6}	3.5×10^{-3}
Cu	1.72×10^{-6}	4.0×10^{-3}
Au	2.42×10^{-6}	3.6×10^{-3}
Fe	9.8×10^{-6}	5.0×10^{-3}
Mg	4.40×10^{-5}	1.0×10^{-5}
Mo	5.6×10^{-6}	4.7×10^{-3}
Ni	7.2×10^{-6}	5.4×10^{-3}
Pt	1.05×10^{-5}	3.7×10^{-3}
低碳钢	16.2×10^{-6}	3.6×10^{-3}
合金	1.50×10^{-5}	1.5×10^{-3}
中碳钢	1.20×10^{-5}	3.2×10^{-3}
W	5.50×10^{-6}	5.2×10^{-3}

3. 氧化层和涂层对材料发射率的影响

除了波长和温度对材料发射率有影响外，材料表面的氧化层对发射率也有影响，如图 1-31 所示为 304 不锈钢表面在空气中氧化 1min 后发射率与温度的关系。当有氧化层存在时，材料的发射率明显增加，而且对于一个特定温度，氧化层厚度与时间有关，从而材料发射率也是时间的函数。图 1-32 所示为钼对波长为 $10.6\mu m$ 的 CO_2 激光的发射率与时间的关系，从图中可以看出，在某一特定温度时，发射率随时间的增加而增加。

上述这些实验结果都是在较低的激光功率密度（$10^2 \sim 10^7 W/cm^2$）下获得的，如果继续增大激光功率密度，那么由于高功率密度激光束辐射的动力效应，会使发射率迅速增加，即

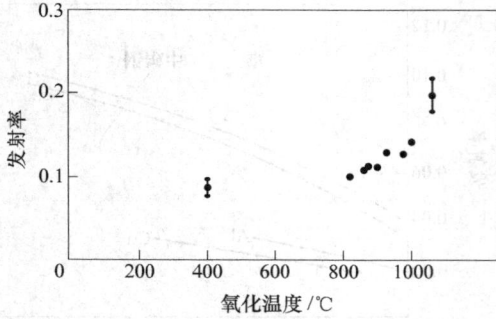

图 1-31　304 不锈钢发射率与氧化温度的关系

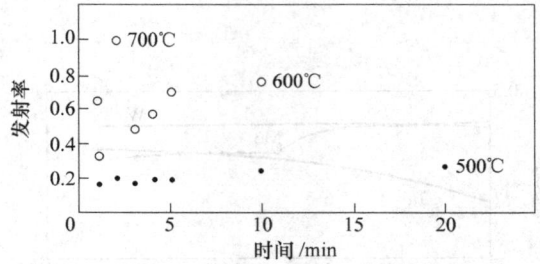

图 1-32　钼发射率与时间的关系

会提高激光辐射的热耦合率。高强度激光束的功率密度达到 $10^7 \sim 10^9 W/cm^2$ 时，会产生等离子体；等离子体会吸收一些激光辐射，然后激光又通过等离子体将能量耦合到大面积材料上，这个过程对激光束焦点处的打孔、切割均不利。图 1-33 所示为波长为 $10.6\mu m$ 的 CO_2 激光辐射 AISI 1045 钢时的反射率和热耦合率，由图可见，激光功率密度增到 $10^7 W/cm^2$ 以上或脉冲能量增至 $10J/cm^2$ 时，材料对 CO_2 激光束的反射会急剧增加，其热耦合率相应急剧增加。

当高强度长脉冲激光作用材料时，通过以下三个步骤实现耦合效率的增加：

1）激光开始作用到材料的表面时，材料表面出现强反射。

2）等离子体形成，并吸收激光能量和屏蔽激光。

3）等离子体被消耗，材料耦合效率提

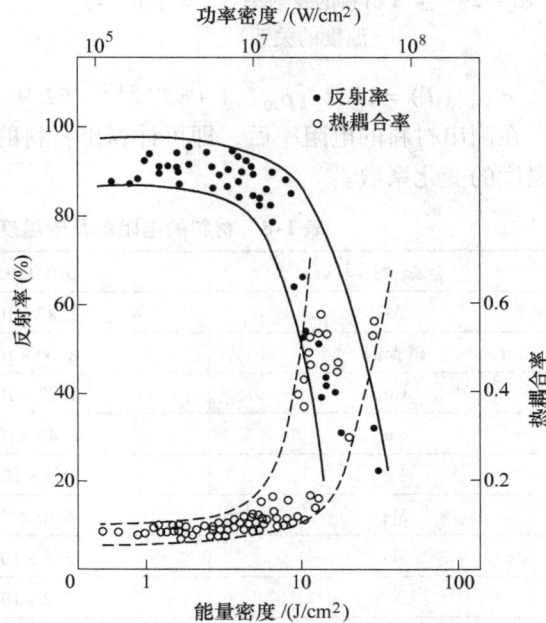

图 1-33　AISI 1045 钢的反射率和热耦合率

高。在激光脉冲开始辐射材料表面时，材料表面被加热，反射率较高，ε_λ（T）较小。紧接着材料表面产生金属蒸气，形成等离子体，并形成激光维持燃烧波（LSC 波）和爆发波（LSD 波）。这种类型波能强烈吸收入射激光辐射，并屏蔽激光。随着激光束向前移动，等离子体减少，材料表面又暴露在激光的辐射下，且此时材料的耦合效率提高。

材料发射率在激光束作用的初始阶段，一般是很重要的，但在有些实际的激光热加工应用中，当材料被激光束作用形成一个锁孔时，它就不重要了。因为在这种情况下，锁孔腔作为一个黑体辐射体，其发射率将达到 1；在另一种情况下，也就是在形成等离子体后，尽管材料上不产生锁孔，其发射率也可接近 1。

热转换计算表明：激光辐照块状材料，其聚焦光斑中心的极限温度可由下式计算

$$T = \frac{\varepsilon I_0 d \pi^{1/2}}{K} \tag{1-46}$$

式中，I_0 是初始峰值激光强度；d 是高斯光束半径；K 是热导率。

最佳的聚焦光斑 $d \propto \lambda$，λ 是激光波长；$I_0 \propto P/\lambda^2$，这里 P 是激光功率，这时有

$$P \propto \frac{KT\lambda}{\varepsilon}$$

如果假定当 $T = T_m$ 或者 $T = T_b$ 时所得到的热学参数，那么上述表达式可用来估算不同条件下激光加工的相关参数（例如激光功率等）。

根据关系 $P \propto \frac{KT\lambda}{\varepsilon}$，假定 $\varepsilon = 1$，可看出同一种激光辐射加热不同材料到其熔沸点，所需的激光功率不同。同时可看出，所需激光功率与波长和材料热学参数有关，例如 $P(CO_2)/P(Ar^+) \approx 20:1$。

4. 激光辐照半导体和绝缘材料的吸收率

当激光辐照半导体和绝缘材料时，其吸收率是波长的函数。激光作用半导体材料时通过晶格振动或有机固体分子的相互碰撞作用而使吸收率增加。在这些材料中，吸收率在 $10^2 \sim 10^4 cm^{-1}$ 范围。在可见光区域，如果晶体中含有杂质（如气泡孔、缺陷中心等），或者由于强烈的紫外光吸收在分子晶体中（如有机材料），其吸收率也会因电子的跃迁而增加。这些材料的典型吸收率为 $10^3 \sim 10^6 cm^{-1}$。图 1-34 所示为几种耐熔材料在可见光和紫外光区域的吸收率。α 与片厚 l 有关，$\frac{I}{I_0} \times 100 = 100 e^{-\alpha l}$，即 $\frac{I}{I_0} = e^{-\alpha l}$，$I$ 是透过光强，I_0 是初始光强。

图 1-35 所示为几种绝缘体在红外光区域的透射率，表 1-9 列出了几种绝缘体和半导体材料对红外辐射的透明范围。从图 1-35 中可以看到许多材料在 $\lambda = 1\mu m$ 区是不透明的，而在红外区是部分透明的。这是因为在可见光区域有带隙之间吸收的影响，在红外区吸收主要是自由载体的吸收和跃迁的杂质能级，这也是为什么半导体激光退火常用 Nd：YAG 激光的缘故。

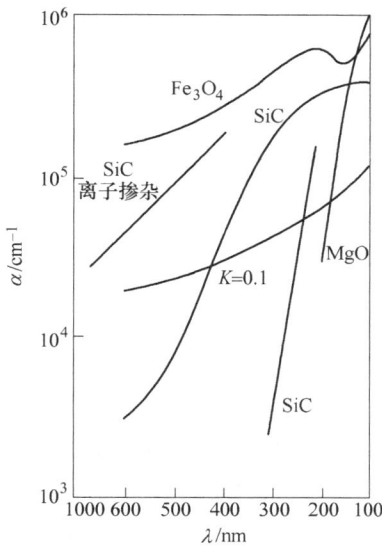

图 1-34　耐熔材料的吸收率
（$\lambda = 100 \sim 700nm$，$K = 0$）

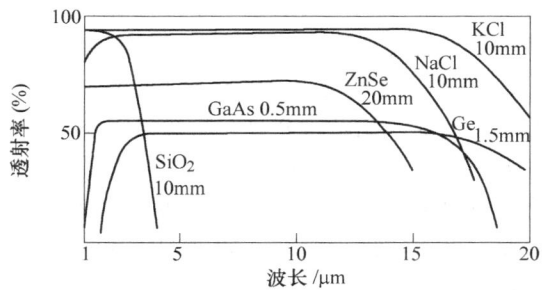

图 1-35　绝缘体在红外光区域的透射率

高折射率材料的反射损耗较大，例如，对于 $10.6\mu m$ 的辐射，垂直入射 Ge 的反射率为

30%，样品厚度已知。

表1-9   绝缘体和半导体材料对红外辐射的透明范围

材　　料	10%切割点之间的透明范围/μm
Al_2O_3	0.15 ~ 6.5
As_2O_3	0.6 ~ 13
BaF_2	0.14 ~ 15
CdSe	0.72 ~ 24
CdS	0.5 ~ 16
CdTe	0.3 ~ 30
CaF_2	0.13 ~ 12
CsBr	0.2 ~ 45
CuCl	0.4 ~ 19
金刚石（Iia）	0.225 ~ 2.5，6 ~ 100
GaAs	1 ~ 15
Ge	1.8 ~ 23
InAs	3.8 ~ 7.0
PbS	3 ~ 7
MgO	0.25 ~ 8.5

1.6.2　材料的反射率

材料的反射率可通过测量电阻率求得，但也有的采用直接测反射率的方法。反射率的定义为材料表面反射的激光束辐射功率 $P_{反}$ 与入射激光功率 $P_{总}$ 之比。

材料的反射率随入射波长的变化而改变，图1-36所示为几种金属材料的反射率随波长的变化情况。从图中可看出，在短波长区域，反射率较低；而在长波长区域，特别是激光波长大于 $2\mu m$ 时，反射率均在80%以上，其中 CO_2 激光（$10.6\mu m$）的反射率均在90%以上。从激光与材料相互作用的耦合效率角度来看，希望采用短波长激光器，故目前研究准分子激光器加工的很多，更进一步说，就是研究具有更短波长的自由电子激光器。尽管很多金属对 CO_2 激光波长的反射率很高，但目前因 CO_2 激光器输出功率大，也研究得很成熟，故现在激光加工大多采用 CO_2 激光器和固体YAG激光器，短波长准分子激光器的应用也在逐渐增多。

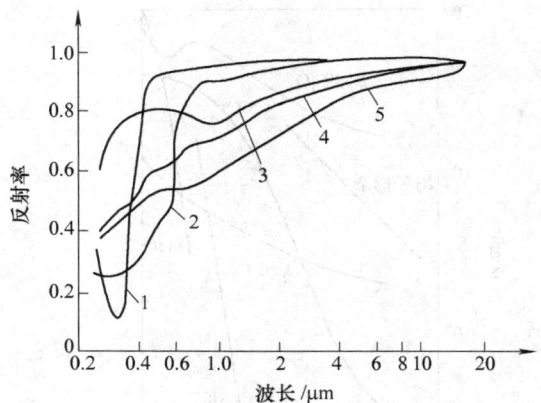

图1-36　金属材料的反射率与波长的关系
1—银　2—铜　3—铝　4—镍　5—碳钢

从图1-33中可看出，随着激光能量密度的增加，材料的反射率会逐渐下降，一旦材料到达它的熔点或沸点，材料的反射率将急剧下降。此外，材料的反射率还与激光的入射角和偏振状态有关。图1-37所示为金属表面入射光和反射光不同偏振状态对反射率的影响。

图 1-38 所示为在 20 ~ 1000℃ 范围内 Cu 在 10.6μmCO$_2$ 激光辐射下的不同偏振向量对材料反射率的影响，从图中可看出，两种偏振状态的反射率 R_s 和 R_p 是不相同的，这意味着偏振光的反射参数将与入射金属表面的激光偏振向量的取向有关。从图中还可看出，R_s 对所有入射角均较高，然而 R_p 在靠近切向入射时变得非常小，那么在偏振光垂直入射时的发射率 ε 最大，这就是在有些激光加工（例如激光切割和焊接）中为什么常采用偏振光的原因。

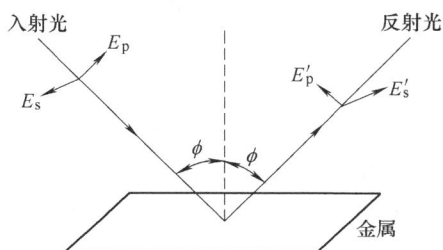

图 1-37   金属表面的入射光和反射光

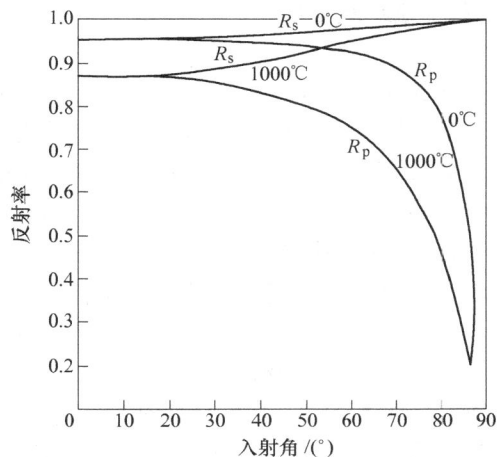

图 1-38   材料的反射率与偏振矢量的关系

习   题

1. 激光可作为加工的热源，对吗？为什么？

2. 说明激光束是否可聚焦于一点，并分析激光束聚焦后的光强分布形式。

3. 试推导出激光聚焦光斑半径为

$$r_s = f\theta$$

4. 说明激光束聚焦深度的含义，并说明聚焦深度主要与哪些因素有关。如要加工厚大件零件，如何选择聚焦透镜的焦距？

5. 激光束有像差吗？在设计激光光路时如何减少像差？

6. 大功率 CO$_2$ 激光器常采用什么材料作输出窗口和透镜材料？采用哪种类型材料较好，为什么？

7. 试叙述光束质量因子 M^2 的含义，并说明如何提高光束质量。

8. 试叙述激光加工时材料反射率和吸收率的关系，分别说明 CO$_2$ 激光、YAG 激光和准分子激光适合对哪些类型材料进行加工。CO$_2$ 激光对金属材料进行热处理时，应采取什么措施提高金属材料对激光束的吸收率？

9. 学生自己独立设计一种采用激光束焊接 6mm 厚的不锈钢板（对接焊方式）的连续激光焊接系统，说明采用何种类型激光器、何种导光系统、何种聚焦方式，并说明设计思路和理由（实训题）。（提示：根据激光器类型，采用何种光束传输方式？是光纤传输还是转折反射镜？聚焦方式是采用透射式或反射式？）

10. 试论述激光毛化轧辊的原理，并说明激光毛化轧辊有什么优越性。

11. 采用脉冲 YAG 激光束分别对 0.5mm 和 4mm 厚的不锈钢板打孔，并分析激光打孔与激光脉宽和脉冲重复率的关系（实训题）。

第 2 章　激光打孔与切割

2.1　激光打孔

将聚集后的激光束作用于材料上，可使任何材料熔化或气化。激光打孔主要是利用材料的蒸化去除原理。红宝石激光器是最早用于激光打孔的激光器，以后相继采用了钕玻璃激光器、脉冲 Nd：YAG 激光器和脉冲 CO_2 激光器。近几年随着激光器技术的成熟，准分子激光器打孔技术得到了很大发展并得到实际应用，飞秒激光打超微孔正在积极研究中。

2.1.1　激光打孔的特点

激光打孔和常规机械钻孔相比有如下优点：

1）激光打孔属于非接触加工，没有像普通钻头打孔时所产生的钻头磨损、断裂及损坏。

2）几乎所有的材料均可采用激光打孔，无论是金属或非金属（如陶瓷、玻璃、石英、金刚石、塑料等），尤其对高硬度、脆性材料的打孔具有优越性，且打孔速度快，效率高，没有污染。被加工件的氧化、变性、热影响区也非常少。

3）激光能打微型孔（孔径可达微米至亚微米级），也可打深孔和深宽比（孔深与孔径之比）很大的孔。例如在 20 钢板打孔时，最大深宽比达 65：1。

4）激光打孔方便灵活，易对复杂形状零件打孔，也可在真空中打孔。

5）激光打孔对工件装夹要求简单，易实现生产线上的联机和自动化。

2.1.2　激光打孔的原理

金属材料被功率密度为 $10^6 \sim 10^9 \, \mathrm{W/cm^2}$ 的激光辐射时会发生熔化或气化，并喷出固态微粒，特别是在气化边界运动速度加剧时更是如此。例如采用红宝石激光辐射材料，当激光第一个脉冲尖峰到达材料表面时，因激光功率密度很高，会使材料表面的温度超过沸点（如以 $10^6 \sim 10^8 \, \mathrm{W/cm^2}$ 的功率密度辐射钛合金时，其表面温度可高于 4000K）而产发气化，并将表面被气化的分裂混合物喷射出来。在激光脉冲末尾，激光功率密度降低，分裂的喷射物减弱。随着分裂物的喷射，气化以一个不变的速度向材料内部移动，材料被气化去除，孔被逐渐加深，随着孔的直径和深度的增加，分裂物相继被蒸气去除，最后形成一个深孔。

激光打孔时，材料的气化去除量与材料的热扩散率、气化潜热及表面反射率有关，如果忽略热传导损耗和材料表面的反射，则气化去除量仅由气化潜热决定。假定在激光作用下材料达到完全气化，则在材料中所产生的最大气化深度就由下式决定，即

$$d' = \frac{E_0}{\pi a_0^2 \rho \left[C \left(T_b - T_0 \right) + L_m + L_v \right]} \tag{2-1}$$

式中，L_m，L_v 分别是材料的熔化和气化潜热。这时材料的去除质量即为 $\pi a_0^2 d' \rho$。另外也可以从此式估算出激光打孔所需的能量、材料的气化速率和时间。

2.1.3　激光打孔的参数

在实际的激光打孔中，孔深会受到材料表面的反射与吸收特性的影响，对吸收率较高的材料，其表面气化迅速，气化去除量大，孔深也相应会增加。

激光打孔也会受到材料其他热学参数的影响，如材料的热导率、热扩散率、熔化潜热、气化潜热等。图 2-1 所示为铁和铝激光打孔时孔深与激光功率密度的关系。

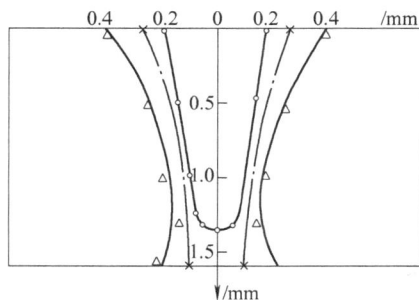

从图 2-1 中可以看到，在激光功率密度 F 较低时，材料的热扩散损耗不能忽略，由于铝的热扩散损耗比铁高，因而在 F 较低时，铝的孔深比铁浅。随着 F 的增大，材料会很快达到沸点，加热速度加快，这时热传导损耗可以忽略，影响孔深的主要因素是气化潜热。因为铝有低于铁的气化潜热，从式（2-1）可知，铝的气化去除量比铁的去除量大，故这时铝的孔深比铁要深，同时可以看到，采用激光打孔宜采用高功率密度的脉冲激光打孔。

当 $F \geq 10^8 \text{W/cm}^2$ 时，材料由于气化所产生的高压蒸气对激光辐射的吸收变大，因而常将 $10^8 \sim 10^9 \text{W/cm}^2$ 的激光功率密度作为激光打孔的极限功率密度。而激光打孔的最小功率密度是 $10^5 \sim 10^6 \text{W/cm}^2$，它取决于材料的临界气化阈值。激光脉冲的尖峰结构对激光打孔过程中的熔体运动影响不大，因为熔体的运动频率约为 10^4Hz，比尖峰脉冲的频率（10^6Hz）低很多，但矩形激光脉冲对熔体运动的影响大。最佳的激光打孔功率密度的选取要由材料及脉宽等参数决定。

激光打孔的截面形状与入射的激光能量有关，图 2-2 所示为脉冲激光在 1.6mm 厚的铝板上打孔时，脉冲能量对孔形的影响。图中○表示能量为 0.36J，×表示能量为 1.31J，△表示能量为 4.25J。同时激光打孔在很大程度上取决于激光束的聚焦条件。正如在第 1 章所提到的，焦深与透镜焦距的平方成正比，所以焦距越长，激光打的孔越深。欲打小直径孔，则需选短焦距透镜。当采用会聚激光束打孔时，焦点位于工件内，工件表面上光斑大，故孔入口直径大。当光束聚在工件表面时，由于表面强烈气化，高压蒸气会使孔壁上的熔体往外喷射，孔入口处尺寸也会增大，这时孔的形状主要取决于光束的光强分布，可得到近似圆形的孔。当利用散焦光束打孔时，光束聚焦于工件的上方，此时一方面入射到工件表面的光斑变大而使孔的入口处增大，另一方面在相当强的离焦光束作用下孔壁会强烈地熔化，分裂物总的含量因液态材料的增加而略有增加，因离焦而减少，这时孔的截面形状呈倒锥形。孔形质量和精度主要与分裂物中的液态含量有关，与孔底和孔壁上熔化材料的重新分布有关。而这些"熔体"又与激光脉冲能量和脉宽有关，长脉宽会使分裂物中液态含量增加，妨碍对激光打孔过程的控制，这不仅会增加孔形的变化，还会使孔的热影响区增大，且材料的热应力会使孔产生凹陷。因此，要提高激光打孔的精度，首先是需缩短激光脉宽，例如，采用 0.1ms 脉宽的激光在钢板上打孔，孔就不会产生凹陷。

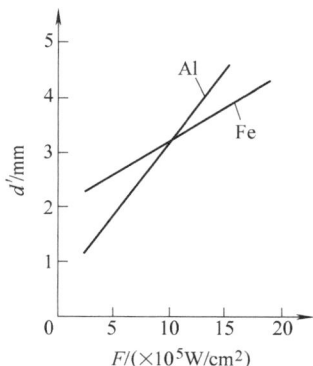

图 2-1 铁和铝激光打孔时孔深与激光功率密度的关系

图 2-2 脉冲能量对孔形的影响

激光束的脉冲形状与孔形质量和精度也有关（不规则的自由尖峰结构会破坏孔的截面形状），激光束截面上的光强分布不均匀和不对称以及激光束发散角的变化均会对孔形带来误差，此外孔形质量还与激光脉冲次数有关。采用多脉冲打孔，可以提高激光打孔的精度和质量。

在脉宽一定时，孔径和孔深均随脉冲能量的增加而增大；在脉冲能量一定时，孔径和孔深随脉宽的增大而增加。这是因为脉宽增加时光束中心的能量密度降低，导致孔内的蒸气压降低和蒸气密度减小，被熔化的材料不能被蒸气带走。这样由分裂物引起的对激光辐射的屏蔽效应减弱，所以，脉宽增加，一方面使孔壁熔化层增厚，孔变得粗糙；另一方面孔内熔化占主导地位，孔深将增加。实践证明，高功率密度和短脉宽可减小孔内的表面粗糙度值，合适的脉宽在 $0.3 \sim 0.7 ms$。

采用单脉冲打孔时，一次打孔深度仅为孔径的 $3 \sim 4$ 倍。采用系列多脉冲打孔时，材料一层层地被气化，孔深随着脉冲次数的增加而增加。但并不是说激光脉冲次数无限地增加，孔深也无限制地增加。实践证明，脉冲次数达到某种程度后，孔深不再加深而趋于饱和，图 2-3 所示为孔深与脉冲次数的关系，采用合适的多脉冲打孔可提高孔的精度和重复性。

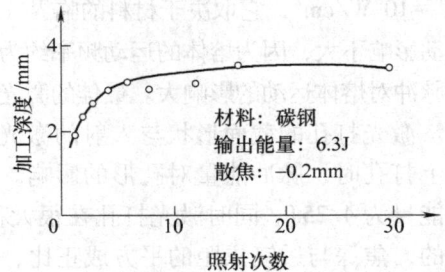

图 2-3 孔深与脉冲次数的关系

激光打孔的研究开始较早，目前不少已达到实用阶段，例如，激光对金刚石和钟表上的红宝石轴承打孔；脉冲打孔常用于微电子技术中，如在 IC 电路的芯片上或靠近芯片处打小孔，这些孔是用其他方法难以实现的。

2.1.4 激光打孔的典型实例

1. 金刚石拉丝模的激光打孔

激光加工金刚石模具，不仅能节省许多昂贵的钻石粉，而且与常规的机械超声加工法相比，大大提高了加工效率。用机械钻孔机打通一个 20 点的金刚石需要 24h，而用激光仅需 10min。表 2.1 列出了金刚石模具激光打孔的有关参数。

表 2-1 金刚石模具激光打孔参数

参 数	金刚石质量		
	20 点	50 点	100 点
原始尺寸/nm	$\phi\, 3.13 \times 1.25$	$\phi\, 4.6 \times 2.00$	$\phi\, 0.25 \times 3.75$
孔径范围/μm	$42 \sim 30$	$29 \sim 30$	$19 \sim 25$
输出能量/J	10	10	10
照射次数（表面）	$75 \sim 100$	$150 \sim 175$	$250 \sim 275$
照射次数（里面）	3	10	10
加工时间/min	$8 \sim 9$	$12.5 \sim 14.6$	$20.9 \sim 23$
透镜焦距/mm	33	33	33

通过增加激光脉冲能量和提高脉冲重复率，可以提高孔的加工速率。图 2-4 所示为金刚石激光打孔时，孔深与脉冲能量和脉冲次数的关系。实验证明，单脉冲激光打孔的孔深小于

1mm，对应的孔径为 0.005~0.400mm；多脉冲激光打孔的孔深可达 3mm，最大孔径可达 1mm。脉冲能量和离焦量改变时，孔的加深速率和入口孔径会发生变化，通常需要加大离焦量，以便获得拉丝模所需的孔形（见图 2-5）。

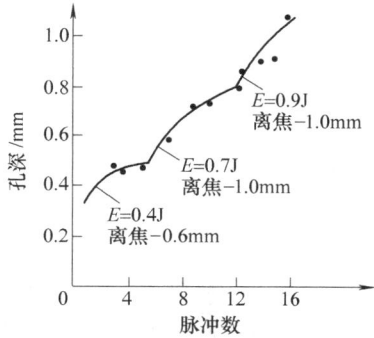

图 2-4　孔深与脉冲能量和脉冲次数的关系　　　　　　　图 2-5　拉丝模所需的孔形

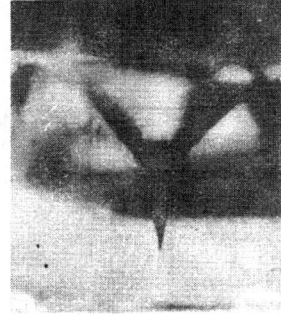

2. 红宝石轴承的激光打孔

红宝石轴承是圆柱形的，厚度为 0.26~0.50mm，要求在红宝石中心打开一个直径约 45μm 的小孔。瑞士最早采用激光对红宝石打孔，年产轴承 2 亿只。

红宝石轴承通常用单脉冲激光一次打穿。不同的激光打孔参数可形成不同的孔形状，常见有直圆柱形孔、圆锥形孔、倒圆锥形孔和鼓形孔等。

如前所述，激光打孔形状与激光脉冲能量和聚焦条件（包括焦点位置）密切相关。图 2-6 所示为孔形与离焦量的关系。从图中可见，只要适当控制离焦量和激光功率密度，就能很好控制孔的形状，并可找到打小锥度孔的最佳工艺参数范围。

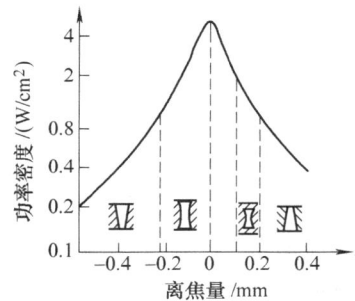

2.1.5　其他激光打孔实例

图 2-6　孔形与离焦量的关系

1. 脉冲 YAG 激光打精密孔

利用脉冲 YAG 激光可打精密孔，例如用脉冲 YAG 激光能在厚度为 1mm 的珍珠宝石上打出 16 个直径为 0.2mm 的高精度系列孔，加工精度为 ±0.03mm，加工孔的间隔为 0.01mm，加工速率为每秒钟打一个孔。

脉冲固体激光器常用于 IC 电路的微型加工。采用脉冲 Nd：YAG 激光在 0.6mm 厚的集成电路的玻璃衬底上打孔，直径为 5~20μm，用作电子及离子射线器的光阑。

用脉冲 YAG 激光对 0.005mm 厚的钛和钼薄箔进行打孔，孔径可达 φ0.02mm；用脉冲 YAG 激光对 0.07mm 厚的氧化铝陶瓷材料打孔，孔径为 φ0.15mm，打孔精度为 ±0.2mm。

激光打孔已在航空领域得到应用。航空发动机燃烧室温度高达 2000℃ 以上，为了冷却，需在发动机叶片上打约 20000 个直径为 0.4~0.9mm 的小孔。例如美国通用电气公司航空发动机厂用 12 台 30J 脉冲的红宝石激光器、五轴 CNC 系统，对飞机涡轮叶片打孔。采用 YAG 激光对 Haynes 188 钴基超合金燃烧室衬套打孔，每个衬套打 360 个直径为 0.4mm、深为 2mm 的孔。

文献报导，利用光学聚焦控制（OFC）方法，采用半导体二极管激光可在涡轮发动机燃烧室部件上打孔（见图 2-7 和图 2-8）。图 2-8 所示为激光加工涡轮发动机部件的热力运载涂层（陶瓷层）的一种新的焦点控制方法。

图 2-7　涡轮发动机燃烧室热力
运载涂层（陶瓷层）的激光打孔

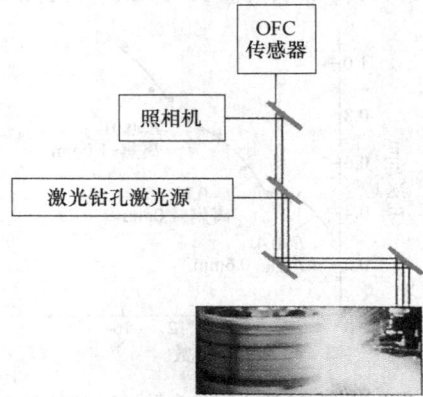

图 2-8　加工镀热力运载涂层（陶瓷层）
的涡轮发动机部件的新的控制焦点的光学方法

　　YAG 激光"飞行"打孔，即工件与光点的相对运动和激光的脉冲频率同步进行，每秒可打出 40 个孔。福特汽车用 Robomatix 400W 系统，激光分成两束，在 8 轴龙门机床上，对 Aerostor 行李车车顶箱支架打孔，两路光束在 30s 内各打 5 个孔。此外，还能采用激光在气冷式涡轮叶片、喷嘴、外罩和燃烧室打出直径为 0.127～1.27mm、深度为 3.1mm 的小孔。

　　2. 脉冲 CO_2 激光打孔

　　激光打孔除常用固体激光器外，目前也广泛采用脉冲 CO_2 激光器打孔。像钢铁之类的金属材料对 1.06μm 的 YAG 波长激光吸收率较高，故宜采用 YAG 激光打孔。但是，陶瓷、玻璃和塑料之类的非金属材料对 10.6μm 的 CO_2 激光具有较高的吸收率，因此对这类非金属材料适合采用脉冲 CO_2 激光打孔。激光打孔的深度、形状与激光束输出的偏振形态有关，表 2-2 列出了计算使用的激光束偏振类型。图 2-9 所示为脉冲 CO_2 激光打孔的深度、孔形与激光偏振模式的关系。

表 2-2　计算使用的激光束偏振类型

激光束偏振类型	图　示	文中表示
平面偏振，电矢量平行于光束速度矢理		P
平面偏振，电矢量垂直于光束速度矢量		S
圆偏振		C
角向偏振		A
径向偏振		R

表 2-3 列出了脉冲 CO_2 激光在塑料上打孔的实例。

表 2-3　脉冲 CO_2 激光在塑料上打孔的实例

材　　料	形　　状	厚度/mm	孔径/mm	脉宽/ms	激光功率/W	备　　注
聚丙烯树脂	薄膜	0.15	0.36	20	150	旋转速度为
	薄膜	0.50	0.38	20	50	1000r/min
	HD 管（座）	1.9	0.30	4.0	250	
	排水管	1.0	12.7	500	250	
尼龙	薄板（航空用）	0.89	0.15	6.0	40	（孔）光滑，
	球形	0.89	1.50	60.0	40	孔形好
聚四醛	球形	0.45	0.09	1.0	40	孔形光滑
PVC（聚氯乙烯）	薄板	0.5	0.25	10.0	50	孔形好，
		0.63	0.75	40.0	50	孔形光滑
聚丙烯树脂	薄板	0.33	0.25	10.0	50	有较小的
		0.28	1.02	40.0	50	锥度
ABS 塑料	板材	0.75	0.25	20.0	50	孔锥度小

此外，用 CO_2 激光可打香烟过滤嘴孔（孔径为 0.09 ~ 0.17mm），用 50% 分束器可将一束光分成 8 束光同时打孔，从而大大提高激光打孔速率。现已有 50 台 1kW 的 CO_2 激光器用于香烟过滤嘴生产线上。

国外许多航空阀门制造厂广泛运用激光打孔，采用 50W 脉冲 CO_2 激光，可打出孔径为 0.2 ~ 1mm、精度为 ±0.038mm 的均匀孔径（加工时间为 50 ~ 80ms，加工速度可达 300 孔/min）。

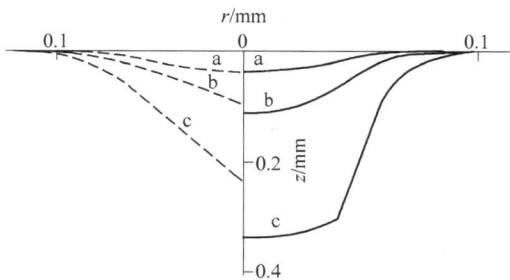

图 2-9　激光打孔的深度、孔形与激光
偏振模式的关系
注：曲线 a、b、c 对应于时间范围 $t_1 < t_2 < t_3$

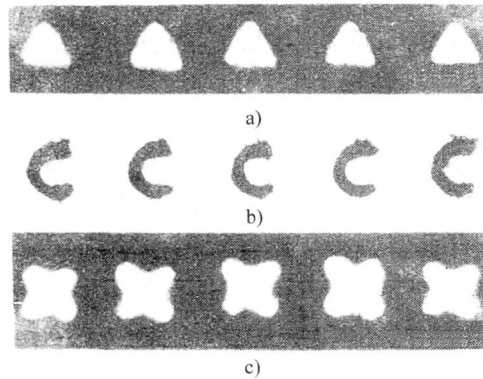

图 2-10　激光打出异形孔

采用脉冲激光对高温陶瓷打孔是很有应用前景的，因为采用常规钻孔方法对陶瓷打孔是件不容易的事。通常需用高硬度的金刚石钻头，且不能对材料厚度大于孔直径的零件打孔。

如要在陶瓷上打出 0.25mm 小孔，用常规方法很难实现，而采用脉冲激光在陶瓷基底上就能打出 0.3mm 小孔，并能打出异形孔（见图2-10）。

2.2 激光切割

激光切割是利用聚焦的高功率密度激光束照射工件，在超过激光阈值的激光功率密度的前提下，激光束的能量以及活性气体辅助切割过程所附加的化学反应热能全部被材料吸收，由此引起激光作用点的温度急剧上升，达到沸点后材料开始气化，并形成孔洞。随着光束与工件的相对运动，最终使材料形成切缝，切缝处的熔渣被辅助气体吹除。

2.2.1 激光切割特点与方法

激光切割有以下特点：①激光切割无接触，无工具磨损，切缝窄，热影响区小，切边洁净，切口平行度好，加工精度高，表面粗糙度值小。②切速高，易于数控和计算机控制，自动化程度高，并能切割盲槽或多工位操作。③噪声低，无公害。

激光切割可分为气化切割（$>10^7\,W/cm^2$）、熔化切割（$>10^4\,W/cm^2$）和氧助燃切割，其中以氧助燃切割应用最广。根据切割材料可分为金属激光切割和非金属激光切割。

1. 气化切割

气化切割是用激光束加热工件至沸点以上的温度，使部分材料以蒸气形式逸出，部分材料作为喷射物从切割底部吹走，其所需的激光切割能量是熔化切割的 10 倍。气化切割只应用于那些不能熔化的木材、塑料和碳素等材料。其原理如下：①激光加热材料，部分反射，部分吸收，材料吸收率随温度升高而下降。②激光作用区温升快，足以避免热传导造成熔化。③蒸气从工件表面以近似声速飞快逸出。激光在工件中的穿过速率能够通过求解一维热流方程来计算，并只考虑在蒸发情况（假定热传导等于0，激光蒸发去除速率远大于热传导速率）。

激光在工件内的蒸发去除速率（即材料单位面积单位时间内蒸发去除的体积）为

$$v = F_0/\rho\,[L_v + C_p\,(T_v - T_0)] \tag{2-2}$$

式中，F_0 是激光功率密度（W/cm^2）；ρ 是材料密度（kg/m^3）；L_v 是蒸发潜热（J/kg）；C_p 是材料比热容（$J/(kg\cdot℃)$）；T_v 是蒸发温度（℃）；T_0 是室温（℃）。

从式（2-2）可以推出不同材料的最大蒸发去除速率。假定采用2kW激光功率，聚焦光斑直径为 0.2mm，则激光功率密度为

$$F_0 = 2000 \times 10^8/\pi\,(1)^2\,W/m^2 = 6.3 \times 10^{10}\,W/m^2$$

那么可得出几种材料的最大蒸发去除速率，见表2-4。

可得到

$$T\,(0,\ t) = \frac{2F_0}{K}\left(\frac{Kt}{\pi}\right)^{\frac{1}{2}} \tag{2-3}$$

解得

$$t_v = \frac{\pi}{K}\left[\frac{T\,(0,\ t)\ K}{2F_0}\right]^2$$

计算出几种材料蒸发所需的时间，见表2-4。

从式（2-3）的计算可看出，激光功率密度对蒸发去除是非常重要的。在激光打孔中需要考虑激光脉冲形状，而对激光切割则需要脉冲前沿陡的短脉冲（相对激光焊接常用峰值低的长脉冲）。

在激光切割中，由于蒸发爆炸因此有一个侧面（壁）效应，这是因为蒸气反弹压引起的蒸气加速的缘故。蒸气反弹（冲）速度高达 1000m/s，反冲压力达到 $4 \times 10^6 \text{N/m}^2$，而大气压仅为 10^5N/m^2。蒸气反冲压力还会引起激光作用区在激光纳秒内产生很大的热应力，利用这个机制可用于激光表面冲击强化（将在后面介绍）。

表 2-4　几种材料的热物理参数和蒸发去除速率

	材料性质								过　程	
	$\rho /$ $\text{kg} \cdot \text{m}^{-3}$	$L_f /$ $\text{kJ} \cdot \text{kg}^{-1}$	$L_v /$ $\text{kJ} \cdot \text{kg}$	$C_p /$ $\text{J} \cdot (\text{kg} \cdot \text{℃})^{-1}$	$T_m /$ ℃	$T_v /$ ℃	$K /$ $\text{W} \cdot (\text{m} \cdot \text{k})^{-1}$	$v /$ $\text{m} \cdot \text{s}^{-1}$	$t_v /$ μs	
W	19300	185	4020	140	3410	5930	164	0.64	3	
Al	2700	397	9492	900	660	2450	226	1.9	0.6	
Fe	7870	275	6362	460	1536	3000	50	1.0	0.3	
Ti	4510	437	9000	519	1668	3260	19	1.2	0.09	
不锈钢	8030	~300	6500	500	1450	3000	20			

注：采用激光束功率密度为 $6.3 \times 10^{10} \text{W/m}^2$，$L_f$—熔化潜热；$L_v$—蒸发潜热；$C_p$—比热容；$K$—热导率；$v$—蒸发去除速率；$t_v$—达到材料蒸发所需时间；$T_m$—熔点；$T_v$—沸点。

2. 熔化切割

熔化切割是当激光束功率密度超过一定值时，工件内部蒸发形成孔洞，然后与光轴同轴吹辅助惰性气体，把孔洞周围的熔融材料去除带走。熔化切割的原理为：①激光束照射工件，除一部分能量被反射外，其余能量加热材料并蒸发成小孔。②一旦小孔形成，则以黑体的形式将光能全部吸收，小孔被熔化金属壁所包围，依靠蒸气流高速流动使熔壁保持相对稳定。③熔化等温线贯穿工件，依靠辅助吹气将熔化材料吹走。④随工件的移动，小孔横移一条切缝。

基于材料去除的平衡方程式（2-2），可以得到一个简化的集总热容方程为

$$\gamma P = wtv\rho \left(C_p \Delta T + L_\rho + m'L_v \right) \tag{2-4}$$

式中，P 是激光功率，w 是激光切缝宽度（m）；t 是切割材料的厚度（m）；v 是切割速度（m/s）；m' 是熔化材料中的蒸发部分；L_v 是蒸发潜热（J/kg）；ΔT 是由于熔化引起的温度升高；γ 是材料的耦合效率；ρ 是材料密度（kg/m^3）。

重新整理方程（2-4）得

$$\frac{P}{tV} = \frac{w\rho}{\gamma} \left(C_p \Delta T + L_m + m'L_v \right) = f \tag{2-5}$$

式中，L_m 是熔化潜热（J/kg）。从式（2-5）可看出，在给定激光切割速度、材料耦合效率以及其他材料常数时，切缝宽度 w 是光斑直径的函数。那么，在切割的材料确定后，就能得出 $\frac{P}{tV}$ 是一个常数，并且可以找到在不同切割参数下的 $\frac{P}{t}$ 与切割速度的关系。同时可得到不同材料单位面积所需的切割能量（见表 2-5）。图 2-11 所示为激光切割波前运动情况。

激光束到达工件表面时大部分进入孔或前切缝壁面，仅一部分被熔化的表面反射，另一部分直射孔底。当被切割材料很薄时，光束边缘作用区材料熔化速度较慢，大部分光束直接通过切缝，其吸收发生在与切割波前近似成 14° 角度处。其吸收原理有两个：一是通过激光

表 2-5　不同材料单位面积所需的切割能量

材　　料	$\dfrac{P}{tV}$（高值）/ (J/mm^2)	$\dfrac{P}{tV}$（低值）/ (J/mm^2)	$\dfrac{P}{tV}$（平均值）/ (J/mm^2)
中碳钢 + O_2	4	13	5.7
中碳钢 + N_2	7	22	10
不锈钢 + O_2	3	10	5
不锈钢 + Ar	8	20	13
钛 + O_2	1	5	3
钛 + Ar	11	18	14
铝 + O_2			14
铜 + O_2			30
树脂	2.7	8	5
聚丙烯	1.7	6.2	3
聚碳酸酯	1.4	4	2.3
PVC	1	2.5	2
ABS	1.4	4	2.3
木材	20	6.5	31
硅			120
皮革			2.5

与材料相互作用的菲涅耳吸收；另一个是通过等离子体吸收与辐射。因为吹气使等离子体强度不大，熔体将被快速气流带走。在切缝底部，由于熔体表面薄膜的张力作用使熔渣变得较厚，金属蒸气将熔渣向上喷射出来。辅助吹气与切缝内的高压蒸气混合形成一个低压区，从而扩宽了切缝。故激光切割很薄的白口铸铁很困难。

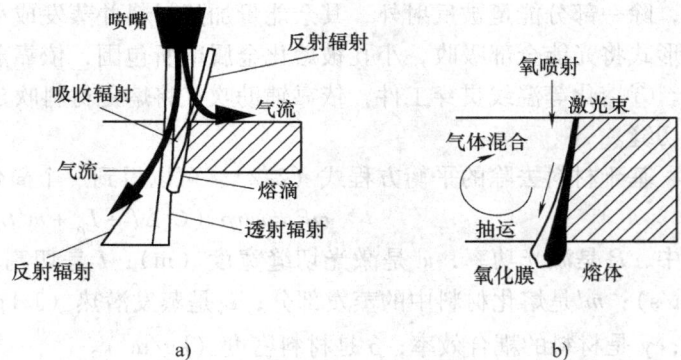

图 2-11　激光切割波前运动情况
a) 光能转换　b) 质量和动量转换

在激光熔化切割中，吹气的目的是需将金属熔体吹走。在设计吹气嘴时要考虑这个问题。

随着激光切割速度的增加，光束能量会更有效地耦合到工件，增加激光功率密度会使激光切缝形成波纹状，使激光切缝变得粗糙。为了克服这个问题，可以通过采用辅助吹气或者脉冲激光切割的方法，脉冲切割的频率需与切缝所形成的波纹相匹配。

3. 氧助燃熔化切割

氧助燃熔化切割的原理是：①在激光照射下，材料达到熔化温度，随之与氧接触，发生剧烈燃烧反应，放出大量热量，在激光和此热量共同作用下材料内部形成充满蒸气的小孔，小孔周围被熔融气体包围。②蒸气流动使孔周围熔融金属壁向前移动，并发生热量和物质转移。③氧和金属的燃烧速度受燃烧物质转换成熔渣的限制，氧气扩散通过熔渣达到点火前沿的速度，氧气流速越高，燃烧的化学反应越快。④在未达到燃烧温度的区域，氧气流作为冷却剂，缩小切割热影响区。⑤氧助燃切割存在激光辐射和化学反应热两个热源。

图 2-11b 所示为氧助燃熔化切割。从图中可看到，通过切缝的气体不仅能阻止熔体的消耗，而且能在切缝中产生氧化反应。氧燃烧反应的速度随材料而异，对于中碳钢和不锈钢能达到 60%，对于钛可以达到 90%。采用氧助燃反应切割，切速可以是未加氧的两倍。

在氧助燃切割中，氧助燃切割的厚度可在 25mm 以上。切割速度越快，热穿透越小，切割质量越好。然而在切缝中也会发生一些化学变化。例如在激光切割钛板时，由于氧的存在使切缝区变硬并易产生裂纹。对于中碳钢的激光切割，只有在切割薄板时，切割缝表面才会形成氧化层。对于不锈钢板的激光切割，会产生高熔点的氧化铬而形成熔渣。在切割铝板时也有类似现象。在切速较低时，易在切缝内产生皱纹，其机理如图 2-12 所示。

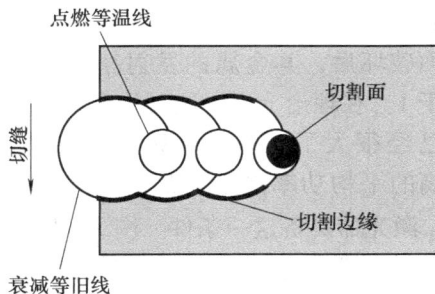

图 2-12　由于侧向燃烧形成的激光切割条纹

图 2-13 所示为中碳钢在采用不同速度时的切割视图，从图 2-13 可清楚地看到，在低速时会形成粗糙切缝，切速低使切口变得粗糙。在切割薄板时，工件表面要尽可能不产生熔化，仅使边缘破坏，故需采用较低的激光功率。在切割脆性材料时，需控制好激光切割速度，防止切割口破坏。表 2-6 列出了控制切口破坏的切割速度。

值得指出的是，采用激光切割厚板时，如果采用低功率则类似于氧化切割，这时切缝会变得很宽，故要增加激光功率。例如切割 20mm 厚钢板时，如果采用 1.2kW 激光功率，切口的表面粗糙度为 45μm，如果采用 2.4kW 激光功率，以 1.2m/s 切割速度，则切口的表面粗糙度只有 20μm。

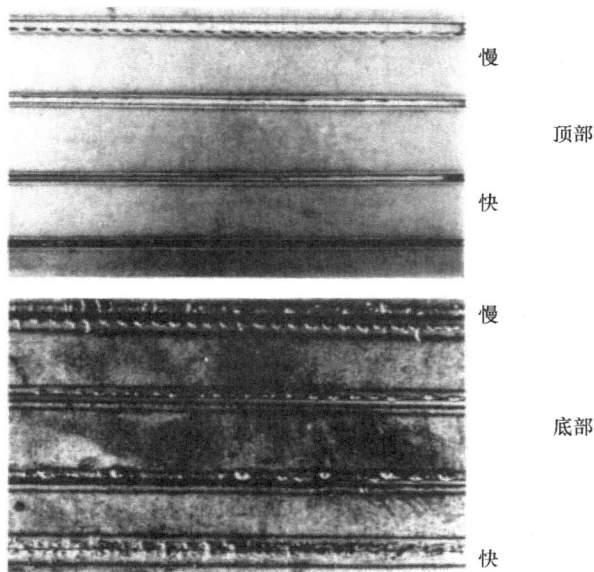

图 2-13　中碳钢在采用不同速度时的切割视图

表 2-6　控制切口破坏的切割速度

材　　料	厚度/mm	光斑直径/mm	入射激光功率/W	切割速度/(m/s)
99% Al_2O_3	0.7	0.38	7	0.3
	1.0	0.38	16	0.08
玻璃	1.0	0.5 × 12.7	10	0.3
红宝石	1.2	0.38	12	0.08
石英晶体	0.8	0.38	3	0.61

2.2.2 金属材料激光切割

金属材料的激光切割大多采用快轴流 CO_2 激光器，这主要是因为轴流 CO_2 激光器光束质量好。大多数金属对 CO_2 激光器光束的反射率相当高。在室温下金属表面的发射率随氧化过程温度的升高而增加，而且一旦金属表面破坏后，其金属的发射率将增至近于 1。在理论上说，这时的金属发射率已经很大了，但对金属激光切割，较高的平均功率是必要的，而高功率

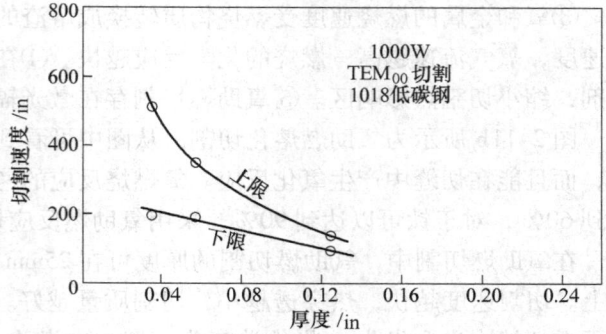

图 2-14 激光切割低碳钢板的切割速度与板厚的关系

CO_2 激光器具备这一条件。图 2-14 和图 2-15 所示分别为激光切割低碳钢板和铝板的速度与板厚的关系。金属材料的激光切割参数示于表 2-7。

对于一定板厚的金属板，通常激光切割速度随激光功率呈线性增加，图 2-16 所示为激光切割不锈钢时，切割速度与激光功率、板厚的关系。从图中可看到，当激光功率一定时，切割速度与板厚有关，板厚增大时，切速减小。有些学者认为，切割速度 $v_1 \propto l^{-\beta}$，这里 l 为金属板厚，β 为接近 1 的常数。

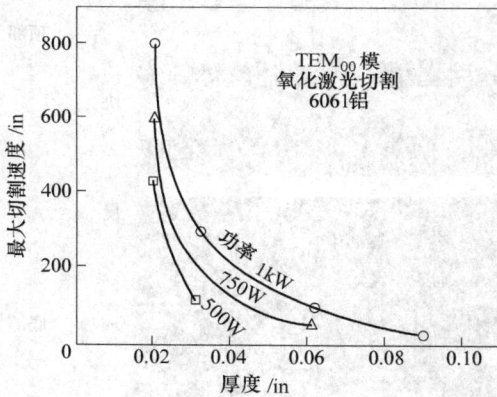

图 2-15 激光切割铝板的切割速度与板厚的关系

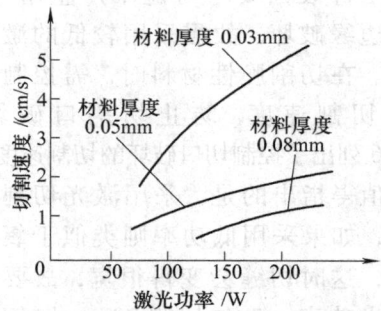

图 2-16 切割速度与激光功率、板厚的关系

表 2-7 金属材料的激光切割参数

金 属	适应类型	激光器类型	功率/kW	厚度/mm	吹 气
普通碳钢	好	CO_2	$0.3 \sim 10$	$0.5 \sim 18$	
合金钢	好	或	(CO_2)	(CO_2)	
奥氏体不锈钢	好	Nd^{3+}：YAG	或	或	O_2
马氏体和铁素体不锈钢	好		$0.1 \sim 0.4$	$0.1 \sim 0.3$	
			(Nd^{3+}：YAG)	(Nd^{3+}：YAG)	
铝合金	较好	CO_2 或 Nd^{3+}：YAG	$0.3 \sim 10$（CO_2）或 $0.1 \sim 0.4$（Nd^{3+}：YAG）	$0.3 \sim 5$	O_2 或 空气

（续）

金　　属	适应类型	激光器类型	功率/kW	厚度/mm	吹　　气
镍合金	好	CO_2 或 Nd^{3+}：YAG	$0.3 \sim 10$（CO_2） 或 $0.1 \sim 0.4$ （Nd^{3+}：YAG）	$1 \sim 6$（CO_2） 或 $0.4 \sim 3$ （Nd^{3+}：YAG）	O_2
钛合金	好	CO_2	$0.3 \sim 5$	$1 \sim 6$	Ar 或空气
钴合金	好	CO_2	$0.3 \sim 5$	$1 \sim 6$	O_2

在激光切割过程中，切缝宽度和热影响区与切割速度也密切相关。图 2-17 所示为激光切割过程中切缝宽度、热影响区与切割速度的关系。激光切缝表面的切缝宽度和热影响区均随激光切速的增加而减小，并在切缝下表面切缝的宽度和热影响区最小。对于中碳钢，最好的切割质量和最小的热影响区为 $P/v \approx 70 J/mm$。

激光功率 1800W，聚焦光斑直径 $250 \mu m$，材料为 3mm 厚的中碳钢，对于金属激光切割的切口表面粗糙度，一般是上段最好，中段次之，下段较差。切口表面

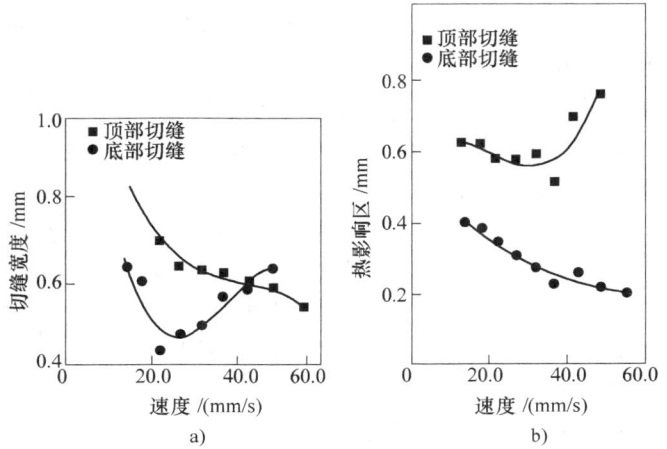

图 2-17　切缝宽度、热影响区与切割速度的关系
a）激光切割 3mm 厚钢板时，切缝宽度与切割速度的关系
b）激光切割热影响区与切割速度的关系

粗糙度与切割的切口有关。图 2-18 所示为切割厚度与切口表面粗糙度的关系。图 2-19 所示为焦点位置对切口表面粗糙度的影响，从图中可看到，工件至聚焦透镜的距离与焦距的比值在 $0.988 \sim 1.003$ 范围内。例如，激光切割 2.3mm 的低碳钢板时，采用负离焦 $0.3 \sim 0.7mm$ 为佳。图 2-20 所示为激光切割断面表面粗糙度的测量参数。

当激光在惰性气体保护下切割钛板时，被熔化的高粘度材料会变成废弃喷射物在切缝下边

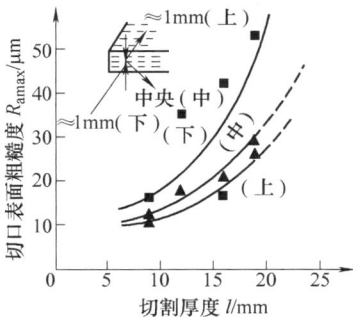

图 2-18　切割厚度与切口表面粗糙度的关系

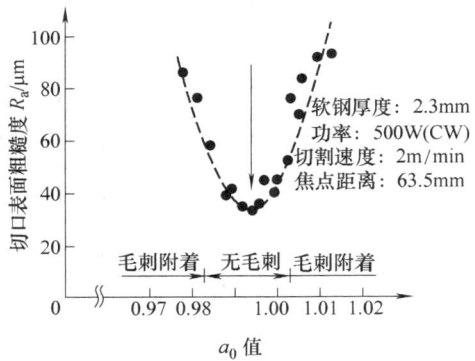

图 2-19　焦点位置对切口表面粗糙度的影响

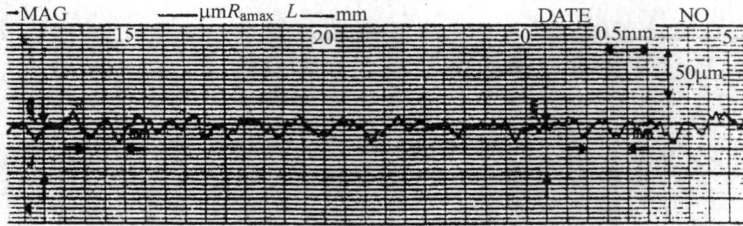

图 2-20　激光切割断面表面粗糙度的测量参数

材料：SS12t；进给速度：0.5mm/s；标准长度：8.0mm；R_{amax}：46μm

沿形成大量熔渣，炽热的残渣会降低切割的冷却速度，使得某些区域长时间遭受到高温的影响。在高温区，材料会与大气中某些气体发生化学反应。研究人员采用调制的 TEA CO_2 激光（500Hz，500W 平均功率）在不同辅助气体情况下切割钛板。实验证明，采用 He 作辅助气体与 Ar 气相比，He 气具有较高的热导性能和较大的剪切应力，因此，用 He 气作为激光切割辅助气体可以得到无残渣和热影响区较小的激光切缝。但用 Ar 气作切割气体，则在激光切割边缘会引起某种程度上的波纹度（~30μm），如图 2-21 所示。

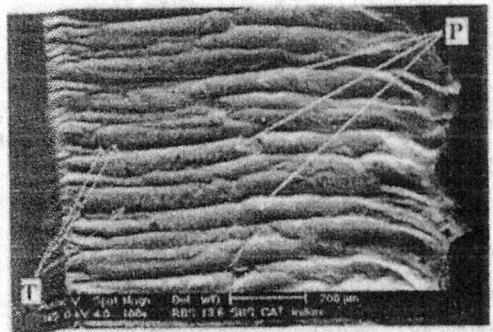

图 2-21　用 Ar 气作辅助切割气体时，表面呈现出很多横向条纹（T）

在实际氧助燃激光切割中氧喷嘴的形状和大小及吹氧压力对激光切割质量有较大影响。吹氧能进行氧化反应而放热，能吹掉切缝熔渣，同时也能对切缝起冷却作用。一般来说，氧气流应以超声速的收敛型气流最好，以免切口下端扩大。日本学者松野等人对喷嘴设计作了详细研究，其研究结果如图 2-22 所示。

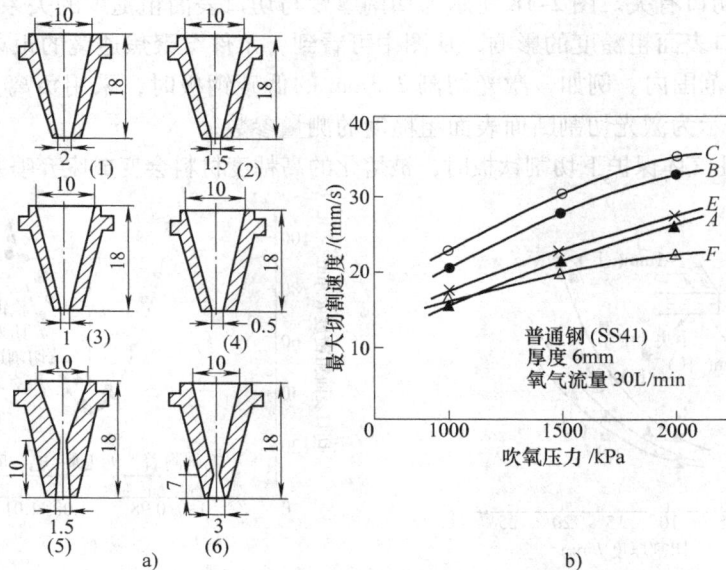

图 2-22　喷嘴设计研究结果

a）喷嘴设计　b）研究结果

图 2-23 所示为喷嘴直径与切割速度的关系。从图中可以看出，对某种具体激光切割存在一个最佳的喷嘴直径。在作者的实验条件下，喷嘴直径以 1.5mm 较好。

此外，激光切割质量还与吹氧压力有关，在不同激光功率及不同厚度情况下，吹氧压力也存在一个最佳值。图 2-24 所示为吹氧压力与切割速度的关系。从图中可以看出，过高的吹氧压力反而会使切割速度下降。图 2-25 所示为切缝质量与吹氧压力及切割速度的关系，图中 B 区为切割质量良好区。

此外，D. Schnocker 研究了激光切割中切口表面粗糙度与切缝熔化层振动的关系，A. Ivarson 从氧气动力学角度研究了吹氧条件下，激光切割表面粗糙度与周期性氧化反应的关系，认为切口面条纹是由钢的氧化性决定的。

图 2-23　喷嘴直径与切割
速度的关系

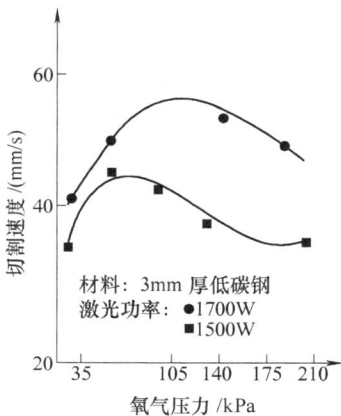

J. Powell 研究了激光切口的条纹形成与熔化液层振动有关的理论，他们采用与条纹自然频率相同的脉冲激光，实现了减小激光切口表面粗糙度的目的。目前采用脉冲激光切割金属是一个研究热点。

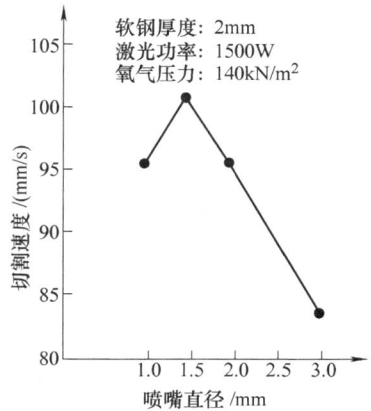

图 2-24　吹氧压力与切割
速度的关系

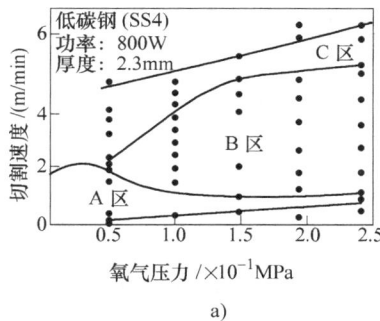

图 2-25　切缝质量与吹氧压力及切割速度的关系

a）切割速度与氧气压力的关系　b）切割速度的增加对切割质量的影响

除上述的激光功率、切割速度、喷嘴直径和吹氧压力等影响激光切割的因素外，为了提高激光切割质量，近年来人们还研究了偏振光激光切割、电弧辅助激光切割、水冷激光切割及红外双波段激光切割等。

在激光切割中，切割速度随偏振光取向发生变化。由于激光偏振的原因，切缝下部容易产生偏斜，图 2-26 表示了偏振光矢量的取向对激光切口形状的影响。由图中可看到，采用圆偏振光，切口平直，但一般 CO_2 激光不能直接输出圆偏振光，因而在激光切割时，为了获得好的切割质量，常加 45°反射的圆偏振镜（见图 2-27）。圆偏振镜通常镀多层介质膜，国外已有圆偏振镜出售，国内华中科技大学激光研究院也已研制出圆偏振镜供用户使用。

表 2-8 列出了激光切割与等离子弧切割、气体切割的比较结果。

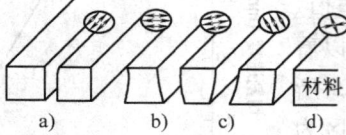

图 2-26　不同偏振光所得切口的状态

a）直线偏振光　b）直线偏振光

c）直线偏振光　d）圆偏振光

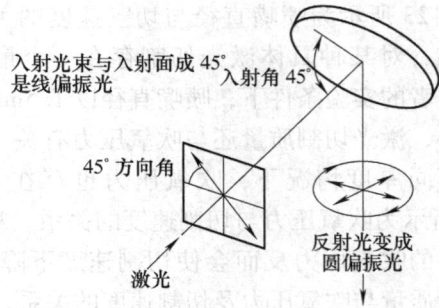

图 2-27　圆偏振镜

表 2-8　几种切割方法的比较

切割方法	激光切割 （CO_2 激光器 2kW）	等离子弧切割 （230A）	气体切割
能源	红外	等离子弧	氧化反应
能量密度	小	中	小
切割材料	碳钢，低合金钢，不锈钢 非金属（木材，布匹）	低碳钢，低合金钢，不锈钢，铝	低碳钢，低合金钢
切速 （板厚 12mm）	中 （1.000mm/min）	大 （2.700mm/min）	小 （500mm/min）
切割精度	良（0.2mm 以下）	一般（0.5～1mm）	差（1～2mm）
切割面	非常好	大	好
切割表面粗糙度	一般	好	一般
多层同时切割	很困难		
无人操作	最好	困难	困难
环境污染	小	有灰尘	一般
价格	高	较高	低

Clarke 和 Steen 在 1979 年已经证明电弧辅助激光切割能增加激光切割速度和厚度。图 2-28 所示为激光切割速度与激光和电弧总输入功率的关系（图中虚线以左表示对 3mm 厚中碳钢的弧增加值）。从图中可看到，当激光和电弧总功率超过 4kW 时，切割速度达到饱和。

下面列举几种典型切割样品，如图 2-29 所示。

2.2.3　非金属激光切割

在许多实际应用中，常采用 CW CO_2 激光器切割非金属材料。由于非金属材料对 CO_2 激光吸收率高，故大多使用不超过 500W 的中等激光功率。因为非导电材料的热导率小，故通过传导的热量损耗小，切割材料所需的激光功率可由下式表示

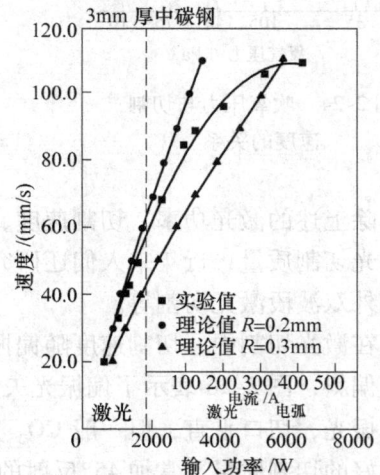

图 2-28　激光切割速度与激光和电弧总输入功率的关系

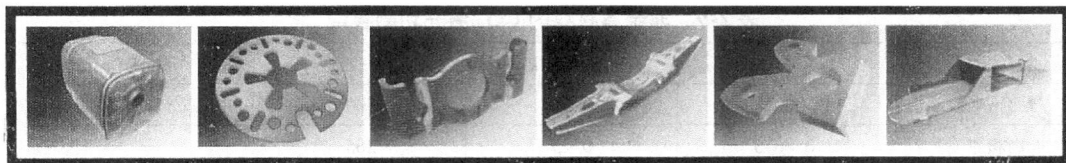

a)

b)

图 2-29 典型切割样品

a）板材激光切割 b）横梁结构件端部的激光切割

$$P = QWlv \tag{2-6}$$

式中，Q 是材料蒸发所需的能量（kJ/cm^3）；W 是切缝宽度；l 是板厚；v 是切割速度（cm/s）。

对于非金属材料，Q 值可以小于 $0.4kJ/cm^3$；而对于玻璃类材料，Q 值应高于 $100kJ/cm^3$。图 2-30 所示为激光切割石英的板厚与切割速度的关系。

表 2-9 列出了非金属材料 CO_2 激光切割参数。

在非金属激光切割中，为了找到激光功率 P 与切速 v 的关系，必须知道材料蒸发所需的能量 Q。Babenko 和 Tychinskij 在 1973 年已经公布了一些材料的 Q/ρ（ρ 是材料的密度）值，依此来估算近似的切割速度。Locke 等人在 1972 年公布了几种材料的 Q 值，列于表 2-10。

非金属材料的激光切割具有很大的应用前景。到目前为止，激光可用来切割木

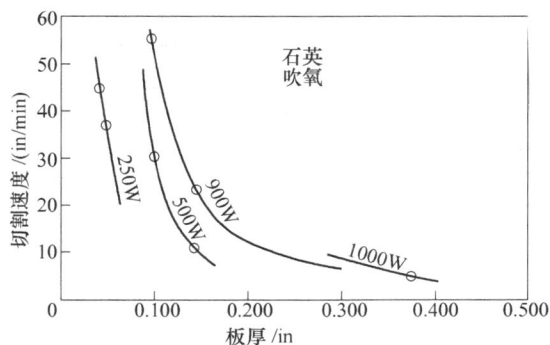

图 2-30 激光切割石英的板厚与切割速度的关系

材、纸张、布匹、塑料、橡胶、复合材料、玻璃及陶瓷等非金属材料。例如用激光切割木材可大大减少噪声。用激光切割纸张，切速可高达 $15m/s$。激光用于切割航空行业中的复合材料也越来越普遍。

表 2-9　非金属材料的 CO_2 激光切割参数

材　料	厚度/mm	激光功率/kW	切速/(cm/s)	参　考　文　献
粘合剂纸	0005	0.25	500	Miller and Osi et. al（1969）
白板纸	0.0075	0.25	265	
胶合纸	0.5	0.225	2	Harry and Lunau（1972）
	2	0.225	0.46	
	2.5	8	2.5	Locke et. al.（1971）
波纹纸	0.45	3.9	175	Banas et. al.（1971）
碱性玻璃	0.4	0.2	0.16	Lunau（1970）
	0.2	0.35	1.25	Harry and Lunau（1972）
	0.02	0.2	8.3	
玻璃	0.94	20	2.5	Locke et. al.（1972）
石英	0.2	0.25	0.16	Harry and Lunau（1972）
	0.31	0.5	1.2	Ready（1978）
氧化铝	0.075	0.1	2.5	Harry and Lunau（1972）
水泥	3.75	8	0.08	Locke et. al.（1972）
纤维	0.025	0.375	2000	Photon sources
ABS 塑料	0.025	0.375	1000	Photon sources
聚碳酸酯	0.025	0.375	100	Photon sources
聚乙烯	0.025	0.375	30	Photon sources
聚苯乙烯泡沫塑料	2	0.3	0.017	Harry and Lunau（1972）
皮革	0.3	0.225	5.1	Harry and Lunau（1972）
人造革	0.15	0.35	28	Uglov et. al.（1978）
橡胶	0.45	0.35	2.5	Uglov et. al.（1978）
石灰石	3.75	3.5	0.2	Banas et. al.（1971）

表 2-10　几种材料的 Q 值

材　　料	$Q/(kJ/cm)$
胶合板	7.9
有机玻璃	7.9
玻璃	78
混凝土	42
硼-环氧树脂混合物	69
纤维-环氧树脂混合物	36

　　激光裁剪布料，不仅可省料 15%，且裁剪质量好，裁剪后的布料无毛边。化纤衣料的激光裁剪不需要收边，可以省去拷边工序。用计算机控制的激光裁剪机，可将所有衣服的样式与尺寸存储到磁盘上，按一下控制键就可以得到所需的布料。例如休斯公司开发的激光裁剪机，裁剪速度达 61m/min，每小时激光可裁剪 40～50 套服装。目前美、英服装公司均采用激光裁剪机裁剪布料。

2.3　三维激光烧蚀精密加工技术

2.3.1　三维激光烧蚀的特点

传统的激光加工（如激光打孔、切割和焊接等）都不能严格控制激光沿光轴方向的加工尺寸，属二维粗加工。而为满足对某些高硬脆性材料（如工程陶瓷）的三维精密加工的需要，目前人们已开发出一种激光成形三维表面加工技术（Laser Shaping Three Dimensional Surface）或称激光落料技术（Laser Caving）。传统工程陶瓷的精密加工主要采用金刚石砂轮磨削，效率低，成本高，缺乏对多种表面加工的适应性，制约了陶瓷材料在工业中的更广泛应用。采用激光烧蚀加工方法能去除材料的余量，形成零件的精密三维表面。激光成形三维表面精密加工在宇航工业、汽车工业、生物工程等领域有广泛的应用前景。

激光烧蚀能形成三维表面不同于传统采用刀具的切削过程，它既不存在切削刃，也没有刀具的磨损，不存在与刀具磨损有关的误差。当采用大于材料气化阈值功率密度的激光束作用材料表面时，材料将发生烧蚀气化。可用以去除材料余量，这使激光束有类似于"激光刀"的作用。

最早研究激光成形三维表面加工技术的是美国南加州大学的 Copley 等人，他们采用连续激光，研究了激光车削和激光铣削两种工艺，并率先以 450W 连续输出的 CO_2 激光车削陶瓷螺纹。

用连续激光车削加工存在两个问题：第一，由于材料加工以熔化去除为主，存在显著改变材料物理和力学性能的变质层和裂纹。第二，不能精确控制切削加工尺寸。为了克服上述问题，1989 年日本千叶大学渡部武弘和坂本治久研究了脉冲 YAG 激光车削，通过控制激光束辐照时间和工作台 XY 方向的进给量控制激光切割过程，消除了沿光轴方向去除深度的影响，实现了激光三维加工。为了减小加工表面的表面粗糙度值，采用 +4mm 离焦量进行加工。研究人员很快发现，采用普通脉冲 YAG 激光加工，材料表面仍存在熔覆变质层和微裂纹。为了消除变质层和裂纹，坂本治久采用声光调 QYAG 激光（脉宽小于 240ns）对陶瓷材料进行切割加工，与磨削加工的陶瓷材料进行了弯曲强度对比试验。表 2-11 为弯曲强度试验的威伯尔（Weibull）分布。

表 2-11　激光加工与磨削加工后陶瓷弯曲强度的 Weibull 分布对比

		磨 削 加 工	320Hz 激光加工	1kHz 激光加工
Weibull 系数		7.40	24.8	34.9
弯曲强度/10^{-1}MPa	平均值	89.3	74.1	79.3
	最大值	100.8	79.7	82.7
	最小值	59.5	67.3	74.3

由表中可以看出，磨削加工之后陶瓷工件强度的分散差为激光加工的 3~4 倍，表明在弯曲强度方面，调 Q 激光加工并不比磨削加工逊色。采用纳秒级的调 Q 脉冲 YAG 激光对陶瓷材料烧蚀加工可得到表面质量高的加工表面。在尺寸精度方面，坂本治久通过调 Q 激光的脉冲频率来获得精确的加工三维表面。另外，坂本治久又研究了采用车削方法进行三维表面加工试验。为了使加工容易控制，避免过量切削，他采用激光沿工件切线方向照射的方

法来去除余量。由于脉冲激光聚焦光斑尺寸直径小，一次加工不能加工出螺纹的牙高，因此每次螺纹均通过六次加工得到，脉冲频率采用 1kHz。图 2-31 所示为坂本治久加工氮化硅陶瓷螺纹的示意图。

1989 年，德国的 Maho 公司推出激光铣床，用 750W CO_2 激光雕刻金属凹模，该方法与电火花加工相比，激光切削不需模具，通过激光相对于工件放入数控运动来完成零件的三维轮廓的三维切削加工，且具有柔性大、特别适合小批量生产的优点，图 2-32 所示为 Maho 公司激光铣削的凹模零件。

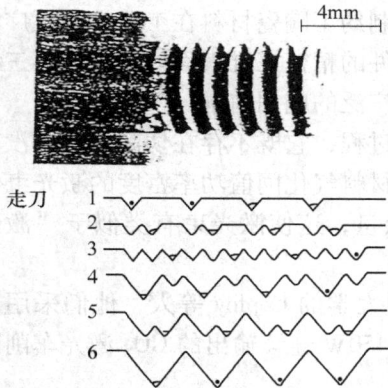

图 2-31　坂本治久以调 Q YAG 激光车削的氮化硅陶瓷螺纹　　　图 2-32　Maho 公司激光铣削的凹模零件

为了进一步提高激光烧蚀成形的尺寸精度，德国的 Tonshoff 公司采用声学法传输或自动聚焦法对激光加工深度进行了在线检测。Maho 公司采用电磁法或三角测量方法，以此来提高激光烧蚀加工的精度，实现三维烧蚀成形三维表面的精密加工。

在国内，湖南大学刘劲松、李力钧等人采用调 Q 脉冲 YAG 激光进行了烧蚀加工试验研究，对氮化硅陶瓷、氧化铝陶瓷等，采用的脉冲峰值功率为数十千瓦，脉冲频率范围在 1~10kHz，平均输出功率为 25W。

激光烧蚀能形成三维表面加工的主要目的是可获得表面质量高度完整、尺寸精确的工件。激光烧蚀加工主要是利用激光束照射材料表面，产生多种效应，包括加热、熔化、气化、电离及热应力波、烧蚀冲击波等力学效应，通过这些效应使材料烧蚀去除而形成凹坑。激光对材料烧蚀去除有两种主要机理：一种是当采用连续激光或低重复激光熔化或激光功率密度较低时，从激光辐射去除材料物质主要是通过材料表面气化实现的，即所谓的热烧蚀去除，热去除模型主要通过热传导方程求解。第二种机理是，当采用短脉冲（调 Q 脉冲激光）或超短脉冲激光（飞秒脉冲激光）作用材料表面时，产生等离子体，通过等离子产生的高温实现对材料的烧蚀去除加工。这类属于气化的气体动力学模型，可通过气体动力学方程组求解。

目前，激光烧蚀能形成三维表面精密加工主要采用调 Q 脉冲激光和飞秒超短脉冲激光高精度超微细加工。这里主要讨论调 Q 脉冲激光烧蚀加工。

高峰值功率的调 Q 脉冲激光烧蚀加工与普通低重复频率脉冲激光加工相比具有如下几方面特点：第一，调 Q 脉冲激光作用材料表面后，产生光致等离子体，等离子体将屏蔽入射激光。第二，由于金属蒸气以极高的速度扩展，作用于材料表面的烧蚀气压和温度很高，导致材料的物理性能发生变化，例如材料的熔化和气化潜热增大。

激光烧蚀能去除材料加工，与脉冲能量、功率密度、脉宽、脉冲形状、扫描速度以及离焦量等因素有关。为了研究激光烧蚀成三维表面的加工过程，首先要研究激光烧蚀材料的凹坑形貌。

2.3.2　单脉冲激光烧蚀材料的凹坑形貌

激光脉冲烧蚀材料的凹坑形貌是研究激光烧蚀形成三维表面过程的重要基础。有文献报导，有人采用调 Q YAG 脉冲（1kHz）激光对单脉冲激光烧蚀材料的凹坑形貌进行了研究，试验装置如图 2-33 所示。采用三种不同平均功率 1W、2W、6W 的脉冲激光，研究脉冲能量与离焦量对 45 钢烧蚀凹坑形貌的影响。烧蚀后用表面轮廓仪划出凹坑中心断面，按凹坑中心断面的回转体可以计算出材料烧蚀去除的体积，根据去除体积和激光脉冲能量求出去除效率；测量与计算结果及凹坑形貌如表 2-12、表 2-13、表 2-14 所示。

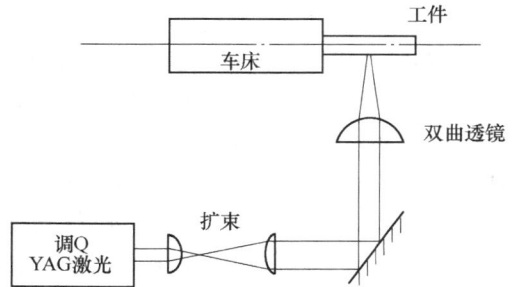

图 2-33　激光烧蚀加工装置示意图

表 2-12　脉冲能量 $Q = 1\text{mJ}$

离焦量/mm	−0.8	−0.5	−0.2	0	0.3	0.8
坑深/μm	1.8	2.4	3	3.6	2.5	2
坑直径/μm	57	60	60	60	60	65
去除效率/($\times 10^{-3}\text{mm}^3/\text{J}$)	2.8	2.7	2.8	3.4	2.8	2.7

表 2-13　脉冲能量 $Q = 2\text{mJ}$

离焦量/mm	−0.7	−0.4	−0.25	0	0.1	0.3	0.4
坑深/μm	2	2.5	2.8	5.6	1.5	4	3
坑直径/μm	80	80	80	100	85	80	80
去除效率/($\times 10^{-3}\text{mm}^3/\text{J}$)	1.7	2.1	2.4	6.0 ~ 7.0	3.8	3.8	2.5

表 2-14　脉冲能量 $Q = 6\text{mJ}$

离焦量/m	−0.6	−0.5	0	0.3	0.6
坑深/μm	3.4	3.6	6.8	5	4.6
坑直径/μm	140	130	100	80	120
去除效率/($\times 10^{-3}\text{mm}^3/\text{J}$)	4.3	3.8	6.7	4.0	2.8

由以上表可以看出，烧蚀凹坑的宽度和深度随脉冲能量的增大而增大，但当脉冲能量较大时（6mJ），激光烧蚀凹坑的宽度和深度随着脉冲能量的增大变得不明显。离焦量越大，烧蚀孔宽增加，深度减小，去除效率呈减少的趋势。在 $Q = 2\text{mJ}$ 时，即在相同脉冲能量下，激光烧蚀 45 钢烧入凹坑宽和深度最大，去除效率最高，纯铜次之，氮化硅和氧化铝陶瓷的

去除效率最低（见表 2-15）。

表 2-15　脉冲能量 $Q = 2$mJ

材　　料	纯　铜	氮化硅陶瓷	氧化铝陶瓷	45 钢
坑深/μm	5	3.3	3.3	5-6
坑直径/μm	60	40	50	100
去除效率/（$\times 10^{-3}$ mm³/J）	2.8	0.7	0.7	6-7

2.3.3　各脉冲烧蚀去除材料的相对独立性

在采用连续激光对材料进行去除加工时，激光扫描速度等运动参数对加工的影响是比较显著的。例如，Copley 等人采用连续 CO_2 激光对工件作端面车削，由外圆往中心走刀，车削速度逐渐减小，则材料的影响和熔化逐渐加大，车削的沟槽（凹坑）变深。与连续激光不同，调 QYAG 激光脉冲脉宽短，峰值功率高，在通常的车削速度下，一个脉宽时间内工件表面的位移量可以忽略，单个激光脉冲轰击可视为工件表面静止不动，由于作用时间短，激光能量只有很小部分传入工件内部，而只使工件表面局部气化，因此每个激光脉冲的作用（烧蚀）深度基本上不受车削运动参数的影响。当采用脉冲重复率 3kHz 调 Q 脉冲激光作用在工件上时，如果扫描速度不大（例如 110mm/s 左右时），不足以使前后两个脉冲激光光斑前后分离，即这两个脉冲激光打下的凹坑在工件上部分重叠。而当工件扫描速度高（例如大于 1078mm/s）时，前后两个脉冲打下的凹坑在工件上完全分离。表 2-16 列出了五种不同扫描速度的激光烧蚀加工参数，图 2-34 所示为不同扫描速度与烧蚀加工去除效率的关系曲线。由图 2-34 可以看出，无论是扫描速度低，前后两个激光脉冲作用的烧蚀凹坑大部分重合，还是扫描速度高，前后脉冲的作用凹坑完全分开，激光烧蚀去除效率随扫描速度的变化很小，这说明每一个激光脉冲基本上是独立烧蚀材料，而很少依靠前面脉冲在工件上作用热量的积累，即说明了各脉冲去除材料的相对独立性。

表 2-16　五种不同扫描速度的激光烧蚀加工参数

加　工　条　件	激光平均功率：10W；脉冲频率：3kHz；工件材料：氮化硅陶瓷；辐射时间：15s；辅助吹气：压缩空气				
工件速度/（mm/s）	110	190	330	617	1078
去除体积/$\times 10^{-3}$ mm³	310	300	300	290	290
激光能量脉冲/J	150	150	150	150	150
去除效率/（$\times 10^{-3}$ mm³/J）	2.1	2.0	2.0	1.9	1.9
比能量/（J/mm³）	484	500	500	517	517

2.3.4　激光烧蚀去除加工工件光整表面的形成

激光烧蚀去除加工的已加工表面是由各脉冲产生的凹坑叠加而成的，工件的表面粗糙度通过工件烧蚀后的残留高度来表征。表面粗糙度主要取决于各个烧蚀坑的深度和相互重叠度，因此，激光烧蚀加工参数，如激光脉冲能量、脉冲波形、激光扫描速度、离焦量及工件材料性质对加工后工件的表面粗糙度有较大的影响。图 2-35 所示为采用 1kHz 的调 Q 脉冲激光在不同激光功率和离焦量下加工铜、45 钢和氮化硅的表面粗糙度，三种材料的工件速度分别为 75.6mm/s、274.6mm/s、116.6mm/s，进给速度为 0.04mm/r。由图可知，激光平均功率越低，离焦量越大，加工后工件表面粗糙度值越小；此外，与金属相比，氮化硅陶瓷的表面粗糙度较小，在一定的离焦量下，工件表面的粗糙度 R_a 值可小至 $0.36\mu m$，实现了工件激光烧蚀的光整表面精密加工。

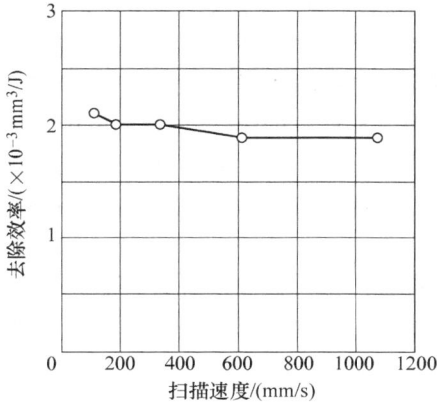

图 2-34　不同扫描速度与烧蚀加工
去除效率的关系曲线

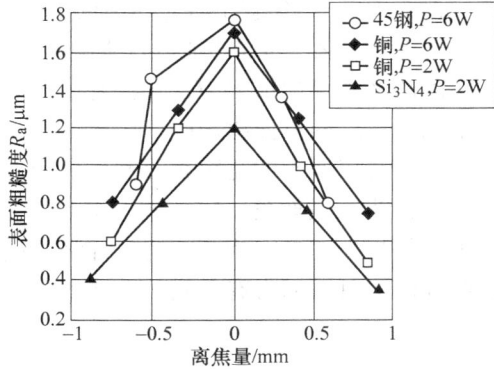

图 2-35　不同烧蚀参数下加工的表面粗糙度

为了避免调 Q 脉冲激光烧蚀材料时产生的等离子体对激光的屏蔽以及烧蚀气压性能的影响，必须保证工件表面的加工质量和精度。图 2-36 所示为激光脉宽为 $10^{-6}s$ 时，材料的去除效率与激光功率密度的关系。

从图 2-36 中可见，由于材料蒸气对工件表面产生反弹高压，使材料的热物理性能发生变化，即材料气化温度升高，材料过热，更多的热传入工件，同时材料的气化潜热变大。使激光烧蚀去除材料时有一最佳激光功率密度范围，高于此功率密度，激光去除的效率反而下降，因此最佳功率密度在 $10^7 \sim 10^8 W/cm^2$。

图 2-37 所示为调 Q 激光气化材料的深度随时间（脉冲激光波形）的变化曲线，由图 2-37 中可见，在激光脉冲形成初始阶段，材料吸收激光开始气化，随后材料去除深度进入一个较平的区域，该区域占据激光脉冲的大部分时间，在这一区域等离子体吸收激光，气化处于暂停阶段，在激光脉冲结束时，等离子温度极高，又将能量辐射到材料表面，使气化重新开始。为此我们可以清楚地看到激光脉冲波形对激光材料烧蚀加工的影响。

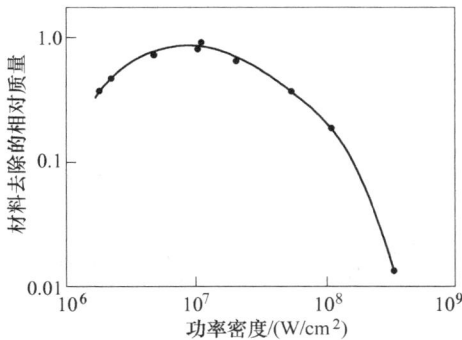

图 2-36　材料的去除效率与激光
功率密度的关系

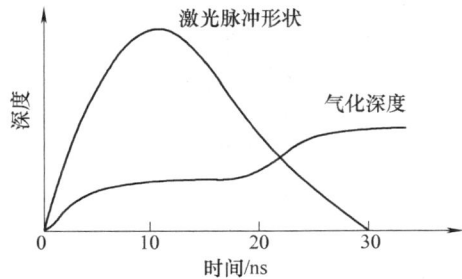

图 2-37　调 Q 激光气化材料的深度随时间
（脉冲激光波形）的变化曲线

2.3.5　采用小焦深激光提高激光烧蚀加工精度

当采用大焦深脉冲激光烧蚀加工三维表面时，如果被加工表面偏离规则表面，会使加工表面的不平整度增加（反映为加工误差），且材料加工量难于准确控制，因此，要获得平整精确的三维烧蚀加工表面最好采用小焦深激光加工。形象地说，小焦深的激光就是一把锋利"刀尖"的"激光刀"，刀尖就是激光的焦点，稍微偏离焦点，激光功率密度就会迅速下降，以至于不足以气化和熔化材料而不能进行烧蚀加工，而小焦深可提高激光烧蚀加工的尺寸精度。

在实际的激光烧蚀加工中，焦深是由理想透镜成像发散光束的焦深和透镜焦距引起的球差所决定的焦深这两方面决定的。因此，要实现小焦深，必须消除透镜的球差，则焦深仅取决于焦距、透镜表面上的光斑直径和发散角。这样可以采用大直径激光束和小焦距透镜来减少焦深（在激光束发散角一定的情况下）。

这里值得指出的是，为了获得尺寸精度高的激光烧蚀加工，在加工时必须要进行加工的实时在线检测。可采用带有电磁传输或光电传输的三角测量装置，以实现脉冲激光烧蚀去除精密加工。

2.4　激光打标

激光打标是利用高能量的激光束照射在工件表面，光能瞬时变成热能，使工件表面迅速产生蒸发，从而在工件表面刻出任意所需要的文字和图形，以作为永久防伪标志。

激光打标主要可分为行架式激光打标、振镜式激光打标和掩膜式激光打标三种。

1）行架式激光打标的运动方式有两种：一种是工作台在 x、y 轴方向运动；另一种是光束沿 x、y 轴方向运动。

2）图 2-38 为振镜式激光打标原理图。它主要由调 QYAG 激光器件、高速振镜系统和计算机控制系统三部分组成，可实现高速激光打标。

3）图 2-39 为掩膜式激光打标原理图，它主要由 TEA CO_2 激光器和掩膜组成。激光打标的特点是：非接触加工，可在任何异形表面标刻，工件不会变形和产生内应力，适于金属、塑料、玻璃、陶瓷、木材、皮革等各种材料；标记清晰、永久、美观，并能有效防伪；具有标刻速度快、运行成本低、无污染等特点，可显著提高被标刻产品的档次。

激光打标广泛应用于电子元器件、汽（摩托）车配件、医疗器械、通信器材、计算机外围设备、钟表等产品和烟酒食品防伪。

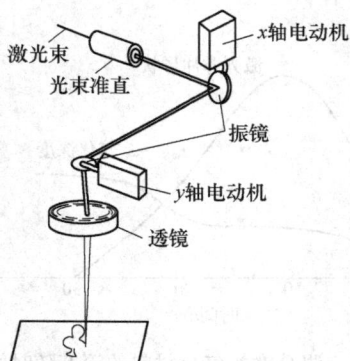

图 2-38　振镜式激光打标原理图

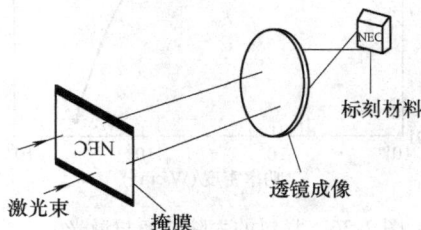

图 2-39　掩膜式激光打标原理图

激光打标用于通信行业，可以对各种塑料或金属封装电子组件（如二极管、三极管、IC 电路芯片等）标刻商标图案。例如美国电子震荡器集成电路的生产商伯克莱（Bekey）公司采用了 25W CO_2 激光对 IC 电路芯片作标记，该公司以前采用的是油墨打标系统打标，标记质量不好，或标记保留时间不够长，标记一个 IC 电路芯片要花几秒钟时间，限制了产量。现采用 CO_2 激光打标很容易去掉白色漆层，露出下面的黑色集成电路片，从而留下对比度高的标记（标记区尺寸仅为 12.5mm×6.25mm），现给一个 IC 电路芯片打标只需 0.25s。

用激光几乎可对所有机械零件打标（如活塞、活塞环、气门、阀座等），且标记耐磨，生产工艺易实现自动化，被标记部件变形小。例如，汽车发动机采用激光打标，其优点是标记区即使在标记去除后仍能辨认。YAG 和 CO_2 激光可用于各种不同材料的打标，且能产生不同颜色的标记，如 CO_2 激光在 PVC 上可打出金色标记，Nd：YAG 激光可打出黑色标记。此外，采用 Nd：YAG 激光对玻璃可进行内雕，即采用 YAG 激光加工玻璃内部结构。由于玻璃能吸收 80%～95%（视玻璃种类不同）的红色光，而 $\lambda = 1\mu m$ 左右时玻璃对激光的吸收可以忽略，因此，常认为 YAG 激光不能加工玻璃。但由于激光强度大于 $1GW/cm^2$ 时 YAG 激光的非线性效应，入射到玻璃的激光也能被材料吸收，上述原理如图 2-40 所示。通过适当的光束形状可确定玻璃的表面辐射强度处于破坏阈值以下多少。首先在玻璃内部将光束内部聚焦强度调到破坏阈值以上，相互作用引起局部熔化，产生裂纹，在宏观上可看出"小白斑"。这里需要说明的是，只有使用高强度激光时，才会产生玻璃非线性效应。图 2-41 所示为激光在玻璃内雕刻成的工艺品的内部结构图。

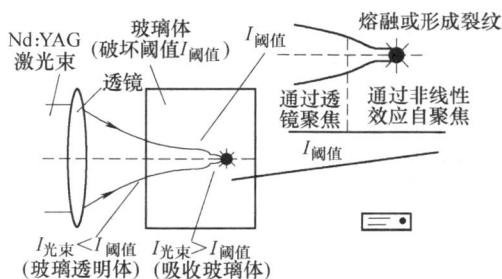

图 2-40　在玻璃内部进行激光加工的原理及
在高射束强度下通过非线性效应的自聚焦

图 2-41　玻璃工艺品的内部结构

2.5　激光毛化（刻花）技术

轧辊的毛化最早采用的是喷丸毛化技术，后来采用电火花毛化技术。随着激光技术的迅速发展，日本的 Kass 和德国的 Tissen 钢铁公司相继采用了轧辊激光毛化技术。用于轧辊激光毛化的有三种激光器：一种是固体（Nd：YAG）激光器；第二种是高功率轴流 CO_2 激光器；第三种是 TEA CO_2 激光器。大功率轴流 CO_2 激光器更能满足大型轧辊生产线对毛化的要求。目前激光毛化技术可广泛用于平整机的工作辊、冷轧机的工作辊，还可用于带钢在各种涂层或涂层工艺之前的表面毛化处理。

激光毛化处理技术与常规毛化技术相比，具有毛化效率高、毛化表面粗糙度可调性好、毛化微坑分布均匀、轧辊使用寿命长等优点。采用 CO_2 激光毛化一根轧辊需 $25 \sim 45min$ （根据轧辊直径和长度）。

轧辊经激光毛化后，在轧辊表面均匀分布了密集的高强度硬化质点，它可减小轧辊的消耗以及轧辊的换辊量，大大提高了生产效率，比其他方式毛化轧辊的使用寿命提高 1 倍以上。激光毛化还能减小轧钢过程中带钢的粘连问题，减小带钢在轧制后出现的黑斑、黑带现象，尤其可增强钢板的镀锌和油漆的附着及色彩效果。激光毛化微坑的形貌和大小可以通过选择毛化工艺参数来调整，这些毛化工艺参数包括激光功率、毛化速度、辅助吹气等。

图 2-42 为 CW CO_2 激光毛化轧辊的示意图，从图中可看到 CO_2 激光束通过一个斩波器转换成调制的脉冲光束。最大的激光功率为 $3kW$，聚焦光斑尺寸为 $100\mu m$，激光峰值功率密度达到 $10MW/cm^2$，激光调制频率为 $24 \sim 45kHz$。激光束沿轧辊轴作直线运动，轧辊本身又沿其轴作旋转运动，这两个运动的组合使激光束可毛化整个轧辊表面。图 2-43 所示为轧辊表面毛化的微坑。激光毛化技术也可应用到计算机硬盘，采用调 QNd：YAG 激光，脉宽为 $100ns$，峰值功率为 $3kW$，频率为 $20kHz$，可在计算机硬盘上得到均匀的毛化坑。

通过改变激光毛化工艺参数，可在计算机硬盘上得到不同表面粗糙度的毛化坑。鉴于有些工件的表面光滑，具有对激光高的反射率，因而可采用比 CO_2 激光和 Nd：YAG 激光更短波长的激光（例如准分子激光）来进行毛化。图 2-44 所示为在电解铜板上毛化所需的激光功率密度与相应激光脉冲数的关系曲线。从图中可看到，在 I 区是 $2 \sim 5\mu m$ 的毛化热陷坑；在 II 区有局部发生组织改变的一维结构的毛化坑；在 III 区呈现二维结构

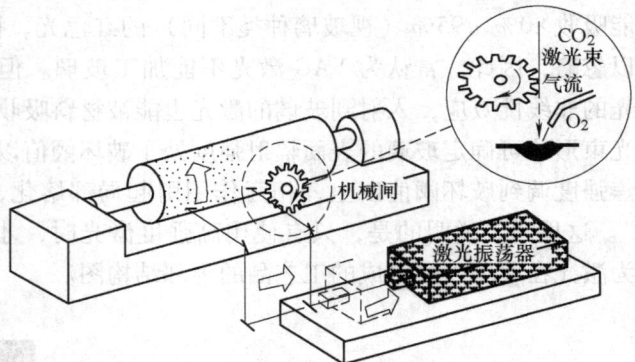

图 2-42　CW CO_2 激光毛化轧辊的示意图

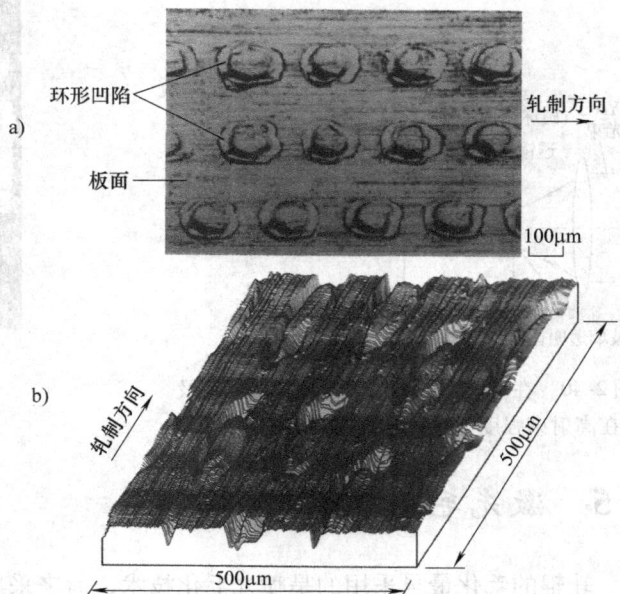

图 2-43　轧辊表面毛化的微坑

a）轧辊表面的微坑形貌　b）沿轧辊方向横截面方向的毛化微坑形貌

的毛化坑，二维结构的毛化坑是在激光毛化时产生等离子体阈值以上时才产生的，它是等离子体与毛化工件表面相互作用的结果。此外，这里还必须注意到等离子体形成的阈值还与激光作用的脉冲数有关（见图 2-44），而且仅只发生在像铜这样特殊的材料，因为不同金属有不同的特殊性。故除铜以外的其他材料，激光毛化二维结构的形成与其说是与等离子体有关，还不如说是与蒸发波前的传播有关。采用高强度激光毛化时，熔体的动力学影响到激光毛化坑的形貌（见图 2-45）。这是因为稳定的蒸气引起的熔体湍流造成的。在毛化坑的坑边缘的扩展是由于激光作用区熔体的喷射形成的。而在低激光强度作用时，由于蒸气的反弹压力小，不会发生此类现象。另外，如果作用的激光束强度分布均匀，那么也不会发生马兰戈尼（Maragoni）流，这时没有熔体流动，可得到一个光滑的表面。

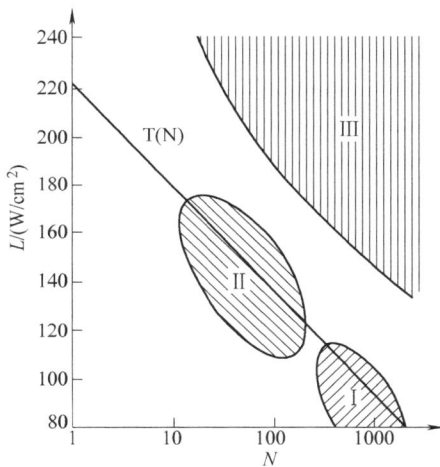

图 2-44　在电解铜板上毛化所需的激光
功率密度与脉冲数的关系

a)

b)

图 2-45　在 308mm 激光作用下的
铜 LSD 区的 SEM 形貌
a) 50 个脉冲　b) 500 个脉冲

正如前述，通常采用高功率 CW CO_2 激光毛化轧辊，激光毛化采用 1.5～3kW 激光功率，聚焦光斑 100μm，最大的激光功率密度为 10MW/cm^2。采用调 Q Nd：YAG 脉冲激光可用于激光毛化，由于 Nd：YAG 激光调制频率为 20kHz，波长为 1.06μm，脉宽为 10～100ns 范围，可以聚焦到更小的光斑，峰值功率密度达到 100MW/cm^2。调 Q Nd：YAG 的短脉冲间隔、高峰值功率使激光毛化时，材料蒸发去除为主要毛化机制。在高激光峰值强度下，在材料表面切出凹坑是可能的。这类型激光毛化适合计算机硬盘。当然调 Q Nd：YAG 激光也可用于作轧辊的毛化（适合小型轧辊）。近年来，不少研究人员采用了更短波长的准分子激光。准分子激光波长为几百个纳米，脉冲宽度为 30ns，峰值功率密度可达到 10^8～10^9W/cm^2，但准分子激光输出能量较低，目前还只停留在实验室阶段，尚未达到实际应用水平。

习　题

1. 分别采用激光对铝板和铁板打孔，试说明激光束对这两种材料打孔有什么特点，原因是什么，激光打孔与激光功率密度有什么关系。

2. 为什么激光束不能打出标准的圆柱形孔？试分析激光束适合打什么类型孔，目前激光打孔主要应用在什么领域。

3. 试叙述激光切割的机理和激光切割的特点。

4. 如何提高激光切割的表面粗糙度等级和精度？采用偏振光切割有什么优越性？你认为何种类型偏振光更适合激光切割？

5. 说明激光切割有哪几种方式，并分析激光切割金属和非金属有何异同。

6. 试叙述三维激光烧蚀的机理和特点，并说明目前三维激光烧蚀主要应用在什么领域。

7. 试叙述激光打标的机理，说明目前常用哪几种打标方式，并画出掩膜成像激光打标的示意图。

8. 试叙述激光毛化轧辊的原理，并说明激光毛化轧辊有什么优越性。

9. 分别采用脉冲 YAG 激光束对 0.5mm 和 4mm 厚的不锈钢板打孔，并分析激光打孔与激光脉宽和脉冲重复率的关系（实训题）。

第3章　激光焊接

正如前述，与激光打孔、切割类似，激光焊接也是将激光束直接照射到材料表面，通过激光与材料相互作用，使材料内部熔化（这点与激光打孔、切割的蒸发不同）实现焊接的。激光焊接可分为脉冲激光焊接和连续激光焊接，激光焊接按其热力学机制又可分为激光热传导焊接和激光深穿透焊接（或称深熔焊接）。

高强度的脉冲激光束在加热金属材料的过程中，会产生温升、相变、熔化、汽化、热压缩激波、蒸气喷射、等离子体膨胀、冲击波等复杂的物理现象。脉冲激光焊接主要是利用其中的熔化现象产生的新工艺。尽管高强度的脉冲激光与材料相互作用过程中有着十分复杂的内在联系，但是这些过程仍是可以控制的，因为上述各种现象的产生条件和强弱程度，是由激光束功率密度、脉冲宽度和峰值功率决定的。

激光焊接与常规焊接方法相比具有如下特点：①激光功率密度高，可以对高熔点、难熔金属或两种不同金属材料进行焊接（例如可对钨丝进行有效焊接）。②聚焦光斑小，加热速度快，作用时间短，热影响区小，热变形可忽略。③脉冲激光焊接属于非接触焊接，无机械应力和机械形变。④激光焊接装置容易与计算机联机，能精确定位，实现自动焊接，而且激光可通过玻璃在真空中焊接。⑤激光焊接可在大气中进行，无环境污染。

3.1　脉冲激光光斑焊接

3.1.1　脉冲激光光斑焊接的几种方式

在脉冲激光焊接中大多使用 Nd：YAG 激光器、调 Q YAG 激光器和脉冲 CO_2 激光器，图 3-1 所示为脉冲激光光斑焊接的几种方式。在脉冲激光光斑焊接中，可分为丝对丝、片对片、丝对片等焊接类型，同时也可以分为对接焊、搭接焊、交叉焊和平行焊等方式。

3.1.2　脉冲激光焊接的工艺参数

在脉冲激光光斑焊接中，影响焊接质量的工艺参数主要有：激光功率密度、脉冲波形、脉冲宽度和离焦量。

1. 激光功率密度

激光功率密度是激光焊接的一个关键参数，对于同一种金属来说，激光功率密度不同时材料达到熔点和沸点的时间不同，图 3-2 所示为两种功率密度下金属表层及底层的温度与时间的关系。

在给定激光脉宽的情况下，可推导出材料达到熔化所需的激光功率密度 F_m，则有

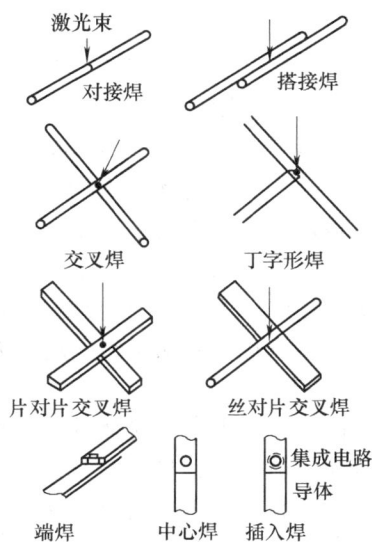

图 3-1　脉冲激光光斑焊接方式

$$F_m = 0.885 T_m K / (k t_p)^{1/2} \tag{3-1}$$

即 F_m 随材料熔点温度和热导率的增加而增加，随热扩散率和脉宽的增加而减少。

同样可得到材料达到沸点所需的功率密度 F_v 为

$$F_v = 0.885 T_v K / (k t_p)^{1/2} \qquad (3-2)$$

当材料表面出现强烈汽化时，材料加热过程中将出现两种波向材料内部传播，即热波和汽化波。当激光功率密度较低时，热波的速度高于汽化速度，当达到某一临界功率密度 F_c 时，这两种波的速度相等。对于大多数材料，热波速度 $v_h = (k/t_p)^{1/2}$，汽化波速度 $v_c = F_c/(L_v \rho)$，其中 L_v 是汽化潜热。当 $v_h = v_c$ 时，可得汽化时的临界激光功率密度为

$$F_c = L_v \rho (k/t_p)^{1/2} \qquad (3-3)$$

表 3-1 列出了几种金属材料的临界激光功率密度，对大多数材料有：$F_m < F_c < F_v$。

图 3-2　金属表层及底层的
温度与时间的关系
T'_s—表层温度　T'_{ss}—底层温度

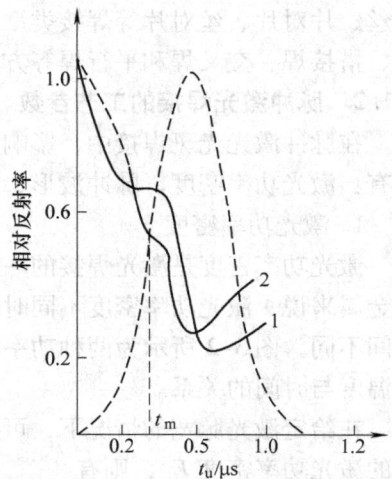

表 3-1　金属材料的临界激光功率密度

金　属	$\rho L_v / (\text{J/cm}^3)$	热扩散率/(cm^2/s)	脉宽/s	$F_c / (\text{W/cm}^2)$
Cu	42.88	1.12	10^{-3}	1.4×10^6
钢	54.76	0.15	10^{-3}	6.2×10^5
Ni	55.30	0.24	10^{-3}	7.5×10^6
Ti	44.27	0.06	10^{-3}	3.4×10^6
W	95.43	0.65	10^{-3}	2.4×10^6
Mo	69.05	0.55	10^{-3}	1.6×10^6
Cr	54.17	0.22	10^{-3}	8.4×10^6
Al	28.09	0.87	10^{-3}	8.6×10^6

在实际应用中，激光功率密度需根据材料本身的特性及焊接技术要求来选取。在薄板焊接中（板厚为 $0.01 \sim 0.10\text{mm}$），材料表面的汽化均会使焊点成孔，所以这类焊接的表面不能有汽化穿孔现象，故薄板焊接的激光功率密度范围为 $F_m < F < F_c$。在焊接较厚板（板厚大于 0.5mm）时，焊接温度需维持在熔点和沸点之间，为达到一定熔深，脉宽应较宽，表层允许出现少量汽化，故功率密度范围为 $F_m < F < F_v$。

2. 脉冲波形

高强度激光束入射至材料表面时，部分能量被吸收，部分能量被反射，且反射率随表面温度不同而变化。在一个激光脉冲作用期间金属反射率的变化如图 3-3 所示，图中曲线 1 和曲线 2 分别代表铜和钢在一个脉冲作用时间内相对反射率的变化。激光脉冲开始作用时反射率高；当材料表面温度升至熔点时，反射率迅速下降；表面处于熔化状态时，反射率稳定于某一值；当表面温度继续

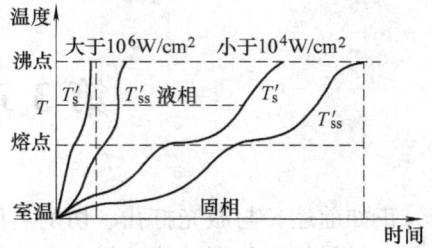

图 3-3　金属的反射率与时间的关系

上升至沸点时，反射率又一次下降。

对于波长 $1.06\mu m$ 的激光束，大多数金属材料在初始时刻的反射率都较高，因此常采用带有前置尖峰的激光波形，如图 3-4 所示。利用开始出现的尖峰，迅速改变金属表面状况，使其温度上升至熔点，从而在脉冲时刻到来时，表面反射率较低，使光脉冲的能量利用率大大提高。但这种波形在高重复率缝焊时不宜采用，因为在缝焊时，焊缝由大量的熔斑重叠组成，光斑重叠区的表面状况已发生变化，

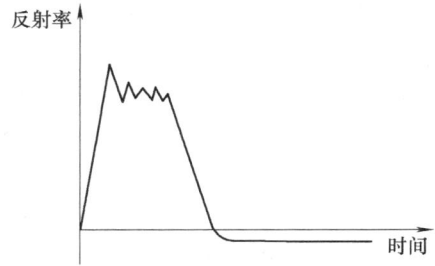

图 3-4　带前置尖峰的激光波形

且温度也较高。尤其是重复率很高时，重叠区可能仍处于熔融状态。因此，若使用这种波形，最初期尖峰可使表面出现高速汽化，伴随着剧烈的体积膨胀，金属蒸气以超声速向外扩张，给工件很大的反冲力，使金属产生飞溅，在熔斑中形成不规则的孔洞。这在气密性要求高的缝焊中尤其要避免，故缝焊中宜采用矩形波或较缓衰减波形。

在许多微型或小型脉冲激光焊接中（如微电子工业中的焊接），脉冲焊接是一个快速加热和快速冷却的过程。有些材料如碳钢、黄铜及可伐合金等，在脉冲点焊中易出现裂纹，包括热裂纹和冷裂纹。脉冲激光出现裂纹的原因，是由于熔池内金属塑性变形能力小于焊缝金属凝固时出现的收缩应力。

焊接中产生龟裂的原因是由于熔池凝固时产生热应力和相变时产生相变应力共同作用的结果。

通过合理调整激光功率和脉冲波形，使金属表面接近沸点而不要大大超过沸点，这对消除裂纹有利，在有些焊接中可以对焊接作预热和保温处理。

3. 脉冲宽度

激光脉宽是脉冲激光焊接的重要参数之一，它是决定材料是否熔化的重要参数。为了保证激光焊接过程中材料表面不出现强烈汽化，可假定在脉冲终止时材料表面温度达到沸点。根据 $t_m = \pi K^2 T_v^2 / (4kF_0^2)$，讨论导出达到沸点的时间 t_v 为

$$t_v = \pi K^2 T_v^2 / (4kF_0^2) \tag{3-4}$$

令 $t_v = t_p$，则此时的激光功率密度为

$$F = \frac{KT_v}{2}\left(\frac{\pi}{kt}\right)^{\frac{1}{2}} \tag{3-5}$$

可得到的最大熔深正比于脉宽的 1/2 次方。对大部分金属而言，要求熔深小于 0.1mm 时，可采用 1ms 左右的脉宽，但为了不使表面局部汽化，也可将脉宽取为 3ms 左右。

激光焊接时的温度分布可根据下式计算

$$T(z, t) = \frac{2\varepsilon F(kt)^{1/2}}{K} ierfc\left[\frac{z}{2(kt)^{1/2}}\right] \tag{3-6}$$

可以看到，材料中的温度与 F 成正比，与脉宽的 1/2 次方成反比，因而在给定的激光能量下，要达到特定的温度，缩短脉宽比延长脉宽更有效。为了达到某一温度，能量的输入速率也是相当重要的。对同一种金属而言，焊接同样厚度的材料，脉宽越短，所需激光功率密度越高，热效率越高，激光参数可焊范围越窄。在要求热影响区很窄的焊接中，脉宽应尽量窄些。

从式（3.4）已知，当激光光斑尺寸和激光功率密度一定时，就可以求出金属表面达到沸点所对应的最大脉宽。若调节激光波形，使金属表面保持以恒定的热通量密度输入，则该热通量密度所对应的脉宽就是最大脉宽，所对应的熔深就是最大的熔深。考虑到金属熔化（潜热）的影响，在单次脉冲激光点焊中，最大熔深和热通量密度可用下面公式估算

$$S_{max} = \frac{0.16}{\rho HL}(H^2 t_v - H^2 t_m) \tag{3-7}$$

式中，S_{max} 是热通量密度所对应的最大熔深；ρ、L 分别是金属的密度和熔化潜热。表 3-2 列出了各种金属材料在不同的激光参数作用下所获得的最大熔深。

表 3-2 各种金属材料在不同激光参数作用下所获得的最大熔深

金属	熔点 /℃	沸点 /℃	$H^2 t_m^1 / 10^8 \cdot J^2 \cdot m^{-1} \cdot s^{-1}$	$H^2 t_v^1 / 10^8 \cdot J^2 \cdot m^{-1} \cdot s^{-1}$	S_v^1 $/10^2 \cdot mm$	S_v^5 $/10^2 \cdot mm$
Cr	1875	2665	5.59	13.0	3.6	7.9
Cu	1083	2595	12.03	84.8	23.2	51.5
Au	1063	2970	6.52	60.7	27.7	61.5
Fe	1536	3000 ± 150	4.79	19.2	9.1	20.3
Mo	2610	5560	21.51	119.4	13.7	30.4
Ni	1453	2730	5.76	26.0	7.6	17.2
Pt	1769	4530	4.93	38.2	11.2	25.2
Ta	2996 ± 50	5425 ± 100	8.58	34.4	7.4	16.2
W	3410	5930	29.24	117.0	10.4	24.4
Ag	961	2210	6.85	45.2	27.2	60.5

注：表中，S_v^1 是激光脉宽为 1ms 时，表面温度达到沸点时的最大熔深；S_v^5 是激光脉宽为 5ms 时，表面温度达到沸点时的最大熔深。

从表中的数据可知：①热扩散率越大的金属，如金、铜、银等，则熔深越深。②激光脉宽越长，则熔深越深。③熔点、沸点相差较大的金属，如钼、铂、钨等，则熔深较深。

假定室温 T_0 为 0℃，由 $T_0 = \frac{2H}{K}\left(\frac{kt}{\pi}\right)^{1/2}$ 可以求出一个给定的热通量密度 H，金属表面分别达到熔点和沸点的时间为 t_m 和 t_v，则

$$T_m = \frac{2H}{K}\left(\frac{kt_m}{\pi}\right)^{1/2}$$

$$T_v = \frac{2H}{K}\left(\frac{kt_v}{\pi}\right)^{1/2} \tag{3-8}$$

将式（3-8）两边平方整理得

$$H^2 t_m = \frac{\pi K^2}{4K} T_m^2$$

$$H^2 t_v = \frac{\pi K^2}{4K} T_v^2 \tag{3-9}$$

再将式（3-9）代入式（3-7），则可以求出输入到金属表面的均匀分布的热通量密度 H。而金属表面温度达到沸点时，金属内可能达到的最大熔深为

$$S_{\max} = \frac{0.16}{\rho L H} \cdot \frac{\pi K^2}{4K} \left(T_{\mathrm{v}}^2 - T_{\mathrm{m}}^2 \right) \tag{3-10}$$

若设

$$K_{\mathrm{m}} = \frac{0.16\pi K^2}{4\rho L k} \left(T_{\mathrm{v}}^2 - T_{\mathrm{m}}^2 \right) \tag{3-11}$$

则式（3-10）可写为

$$S_{\max} = \frac{K_{\mathrm{m}}}{H} \tag{3-12}$$

从式（3-11）可知，K_{m} 是取决于金属特性的一个物理量，当金属材料确定后，K_{m} 就成为一个确定的常数，见表 3-3。

表 3-3 金属的 K_{m} 值

金 属	K_{m}	金 属	K_{m}
Ag	55.3×10^2	Mo	52×10^2
Au	65.4×10^2	Ni	11.8×10^2
Cu	60.9×10^2	Fe	10.7×10^2
Pt	21.1×10^2	W	39.4×10^2

从式（3-12）可知，当材料确定后，金属内可能达到的最大熔深与金属表面输入的热通量密度成反比，即热通量密度越大，则金属表面到达沸点需要的脉宽越短，因此，金属内通过热传导所能获得的熔深越浅。相反，金属表面输入的热通量密度较少，则表面达到沸点所需的脉宽较长，因此，金属内达到的熔深较深。当金属材料和光斑尺寸确定时，则最大熔深随脉宽增大而增大。但是脉宽的增加会导致焊接热效应的降低及热影响区的增加，故激光点焊脉宽一般均小于 8ms，单次激光点焊脉宽一般都在 0.7mm 左右。

在图 3-5 所示金属丝的激光对焊中，一般取激光光斑直径近似等于丝的直径。当两根丝的材料不同时，光斑中心应偏向热导率和熔点高的金属丝一边，这样在激光焊接过程中，金属丝被焊接的两端才能同时熔化。激光停止照射时，在激光表面张力的作

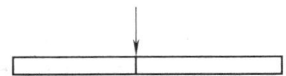

图 3-5 丝与丝的焊接

用下，已熔化的金属会慢慢凝固，从而可将金属丝牢固地焊在一起。图 3-6 所示为 0.05mm 铜包裸线与 0.33mm 不锈钢丝的光斑焊接。

直径相差悬殊的两交叉丝的焊接（见图 3-7）是比较困难的，因直径较小的丝在受到激光照射时先吸收激光能量的那部分容易流失，这样会影响细丝的强度，甚至会造成细丝的断裂。对此类焊接，激光功率密度一是要控制在细丝材料的沸点温度以下，且需要采用大离焦。光斑直径比细丝大 4 倍左右，以便使细丝和下面的粗丝（或片）也同时受到激光部分照射产生熔化，然后细丝球化收缩熔焊在一起。

细丝与细丝或薄片的激光焊接大多用于微电子组件和集成电路，此类脉冲激光焊接的工艺参数范围较窄，焊接时需严格控制工艺参数范围。例如在细丝焊接中，焊点抗拉强度与脉宽关系很大，脉宽太短，易产生前期汽化；若脉宽太长，又容易使激光电源体积加大。激光焊接脉宽通常选在 2～3ms 为宜。

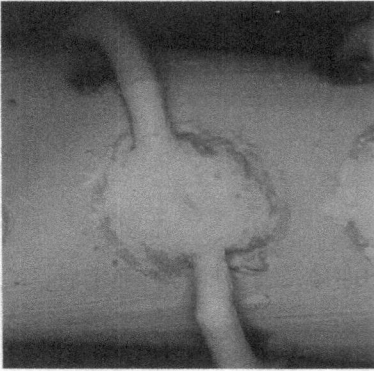

图 3-6　0.05mm 铜包裸线与 0.33mm
不锈钢丝的光斑焊接

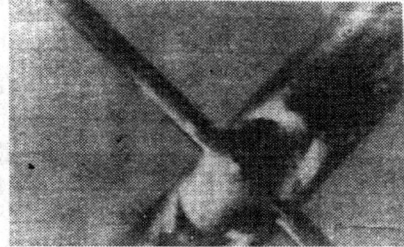

图 3-7　直径相差悬殊的两交叉丝的焊接

在片与片的脉冲激光焊接中（见图 3-8），选择激光焊接工艺参数时，主要考虑上片材料的性质、片厚和下片材料的熔点等。尤其是在对于不同金属片的焊接，在选择激光焊接工艺参数时，温度范围要控制在 $T_{A熔} \sim T_{B沸}$ 之间（见图 3-9a）。如果一种金属的熔点比另一种金属的沸点还高得多，则这两种金属形成牢固焊接的工艺参数范围很窄，甚至不能进行焊接（见图 3-9b）。此外在片与片的脉冲激光焊接之间的间隙不能超过片厚的 15%。

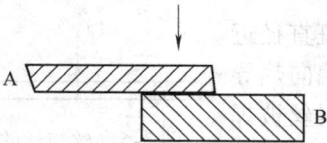

图 3-8　片与片的脉冲激光焊接

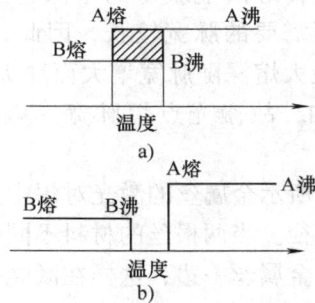

图 3-9　不同熔沸点金属的脉冲激光焊接

4. 离焦量

在脉冲激光焊接中，光束的聚焦特性（包括焦距和离焦量）对焊接质量也有较大影响，在脉冲激光焊接中常采用短焦距或大离焦量。在细丝之间和片与片之间的焊接中，需保证焊接强度要求，而对光斑直径要求不很严格，故可以通过改变输入能量和离焦量来改变功率密度。例如对上片为 0.13mm 厚的马氏体时效钢，采用发散角为 6mrad（毫弧度）的红宝石激光，焦距为 32mm 的透镜。在形成牢固焊接时，离焦量和激光能量的变化范围如图 3-10 所示，图中 H 表示蒸发成孔的区域，NP 表示熔深未穿透板厚区域。

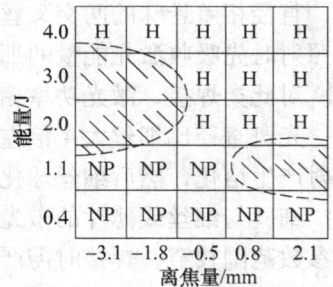

图 3-10　离焦量和激光
能量的变化范围

3.2　激光缝焊

脉冲 Nd：YAG 激光器和脉冲 CO_2 激光器或者数百瓦平均功率的连续 CO_2 激光器均可进行缝焊。激光缝焊可分为脉冲激光缝焊和连续激光缝焊。

3.2.1　脉冲激光缝焊

脉冲激光缝焊中最重要的一种是脉冲激光密封焊接。

对于一些可靠性和稳定性要求较高的零件，特别是微电子器件，如 IC 电路块、密封性继电器、石英晶体等器件的外壳、航空仪表中的某些零件等，需要进行密封焊接。这类焊接要求气密性在 10^{-8} mL/s 以上，压强在 2.4×10^3 N/cm^2 以上，采用一般方法难以达到要求。采用脉冲激光缝焊，则具有气密性高、强度大、成品率高及易于实现自动化等优点。

1. 激光密封焊接方式

图 3-11 所示为脉冲激光齐缝焊，图 3-12 和图 3-13 所示为脉冲激光搭接焊和重叠接缝端焊，图 3-14 所示为脉冲激光重叠穿透焊。

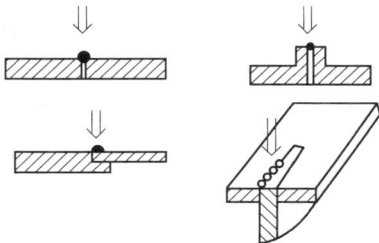

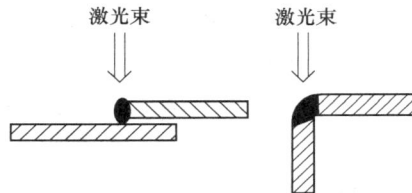

图 3-11　脉冲激光齐缝焊　　　　　　图 3-12　脉冲激光搭接焊

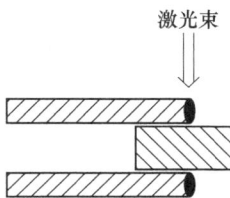

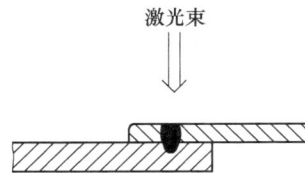

图 3-13　脉冲激光重叠接缝端焊　　　　图 3-14　脉冲激光重叠穿透焊

在上述几种焊接方式中，配合焊缝均需小于 $0.15l$，l 为焊接厚度。

2. 光斑重叠度与密封深度的关系

以齐缝焊为例，由于脉冲激光焊接焊点熔化区的空间形状呈锥形，当光斑的间距 l_1 大于光斑在金属下面的熔融直径 l_2 时，密封深度 d_1 小于金属片厚 d（见图 3-15）。当两光斑之间的间隔 l_1 小于或等于光斑在金属下表面的熔融直径 l_2 时，其密封深度等于金属的片厚（见图 3-16）。

3. 密封深度与焊缝强度的关系

在要求气密性较高的电子组件和仪表的密封焊接中，焊接时注意以密封为主，密封深度则不是考虑的主要因素。但是对航空仪表中某些零件的密封焊接，不仅要求密封性高，而且还要求焊缝的强度大。因此，密封深度和焊缝的金相组织成为考虑的主要因素。一般说来，焊缝深度越大，焊点重叠度要求越大，焊缝强度也越大。

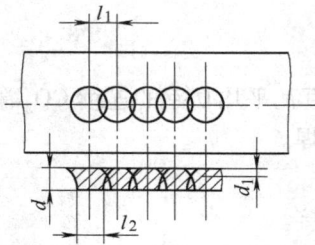

图 3-15　脉冲激光齐缝焊（$l_1 > l_2$）　　　图 3-16　脉冲激光齐缝焊（$l_1 \leqslant l_2$）

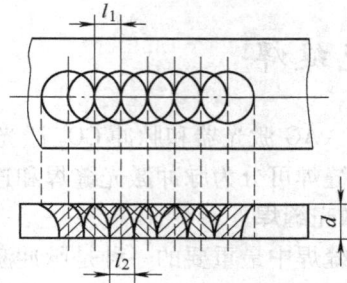

4. 脉冲重复频率的选择

在脉冲重复频率高的激光焊接中，焊接能力不仅与每个时空的能量有关，而且也与平均输出功率有关。平均功率水平决定了单位时间内焊点的数目及焊接速度，一般焊接速度越低，激光脉冲能量越大，则焊接深度越深。为了使脉冲激光焊接在工业生产中有使用价值，必须提高激光焊接速度，其关键在于提高脉冲重复频率，提高器件的平均功率水平。

激光密封焊通常采用脉冲重复 YAG 激光器，但也有采用脉冲 CO_2 激光器的，目前已有用于密封焊接的 YAG 激光器，平均功率大于 500W，脉冲重复频率达 300Hz，缝焊速度大于 3.5m/min。表 3-4 列出了脉冲重复 YAG 激光密封焊参数，下面列举两种密封焊接实例。

表 3-4　脉冲重复 YAG 激光密封焊参数

材　　料	焊接方式	厚度/mm	速度/(mm/min)	焊接深度/mm	纵横比	平均功率/W	脉冲速率/Hz	脉宽/ms	峰值功率/kW	峰值功率密度/(kW/cm²)	平均功率峰值功率/W
导　热　焊											
AM-350	角密封焊	0.05×0.15	1524	0.15	0.50	120	300	1.1	0.36	126	0.33
Cu-Ni 合金对可伐合金	角密封焊	0.05×0.38	1016	0.25	0.37	160	200	1.1	0.73	50	0.22
镍合金	搭接焊	1.27	381	1.13	1.0	200	130	2.2	0.70	138	0.29
C-P 钛	齐缝焊	0.5	1524	0.5	0.65	200	200	1.1	0.91	63	0.22
银-铜	对焊	0.5	508	0.5	0.71	400	40	2.2	4.5	287	0.09
304 不锈钢	包端管封焊	0.5	3835.4	0.43	0.8	400	200	1.1	1.8	146	0.11
304 不锈钢	包端管封焊	1.65	508	1.52	0.8	400	20	6.1	3.3	29	0.12
1100 铝-6061 铝	角密封焊	0.05×0.635	508	1.27	1.0	400	27	3.7	4.0	79	0.10
穿　透　焊											
304 不锈钢		2.26	1016	2.26	3.2	400	200	1.1	1.8	394	0.22
304 不锈钢		1.27	1752	1.27	2.0	400	200	1.1	1.8	394	0.22

（1）集成电路的密封焊接　气密性要求高的集成电路块，有的采用陶瓷底座。激光将集成电路管芯密封在金属壳内（见图 3-17）。金属壳厚为 0.3mm 左右，金属壳和嵌在陶瓷内边框的材料为可伐合金。采用脉冲重复 YAG 激光器，聚焦斑尺寸为 0.6~0.7mm。光斑重叠度为光斑直径的一半，用三种焊接方式进行工艺实验，其焊接参数列于表 3-5。检测表明，激光密封焊接集成电路的气密性最大可以达到 10^{-13} mL/s，比原来要提高几个数量级。

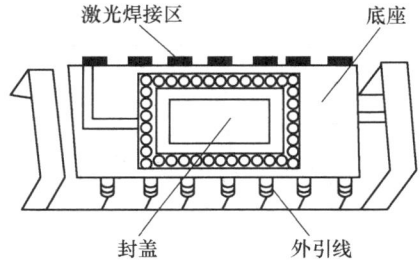

图 3-17　集成电路脉冲激光密封焊

表 3-5　集成电路密封焊接参数

焊 接 方 式	能量/J	脉宽/ms	备　　注
齐缝焊	1.4	3	脉冲 YAG 激光器
45°倒角端焊	1.4	3	脉冲 YAG 激光器
重叠端焊	1.8	4	脉冲 YAG 激光器

（2）微型继电器的密封焊接　这种器件的外壳一般是金属冲压件，其材料种类较多，有黄铜、青铜、可伐镀银及两种不同材料的组合，形状大小也各不相同。以往这类外壳的焊接大多采用锡焊，强度低，气密性差；利用脉冲重复 YAG 激光齐缝焊接方式进行焊接，焊接强度大为提高，气密性可达到良好的效果。

3.2.2　连续激光缝焊

平均功率小于 1500W 的连续缝焊与激光功率密度小于 10^6 W/cm^2 的连续缝焊都属于热传导焊接类型。图 3-18 为采用连续 CO_2 激光对钢管进行缝焊的示意图。随着激光功率的增加，焊接深度增加；随着焊接速度减小，焊接深度加深，不锈钢最大焊接深度近 3mm。在激光热传导焊接中尽管可以通过延长激光作用时间来增加焊接深度，但这将导致焊接热影响区增大，而且在激光热传导焊接中最大的焊接深度因受材料热传导损耗而受到限制，一般均小于 3mm。激光聚焦条件的改变将对激光缝焊产生影响，图 3-19 所示为焊接深度与离焦量的关系。

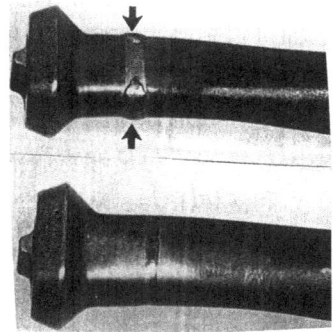

图 3-18　管状零件的连续激光缝焊

从图中可看到，最大焊接深度是焦点在工件内某一位置，即有一个最佳的离焦量。离焦量太大也会导致焊接深度减少。焊接 1018 钢时，焊接深度和焊缝宽度是焦点位置的函数（$P = 1500$W，$v = 2$m/min）。

另外，在激光缝焊中，工件配合间隙也是非常重要的。图 3-20 所示为激光焊接的配合公差。从图中可看到，在激光对焊中，两焊件间隙小于 0.15l（l 为板厚）；在激光搭接焊中，两焊件间隙小于 0.25l（l 为板厚）。

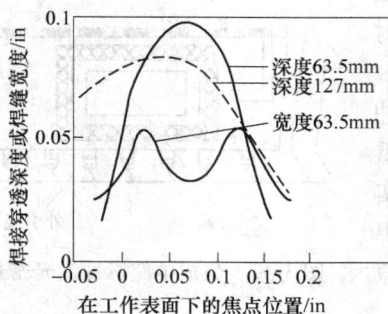

图 3-19　CW CO_2 激光焊接深度与
离焦量的关系

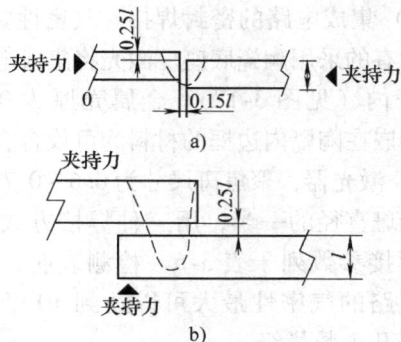

图 3-20　激光焊接的配合公差
a) 激光对焊　b) 激光搭接焊

3.3　高功率激光深穿透焊接

前面已提到，平均功率小于 1500W 和激光功率密度小于 $10^6 W/cm^2$ 的连续焊的焊接深度受热传导损耗的限制。到 20 世纪 70 年代，随着数千瓦至数十千瓦高功率 CO_2 激光器的出现，激光深穿透焊接变成可能。图 3-21 为激光深穿透焊接示意图。

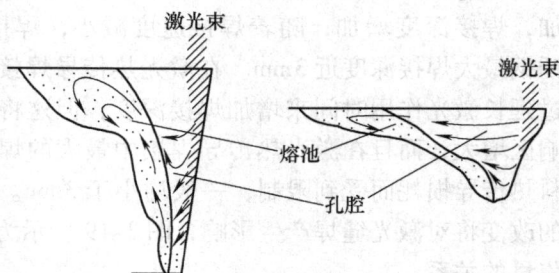

3.3.1　激光深穿透焊接机理

当激光以大于 $10^6 W/cm^2$ 的功率密度照射金属时，即可得到激光深穿透焊接。其特点是当高强度激光束作用于金属材料表面时，材料表面会发生熔化和蒸发。当蒸发速率足够大时，所产生的高压蒸气的压力足够克服液态金属的表面张力和液体重力，从而排开部分液态金属，使激光作用区处的熔池下凹，形成小坑；光束直接作用在小坑底部，继续加热，使金属进一步熔化和气化，所产生的蒸气继续迫使坑底的液态金属排向熔池四周，从而使小孔进一步加深。这个过程继续进行下去，便最终在液态金属中形成一个类似锁眼的小孔（见图 3-22）。

图 3-21　激光深穿透焊接示意图

图 3-22　激光深穿透焊接形成的小孔

当激光束在小孔中产生的金属蒸气压力与液态金属的表面张力和重力达到平衡后，小孔不再继续加深而形成一个稳定深度的小孔，这就是所谓"小孔效应"。

由于孔的四周是一层液态金属，液态金属的外围是未熔化的固态金属，这使得液态金属在其重力和表面张力的作用下有弥合小孔的趋势（见图 3-23）。当激光束向前运动时，小孔也随光束向前移动，这样小孔前方的金属又不断地熔化和汽化，熔化的金属在光束移动过程

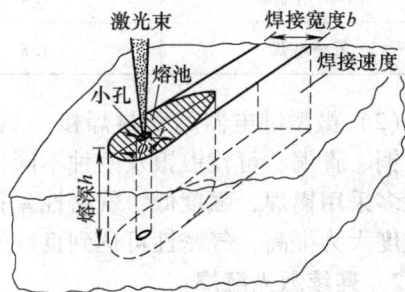

中流向小孔后方，并借助液态金属的表面张力和重力进行弥合，然后凝固形成焊缝。这就是连续激光深穿透焊接的机理。

由上述机理可知，激光深穿透焊接（小孔效应）与热传导焊接相比有本质区别，前者激光功率密度大于 $10^6 W/cm^2$，可以在材料中产生小孔效应。在小孔内激光束可以直接通过小孔壁进入孔底（见图 3-23），得到很大的激光焊接深度，目前最大焊接深度已超过 51mm。

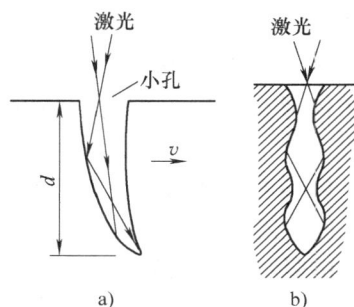

图 3-23 壁聚焦效应示意图

3.3.2 激光深穿透焊接过程中的几种效应

1. 等离子体屏蔽效应

高功率密度激光束与物质相互作用时，一旦温度超过材料的沸点，就会在熔池表面产生高压蒸气；在后继激光的作用下，当金属蒸气温度足够高时，会产生光致等离子体（云）。在高功率激光焊接过程中，表现为激光与金属相互作用，不断产生金属蒸气和等离子体。另一方面，焊接时保护气体（如 Ar）的电离电位较低，在强激光照射下也会产生等离子体。这就使得焊接上方的等离子云更进一步加强，这些等离子体对 CO_2 激光有强烈的吸收和散射作用，会屏蔽后继激光，导致激光熔池中的激光能量减少，严重时还会导致熔池中不能产生小孔效应，从而使焊接熔池减小，这就是所谓等离子体屏蔽效应。等离子体屏蔽对激光深穿透焊接影响极大，必须加以抑制，这将在后面专门讲到。

2. 壁聚焦效应

当小孔形成后，进入小孔的激光束与小孔的壁面相互作用时，因不能被壁面完全吸收，故必有部分激光被壁面反射至小孔深处的某处重新会聚起来，这一现象被称为壁聚焦效应（见图 3-23）。从图中可看到孔的尖端底部向着工件移动的方向弯曲，这是由于光从孔的前方壁面反射造成的。光在孔内每反射和聚焦一次，其能量就减少一部分，直到激光能量在小孔深处基本衰减完，小孔深度也不再增大。

3. 净化效应

金属内部往往存在着有害杂质或夹杂物，如 P、S、O、N 以及非金属夹杂物等，它们或者固溶在金属基体中，或者独立存在于金属基体中。当这些元素或夹杂物存在时，波长为 $10.6\mu m$ 的 CO_2 激光对非金属的吸收率远远大于对金属的吸收率。当非金属杂质和金属同时受到激光照射时，由于非金属吸收率大，它将吸收较多的激光能量，使其温度迅速上升而汽化，逸出熔池；当杂质元素固溶在金属基体中时，由于这些非金属杂质元素的沸点低，蒸气压高，故也很容易从熔池中逸出。上述两种作用的结果使焊缝中有害元素的杂质减少了。这时对金属的性能，特别是对其塑性和韧性的改善是很有利的。激光对焊缝金属的这种净化现象称为净化效应。

激光深穿透焊接与常规电弧焊相比具有焊缝窄、热影响区小、穿透深度深、焊缝深宽比大（可大于 10）等优点。激光深穿透焊接与电子束焊接相比具有不需要真空、能在大气中进行、环境干净和不产生 X 射线辐射等优点。

3.3.3 激光深穿透焊接中等离子体的形成及抑制

正如前述，在高功率激光深穿透焊接过程中，材料被激光照射蒸发，会在激光熔池中产生电子发射和离子发射。这种离子、电子和中性原子混合形成等离子体，其典型温度在 5000～20000K 范围。当等离子体温度和密度足够高时，又将吸收入射激光能量。等离子体形成的过程中主要有热电子发射、光电子发射和目标材料上介质的逆韧致辐射吸收。

1. 等离子体对激光束的屏蔽机理

在激光深穿透焊接中，低密度等离子体，即激光维持燃烧波（LSC）有利于材料表面对激光的吸收；而致密的等离子体，即激光维持爆发波（LSD）对激光有吸收、散射等屏蔽作用。CO_2 激光对应的等离子体的临界电子密度约为 $10^{19} cm^{-3}$，而 CO_2 激光焊接时的光致等离子体电子密度为 $10^{15}～10^{17}$ 数量级，因此焊接时激光可在其诱导等离子体中传播，但等离子体并不是一种完全透明介质，当激光在等离子体中传播时，激光强度逐渐减弱。等离子体对激光的吸收主要为逆韧致辐射吸收。

Rockstroh 等人研究了 Ar 气气氛下，连续 CO_2 激光作用铝靶时等离子体对激光的吸收率。当激光功率为 5kW，靶移动速度为 0.3m/min 时，等离子体对激光的吸收率为 20.6%；当激光功率为 7kW 时，吸收率为 31.5%。

等离子体对激光的吸收并不是屏蔽激光的唯一机理。等离子体还对激光产生散射，它的机理较复杂。研究者认为散射是由于等离子体形成时金属蒸气原子凝聚后形成了超细微粒子（UFP），粒子的平均尺寸低于入射激光波长，且对同样尺寸下的超细微粒子，激光波长越短，越容易被散射。所以等离子体对 YAG 激光的散射比对 CO_2 激光要强。

等离子体减弱激光能量的第三个原因是等离子体对激光的折射。高功率 CO_2 激光穿透焊接中，等离子体除了吸收和散射部分激光能量外，还会对激光产生折射，使入射激光束聚焦状态发生变化，对焊接过程产生重要影响。

2. 等离子体的观察与检测

日本学者阿拉塔（Y. Arata）等人采用 X 射线透射和高速摄影方法观察了激光深穿透焊接过程中的小孔形状、熔池中的金属流动和等离子体的特殊运动。他们对等离子体的观察是采用 300～6000 帧/s 的高速摄影完成的。图 3-24 所示为激光焊接熔池和锁孔上不同时刻等离子体的动力学行为。从图中可以看到，尽管激光焊接激光功率密度保持恒定，但在锁孔上方的等离子体仍呈现出起伏和不稳定。当锁孔打开时，激光焊接熔池尾部的熔体被推向后方，熔池中心的熔体以 1m/s（比锁孔边缘熔体更快）的速度流动，且在熔池尾部改变方向。快速流动的熔体被认为是由锁孔前壁强烈的蒸发的反弹力所引起的。在这里值得注意的是，锁孔上方的等离子体是激光作用保护气体（例如 Ar 气）形成的，在锁孔内的等离子体主要是激光作用金属产生的金属蒸气电离化所致。从图 3-24 中可看到，随着激光焊速增加，金属蒸气等离子体起伏的频率增大。在锁孔内，金属蒸气等离子体改变等离子体的扩展角。即当锁孔较宽时，蒸气等离子体向上直线扩展，而当锁孔尺寸较小时，蒸气等离子体会向后倾斜。如图 3-25 所示，金属蒸气等离子体的起伏角会随激光焊速的增加而变小。另一方面，等离子体的起伏频率也会随激光焊速的增加而变大。在激光穿透焊接中，激光等离子体的起伏会引起激光焊接锁孔的不稳定，并会使激光焊缝产生气孔，从而影响激光焊接的质量。

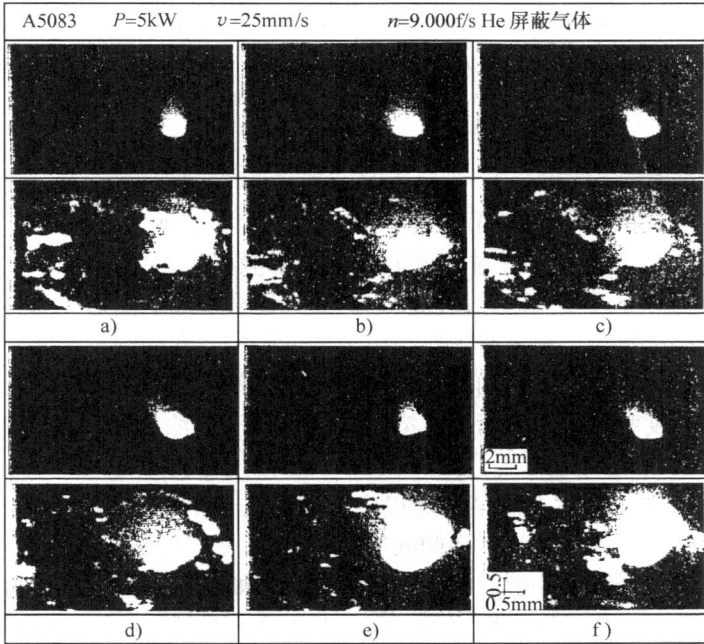

图 3-24　用高速摄影方法观察到的激光等离子体

a) 168.52ms　b) 169.51ms　c) 169.73ms　d) 169.95ms　e) 170.61ms　f) 171.93ms

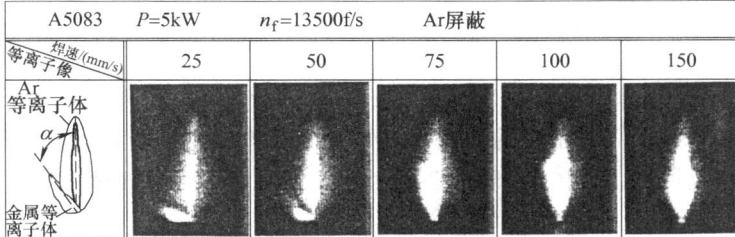

图 3-25　激光焊接速度对蒸气等离子体起伏状态的影响

在激光深穿透焊接中，当不用辅助气体时，强烈的等离子体以一个周期间隔地沿垂直表面方向喷射出来。实验中观察到两种类型的等离子体，一种为天蓝色，靠近熔池表面；另一种为粉红色，离样品较远。

通常等离子体的激光维持燃烧波（LSC）的直观特征信号表现为天蓝色光辐射及高频咝咝声，而其激光维持爆发波（LSD）表现为强烈的蓝色光辐射和声冲击波，其检测方法多采用各种声音传感器和声光检测方法。

A. Matsunawa 等人采用测量谱线强度的方法计算了等离子体温度。在测得不同波长的相对强度后，等离子体温度可由下式决定

$$\frac{I_n(I_{nm}\lambda_{nm})}{g_n A_{nm}} = -\frac{E_n}{k_0 T} + \ln\left[\frac{n_0 hc}{z(T)}\right] \tag{3-13}$$

式中，n_0 是原子密度；E_n 是能级的激发能；λ_{nm} 是 n 能级跃迁至 m 能级的辐射光波长；I_{nm} 是谱线强度；A_{nm} 是 n 能级跃迁至 m 能级的跃迁几率；g_n 是 n 能级原子的统计权重；$z(T)$

是温度 T 时的原子部分函数；k_0 是玻耳兹曼常数；h 是普朗克常数；c 是光速。

日本学者 Kasuge 等人采用 CO_2 激光辐射纯铁表面，通过光谱分析，得到的等离子体温度高达 $(1.8 \sim 22) \times 10^4 K$；Pebble 等人采用 YAG 激光冲击 Al 表面，得到的等离子体温度为 $3.4 \times 10^3 K$。

3. 等离子体的抑制

正如前述，在高功率 CO_2 激光深穿透焊接过程中，在熔池上方产生等离子体，等离子体通过逆韧致辐射吸收、散射和折射等大大衰减入射激光束的能量，即对激光起到屏蔽作用，从而降低了激光深穿透焊接的焊接深度，严重时还会造成不能形成深穿透焊接。因此为了保证获得激光深穿透焊接质量，必须对等离子体进行控制和抑制。

在激光深穿透焊接过程中产生的等离子体具有时间效应和浓度效应，因而在抑制方法上也是针对等离子体浓度和时间两方面采取措施。在等离子体浓度方面消除或抑制等离子体，目前大多采用辅助吹气方法。

(1) 辅助吹气方法　在激光深穿透焊接中，辅助吹气是目前抑制等离子体最有效而实用的方法。辅助吹气又分为同轴吹气和侧吹气两种方法。

同轴吹气除可保护透镜、保护焊缝外，其另一个重要作用是抑制焊接熔池上方的等离子体。通过吹气提高电子、离子和中性原子之间的碰撞来增加复合速率，降低电子密度，从而达到降低等离子体浓度的目的。

目前比较实用且有效的吹气方法是侧吹辅助气体，使焊接熔池小孔中等离子体压缩并被吹除。

在辅助吹气方法中，等离子体抑制效果与辅助气体种类、吹气压力、气流量和吹气方向等有关。

用作辅助气体的有 Ar、He、N_2 和 CO_2 等，根据激光深穿透焊接过程中产生等离子体的机理，不同辅助气体抑制等离子体的效果与气体的电离势、导热性和离解能等有关。当辅助气体流量低于临界流量时，气体电离势起主导作用。在上述四种气体中 He 的电离势最高，相应顺序为 He (24.5eV)、Ar (15.68eV)、N_2 (14.6eV) 和 CO_2 (13.8eV)，故认为 He 抑制等离子体效果最好。但随着辅助吹气流量的进一步增加，由于气体的流动使热辐射对流作用增加，相对电离势而言，气体的导热性和离解能起主要作用。从导热性方面看，四种气体排列顺序为 Ar < N_2 < CO_2 < He，即 Ar 具有最低热导率，其等离子体维持阈值低，故容易被加热而屏蔽；而 He 的热导率最大，其等离子体维持阈值最高，故容易扩散。

综上分析，He 是抑制等离子体较理想的气体，在国内 He 较贵。现一般采用 Ar 作主要辅助吹气气体。当然在条件许可的情况下，将 Ar 和 He 混合可得到较好的抑制等离子体效果。

在有些特殊焊接中，可考虑在 Ar 气中加入适量氧气，可达到提高焊接速度的效果，当然不是所有材料的焊接均是这样。

吹气流量是抑制等离子体的一个重要因素。图 3-26 所示为不同吹气流量下的等离子体照片（采用 6000 帧/s 高速摄影），从图中可以看到，等离子高度随气体流量的变化而变化。当气体流量大于 25L/min 时，等离子体高度降低，等离子体对激光的屏蔽减弱，激光深穿透焊接能顺利进行。以后，随着气体流量的增加，等离子体高度不断减小，焊接深度增大。但气体流量超过 40L/min 时，虽然等离子体被有效控制，但是过大的气流压力易导致焊缝熔化金属溅射，从而影响焊接质量。

另一方面辅助吹气压对激光深穿透焊接过程中的等离子体抑制效果的影响也较大。图 3-27 所示为不同辅助吹气压下等离子体的抑制情况。在图 3-27a 中，当未加辅助气体时，等离子体很强；图 3-27b 中辅助吹气压较小，不足以压缩金属蒸气，并进一步被激光离解成致密的等离子体；图 3-27c 中，辅助吹气压略高于金属蒸气压，金属蒸气电离较小，并从孔的后壁流出，熔池上方等离子体得到较好的抑制，可获得较大熔深；在图 3-27d 中，当辅助吹气压高于金属蒸气压时，会造成焊接熔池小孔直径

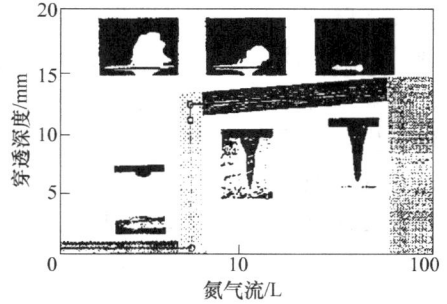

图 3-26　等离子体形态变化与吹气
流量的对应关系
$P = 10\mathrm{kW}$　$v = 1.2\mathrm{m/min}$

波动，继而影响激光深穿透焊接中熔深的起伏。因此，辅助吹气压以略高于焊接熔池金属蒸气气压为宜。

在激光焊接采用辅助吹气时，可采用同轴加侧吹的方法，并且可采用正面（工件表面）和背面同时吹气的方法。

在实际激光深穿透焊接的等离子体抑制方法中，辅助吹气的喷嘴结构参数（喷嘴直径及位置、喷嘴高度及吹气入射角等）均对等离子体的抑制效果有影响。具体结构则因不同激光焊接场合而异，主要通过试验来找出一个最佳的喷嘴结构及位置。图 3-28 所示为一种改进的吹气喷嘴结构。

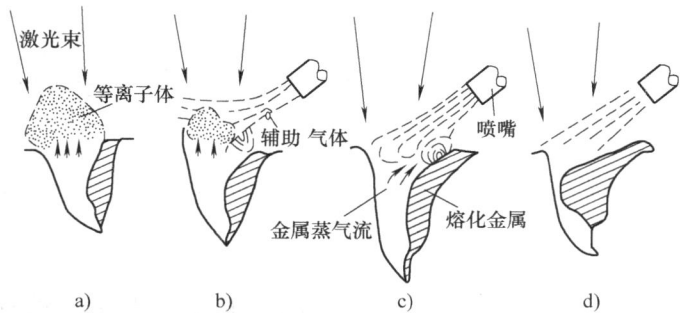

图 3-27　等离子体控制机理
a) $Q = 0$　b) $Q < Q_s$　c) $Q_s < Q < Q_1$　d) $Q > Q_1$

（2）LSSW 方法　实践证明，采用辅助吹气只能有效地抑制粉红色的等离子体，而不能完全抑制天蓝色的等离子体。

为了克服上述不足，日本学者阿拉塔（Y. Arata）发明了一种新的焊接方法，称为 LSSW

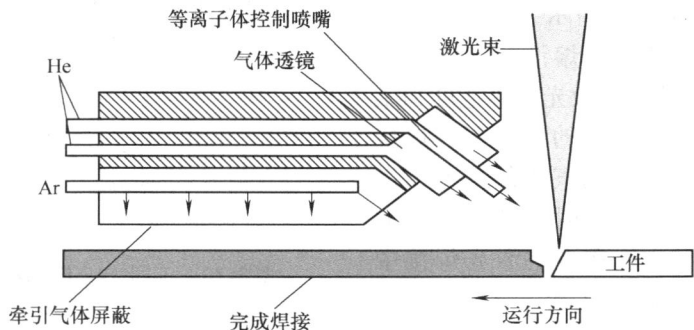

图 3-28　采用所帘牵引屏蔽方法抑制等离子体的设计说明

法。该方法使激光束振荡，以便能跟踪样品的移动，激光束能相对样品静止一段时间，恰似一个脉冲激光给样品打孔，然后紧接着很快地返回到原来的起始位置。图 3-29 所示分别为连续、脉冲和 LSSW 三种方式焊接的小孔形状，其中脉冲焊接的脉宽与 LSSW 方式焊接的脉宽相同。可以看出脉冲焊接形成的孔比连续焊接的深，而 LSSW 方式焊接形成的孔最深，而且最稳定，其孔的形状正好是前面两种方法的综合，上部是碗形（像连续焊形成），下部是

楔形（像脉冲焊形成）。LSSW 方式的机理如下：①当激光束处于原始位置时，由于此时只有少量等离子体，故很易在样品上打孔；②当激光束以一个与工作台相同的速度逆向移动时，光束相对样品是静止的，故很快熔化孔的前壁；③随着光束在样品上打孔，等离子体相继产生，并不断地增加；④在大量产生等离子体之前，激光束在样品上已打了很深的孔；⑤为了避免产生大量等离子体，紧接着激光束相对它的原始位置很快地向后移动，于是激光束又在样品上重新打孔。

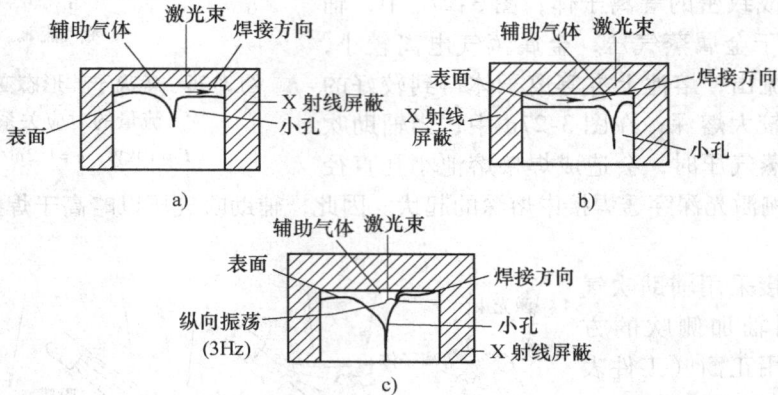

图 3-29　不同焊接方式下的小孔形状

a）连续方式　b）脉冲方式　c）LSSW 方式

除此之外，阿拉塔等人在 1984 年还研究了真空激光焊接，并研究了不同气压下激光焊接中的等离子体情况。如图 3-30 所示为不同气压下等离子体及熔池的形状（俯视图）。在激光焊接速度和激光功率相同的情况下，焊接穿透深度随气压的降低而增加，到真空时，可获得最大熔深，但在真空激光焊接中需要真空系统，工艺复杂，不一定值得推广。

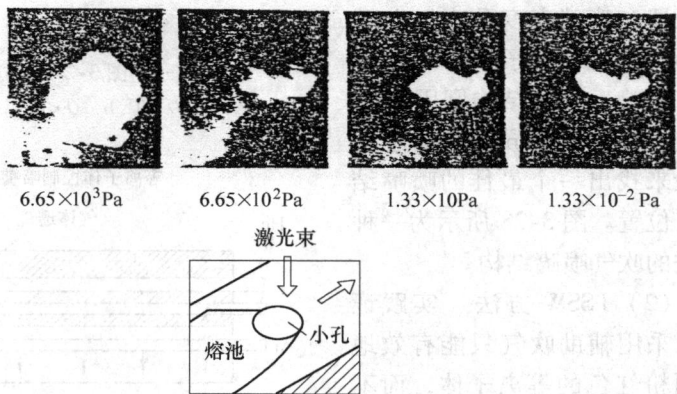

图 3-30　不同气压下等离子体及熔池的形状（俯视图）

3.3.4　激光深穿透焊接工艺

高功率 CO_2 激光器和 Nd：YAG 激光器都可用来进行激光深熔焊接，其焊接工艺参数主要包括激光功率（功率密度）、聚焦光斑尺寸、焊接速度、离焦量及辅助吹气压等。国内外许多研究者对激光深穿透焊接工艺进行了研究。

激光焊接的一个重要参数是热输入（有时称焊接比能），它表征作用在工件表面上的能量密度，用 W 表示

$$W = P/v \tag{3-14}$$

式中，P 是作用在工件上的激光功率；v 是焊接速度。

杜拜迈尔（Dubamel）和拜纳斯（Banas）研究了碳钢、不锈钢及镍合金在激光焊接中的穿透深度与热输入的关系，其中对不锈钢的焊接结果如图 3-31 所示。从图 3-31 中可看到，激光焊接深度随热输入的增加而增加。图 3-32 所示为轴快流 CO_2 激光焊接的焊接速度与穿透深度的关系。

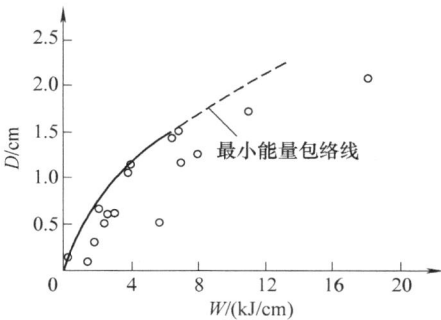

图 3-31　穿透深度与热输入的关系

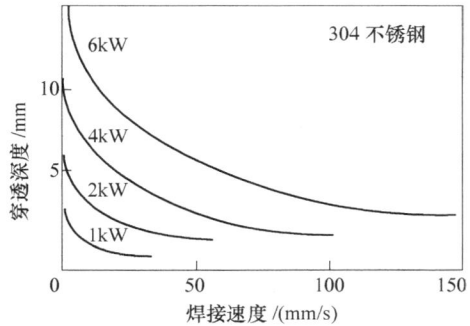

图 3-32　轴快流 CO_2 激光焊接的焊接速度与
穿透深度的关系

在激光功率密度不变的情况下，焊接穿透深度与焊接速度的关系如图 3-33 所示，从图中可看到激光焊接穿透深度随焊接速度的减小而增加。但也不是速度越小越好，有时速度减小到一定程度时，会导致熔深减少。曲线表明焊接穿透深度是焊接速度的函数。

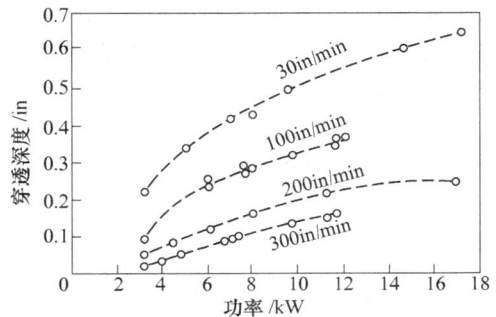

图 3-34 所示为焊接穿透深度与激光功率的关系。从图 3-34 中可看到，当焊接速度一定时，焊接穿透深度随激光功率的增加而增加；而当 v 等幅增加时，图中曲线向右平行移动。拜纳斯（Banas）等人得出最大穿透深度随激光功率的 0.7 次方增加的函数关系。图 3-35 所示为归一化焊接速度与归一化激光功率的函数关系。

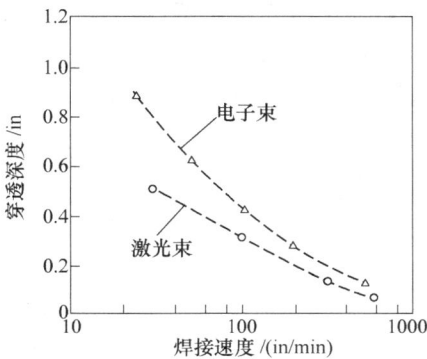

图 3-33　焊接穿透深度与焊接速度的关系

注：1in = 0.0254m = 25.4mm。

图 3-34　焊接穿透深度与激光功率的关系

如果产生全穿透焊接的热输入与激光功率和焊接速度均成函数关系,那么在激光功率一定时,可得到一个最小热输入的焊接速度。同理,在焊速一定时,也可得到一个最小的热输入功率。如图 3-36 所示为热输入与激光功率的关系。随着激光功率的增大和焊速的增加,可得到窄而深的焊缝,且热输入减少;而随着焊速的减小和功率的增大,焊缝也会加宽。表 3-6 列出了激光焊接 304 不锈钢的参数。

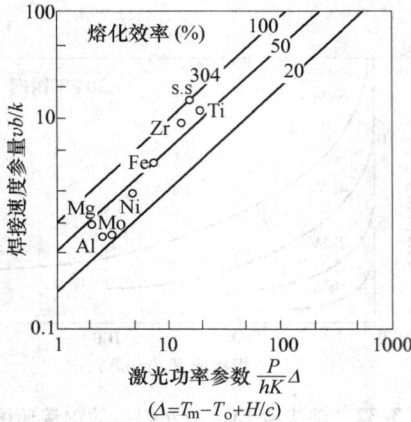

图 3-35　归一化焊接速度与归一化激光功率的函数关系

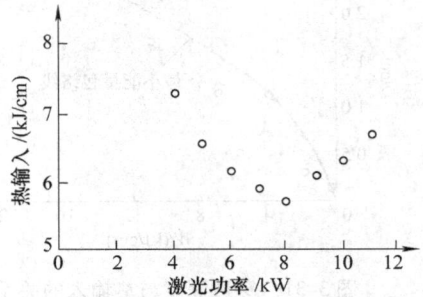

图 3-36　热输入与激光功率的关系

表 3-6　激光焊接 304 不锈钢的参数

激光功率/kW	焊接速度/(mm/s)	热输入/(kJ/cm)	深度/mm	宽度/mm
4.0	5.5	7.27	13.33	4.62
5.0	7.6	6.56	13.33	5.38
6.0	9.7	6.16	13.33	3.94
7.0	11.9	5.91	13.33	3.91
8.0	14.0	5.73	13.33	3.89
9.0	14.8	6.07	13.33	3.81
10.0	15.9	6.30	13.33	3.51
11.0	16.5	6.66	13.33	4.72

郑启光等人在进行 18CrMnTi 合金钢的激光焊接时,研究了激光聚焦特性及焊接参数对焊接质量的影响。对一定深度的激光深穿透焊接,有一个合适的透镜聚焦范围。一般来说,需焊接的深度越深,则需选较长焦距的透镜。离焦量对焊接穿透深度和焊缝形状影响较大,对于一定厚度材料的激光焊接,在透镜焦距确定后有一个合适的离焦量,通常采用负离焦,即焦点位于工件表面下的某一位置,这样可得到最大的穿透深度。当采用 137mm 焦距透镜对 18CrMnTi 低合金钢焊接时,合适的离焦量大约在 $-2mm$,此时可得到最大的焊接穿透深度,例如当 $P = 3.5kW$、$v = 15mm/s$ 时,焊接深度大于 5mm

在这里值得指出的是,近几年有学者研究采用偏振光进行焊接,可获得较好的焊接效果。图 3-37 所示为光束偏振对焊接性能的影响。表 3-7

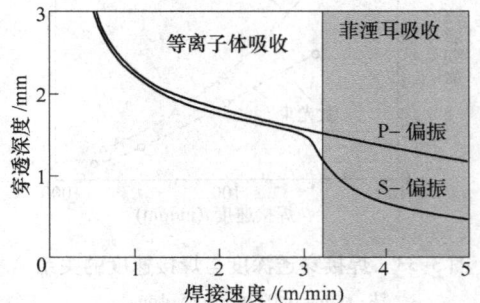

图 3-37　光束偏振对焊接性能的影响

列出了采用连续 CO_2 激光深穿透焊接的参数（仅供参考）。

表 3-7 连续 CO_2 激光深穿透焊接的参数

材　　料	功率/kW	深度/mm	宽度/mm	速度/（mm/s）	备　　注
321 不锈钢	0.25	0.125	0.45	3.8	全穿透焊接
		0.250	0.70	1.48	
		0.417	0.75	0.47	
302 不锈钢	0.25	0.125	0.50	2.11	
		0.203	0.50	1.27	
		0.250	1.00	0.42	
17－7PH	0.25	0.125	0.45	4.7	
因康镍合金	0.25	0.100	0.25	6.35	
		0.250	0.45	1.69	
镍	0.25	0.125	0.45	1.48	
蒙特尔耐蚀钢	0.25	0.250	0.62	0.64	
钛	0.25	0.125	0.37	5.90	
		0.250	0.55	2.11	
1010 薄钢	3.9	0.94		6.4～5.1	填充焊
302 不锈钢	3.5	12.7		2.1	对焊
304 不锈钢	17	6	12.4	8.4	对焊
		12.5	2	2.08	
		17	4	1.0	
		16.5		1.26	
304 不锈钢	11.5	3.8		12.6	对焊
		5.6		8.4	
		8.9		4.2	
	9.5	12.3		1.26	
	8	8.9	2.3	1.26	
	20	20.3	2.3	2.11	
		12.7	2.3	4.2	
低碳钢	4.3	6.4		3.6	对焊
		3.3		7.2	
		1.5		11.0	
X8CrNi188	1.2	0.5	5		100mm 直径管 5mm 壁厚

　　在激光深穿透焊接中，其焊接截面形状与激光功率、焊接速度、焦深、离焦量及辅助吹气等因素有关。图 3-38 所示为采用不同功率激光焊接金相照片。

　　图 3-39 所示为不同焊接速度下的激光焊缝截面形状，由图中可看到，焊速越高激光焊缝越细。图 3-40 所示为不同焊接位置的激光焊缝照片。

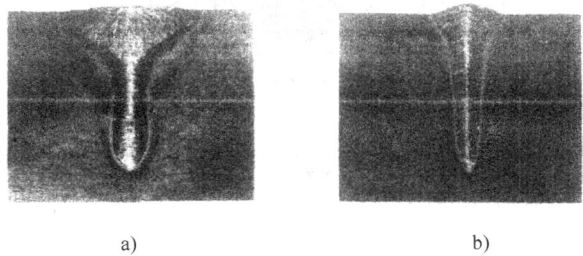

a)　　　　　　　　　　b)

图 3-38 不同功率激光焊接金相照片
a) 8kW　b) 11kW

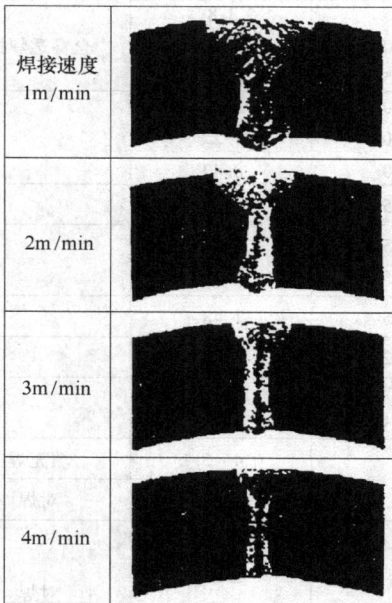

图 3-39　焊接速度和焊缝形状的关系

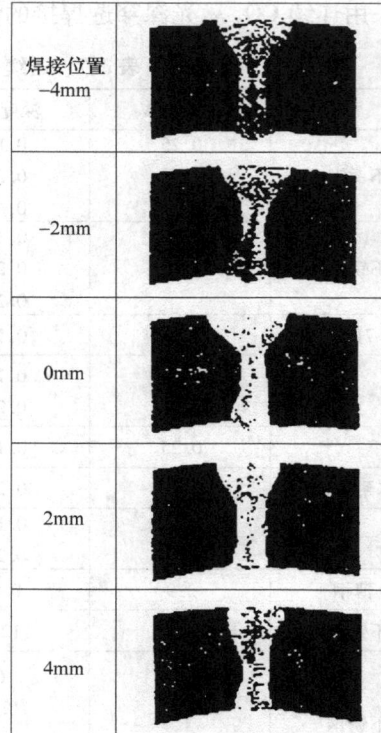

图 3-40　焊接位置和焊缝形状的关系

图 3-41 所示为不同焦点位置的激光焊缝照片，由图中可看到，在给定激光功率和扫描速度下，有一个最佳离焦位置可获得较好的焊缝和最大焊缝深度。图 3-42 所示为不同辅助吹气条件下的激光焊缝照片。从图 3-42 中可看到，当采用 20 ~ 30L/min 的气流速度时可得到较好的激光焊缝。

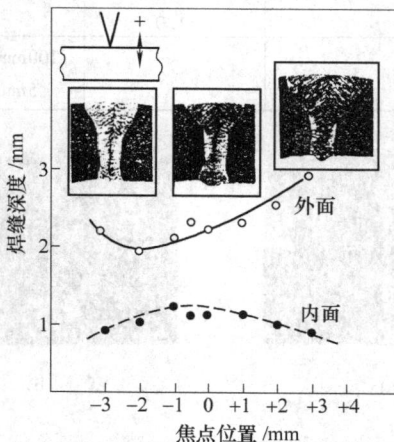

图 3-41　光束焦点位置与焊缝深度的关系

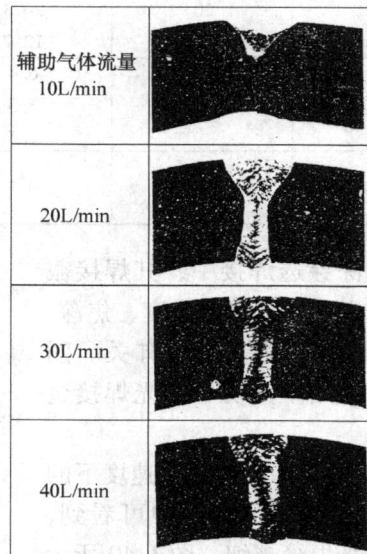

图 3-42　辅助气体流量和焊缝形状的关系

激光焊接的焊缝硬度比等离子弧焊略高，这是因为激光焊接速度快，焊缝的快速凝固使其硬度略高。

图 3-43 所示为激光焊接与等离子弧焊焊缝的硬度分布，图中焊接的材料为 SPCC 板，板厚 1.2mm。

在激光深穿透焊接中，为了得到更好的焊接效果，可以采用附加填充料的方法。添加填充料后可获得表面微凹的焊缝，这是因为添加填充料后，在相同热输入情况下，添加填充料则需要一部分激光熔化填充料，而相对熔化母材的能量就少了的缘故。

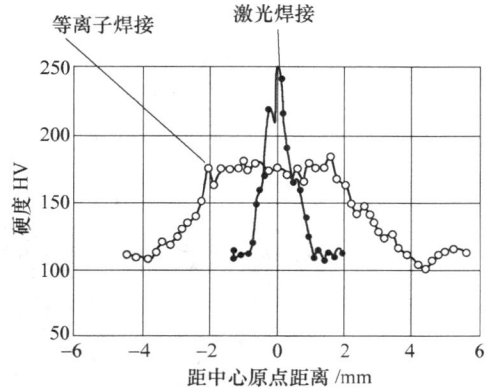

图 3-43　焊缝硬度分布图

3.4　几种焊接方式

3.4.1　添加填充料的激光焊接

在铝、钛及铜合金的激光焊接过程中，由于铝、铜等材料对激光的反射率很高（>90%），光致等离子体对激光有一定的屏蔽，且焊接中易出现气孔、裂纹等缺陷，因此可能会影响激光焊接质量。此外，薄板在激光拼焊时，工件的配合间隙大于 0.2mm 时，也会影响激光焊接效果。故近年来，国内外学者均在研究激光焊接时采用添加填充料的方法。图 3-44 所示为辅加填充料的焊接方式示意图。填充料可以是焊丝形式，也可以是粉末形式，还可以采取预置填充料方式。由于激光聚焦光斑较小（0.1~1mm），故要求填充丝的直径也较细（0.6~1.5mm），且在送丝过程中，焊丝要求

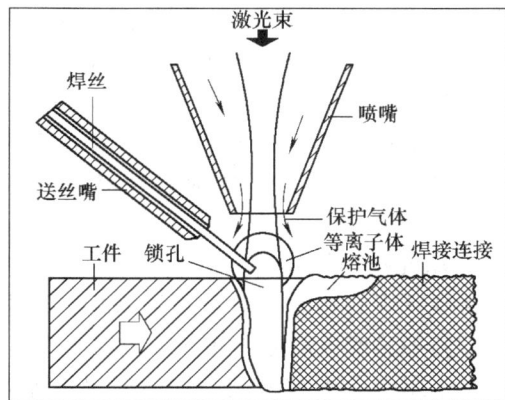

图 3-44　辅加填充料的焊接方式示意图

有较高的指向性。德国的 Geiger.M 等人采用填充丝焊接，填充丝材料为 SG1，丝直径为 0.6mm，送丝速度为 2~4m/min。

图 3-45 所示为采用填充丝的焊缝截面，从图 3-45 中可看到，未添加填充料时，焊缝较宽，且焊缝上面出现凹陷，而加填充料后，焊缝变窄且焊缝表面呈现微凸形状。这是因为添加填充材料后，在相同热输入情况下，添加填充料则需要一部分激光能量，熔化母材的能量就减少了的缘故。图 3-46 所示为添加填充料的激光焊接。

3.4.2　激光钎焊

钎焊与熔焊和热压焊有很大区别。熔焊是将两个焊件结合面材料同时熔化而连接在一起，形成焊缝，实现了冶金结合。热压焊是通过压力将两个焊件结合在一起连接而成。而钎焊是在焊件结合面内添加熔点比母材低的填充材料（钎料），在低于母材熔点、高于填充料

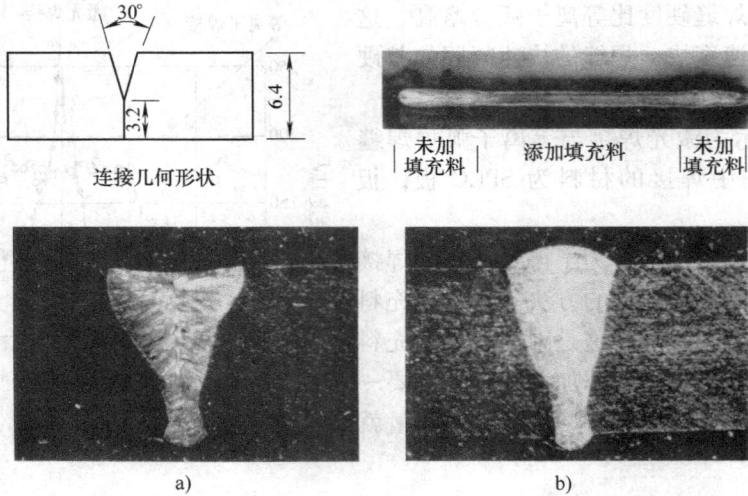

连接几何形状　　　　　未加
填充料　添加填充料　未加
填充料

a)　　　　　　　　　　　　　b)

图 3-45　采用填充丝的焊缝截面

a) 4kW, 12mm/s 未加填充料　b) 4kW, 12mm/s 添加填充料—1.14mm 细丝

（焊速 38mm/s）

熔点的温度下将填充料熔化（母材不熔化）填满焊件的间隙，然后冷凝，从而形成焊件较牢固的焊缝。在钎焊中部分钎料成分通过扩散进入母材，而实现一定程度上的冶金结合。钎焊适于对那些热敏感的微电子器件、薄板以及易挥发金属的材料。

1. 激光钎焊的分类

常规钎焊的热源一般采用烙铁加热、电阻加热、炉内加热或火焰加热等方式。除上述热源外，现在也采用电子束和激光束作为钎焊热源，形成目前常用的电子束钎焊和激光束钎焊。钎焊可以分为软钎焊和硬钎焊两种。

图 3-46　添加填充料的激光焊接

（1）软钎焊　软钎焊是指加热钎料的温度低于 450℃ 的钎焊。在软钎焊中，加热温度相对较低，只使钎料溶解而不熔化母材，而产生的冶金结合，软钎焊的强度较低，尤其在高温下下降明显。

（2）硬钎焊　硬钎焊是指加热的温度高于 450℃ 但低于母材固相线温度的钎焊。硬钎焊的强度比较高。

2. 激光钎焊的特点

激光钎焊比常规钎焊相比具有如下特点：

1）激光束聚焦成很小的光斑，光束能量可精确控制在焊件结合处很小的区域内而不加热周围材料。

2）激光钎焊可维持基体温度保持较低，大大减小焊缝区的机械应力。

3）激光可快速加热，快速冷却，能保证钎料和母材具有良好的湿润性，提高焊缝韧性，减小焊件的脆性破坏。

4）激光束属于无接触加热，能量传输方便灵活，可控制性好，能对常规钎焊不能进行的焊件进行焊接。

5）激光钎焊自动化程度高，环保性好。

3. 钎焊的激光器

目前用于钎焊的激光器有 Nd：YAG 激光器、CO_2 激光器和半导体激光器。由于 CO_2 激光器波长较长（$10.6\mu m$），材料对激光的反射率很高，且 CO_2 激光不能柔性传输，故激光钎焊常用 Nd：YAG 激光。Nd：YAG 激光波长较短（$1.06\mu m$），能量利用率比 CO_2 激光高，更重要的是 YAG 激光能通过光纤柔性传输。近年来，半导体激光常用来作激光钎焊的热源，由于半导体激光波长比 Nd：YAG 激光波长更短（$800\sim900nm$），能量利用率更高，也能采用光纤柔性传输，且激光器体积小，因此是激光钎焊中极具竞争力的激光器。

4. 激光钎焊的应用

近年来，激光钎焊应用范围越来越广，主要应用在激光器件、IC 电路等方面，这些应用领域主要采用软钎焊。激光钎焊的另外一个重要应用场合是汽车工业，轿车车身镀锌板常采用激光硬钎焊。但激光钎焊的钎材主要是一些低熔点的合金材料。激光钎焊的焊接强度较低，故激光钎焊不能代替其他高强度的焊接方式，也不能用于厚大件的激光焊接。在集成电路中，以前大多用 Nd：YAG 激光；近年来，由于半导体激光器体积小，波长短，常用于 IC 电路的激光钎焊。图 3-47 所示为用于 IC 电路的激光钎焊。图 3-48 所示为激光钎焊系统。图 3-49 所示为由机器手控制的激光钎焊装置。

图 3-47　用于 IC 电路的激光钎焊　　　　　　　图 3-48　激光钎焊系统

目前，由机器人控制的半导体激光钎焊已应用于 IC 电路。对 IC 电路的封装，采用 $200\mu m$ 光纤传输，激光功率只需几瓦，焊接光斑在 $40\sim100\mu m$ 之间。中等的激光钎焊，激光功率在 30W 左右，焊接光斑在 $100\sim150\mu m$。钎焊的区域达 $1\sim3mm$，此时焊接的激光束需要扩束，激光功率则需要 80W 以上。

清华大学机械工程系采用激光对压电陶瓷变压器（PECT）进行激光焊接。压电陶瓷由多层陶瓷粘结而成，侧电极银层是不连续的，被宽约 $20\mu m$ 和 $40\mu m$ 的环氧树脂胶层分割，呈条状分布。采用 Nd：YAG 激光器，功率为 200W，焊锡为 60%（质量分数）的锡铅合金，采用金属网辅助钎膏钎接片单元工艺进行钎焊，钎焊质量好。

此外，他们还采用 PRC-3000 型 CO_2 激光器，在 Ar 气保护下对钛薄板（0.125mm 厚）进行激光钎焊，采用自行研制的锡基钎材。

在硬质合金与钢的激光焊接中，由于钢和硬质合金的膨胀系数相差很大，故在此类激光焊接中，也采用钎焊形式，即在硬质合金与钢之间添加过渡材料

图 3-49　由机器手控制的激光钎焊装置

（钎料），以实施特殊的激光钎焊，例如田乃良和郑启光在研究 YG8 硬质合金与中碳钢的激光焊接中，采用钴铬铝钇粉末作钎料，获得了好的激光焊接效果。

在轿车车身板的激光熔焊中，容易造成锌蒸发损失。激光钎焊也应用于镀锌板的激光拼焊中，可以采用较小的激光输入能量，保证了镀锌板表面的完整，提高了镀锌板的耐蚀性，另外采用激光钎焊，也降低了激光焊接对焊件配合间隙的要求。例如，在某品牌汽车车身激光焊接工艺中就采用了激光钎焊，钎料是采用 CuSi 材料。

3.4.3　激光复合焊接

传统的电弧焊应用现已成熟，电弧焊热利用率高，电弧的搭桥能力强，已广泛应用于各行业。但电弧焊由于加热速度慢，热作用区大，导致弧焊的焊速慢，焊缝宽，热影响区大，焊缝的深宽比小。而激光焊接具有一系列优点，如激光焊焊速快，焊缝窄，热影响区小，变形小，深宽比大，焊缝强度高等。激光焊接还可用于高熔点金属材料，且焊接能在大气中进行，不产生 X 射线，对操作人员身体危害小，自动化程度高，目前激光焊接已在各行业中得到了广泛的应用。

人们在广泛应用激光焊接技术的同时，不断地对其进行深入的研究，发现激光焊接也存在某些不足之处。在激光焊接过程中，母材受热熔化、汽化，形成小孔，孔中充满金属蒸气，金属蒸气与激光相互作用形成等离子体，等离子体吸收和反射激光，降低了金属材料对激光的吸收率，使激光的能量利用率降低，并导致激光焊接过程不稳定；另外，激光加热速度快，凝固速度高，易在激光焊缝区产生汽化和热裂纹；此外激光焊接还会使激光焊缝表面产生凹陷，尤其是激光焊接要求焊件配合间隙小，为了减小单一热源的激光焊接的不足，人们研究了在保持激光焊接优点的基础上，利用其他热源的加热特性来改善激光对焊件的加热，从而将激光与其他热源一起进行复合焊接。

激光-电弧复合焊最早是 20 世纪 70 年代由英国学者 M. Steen 首次提出来的，它是利用激光的高线输入能量的加热区和电弧较大的加热区结合起来，获得一个综合加热效果。激光-电弧复合焊与单纯的激光焊接相比，具有焊接深度增大、焊速显著提高、对焊件配合间隙要求降低、焊接过程稳定、焊缝裂纹少、焊接强度高等优点，且可提高焊接效率。激光-电弧复合焊尤其适合高导热材料及厚大件的焊件（如船舶加强筋板的激光焊接等）。

　　激光复合焊主要有激光-电弧复合焊、激光-等离子弧复合焊和激光-感应热源复合焊以及双激光束复合焊等。如图 3-50 所示为激光-交流脉冲 MIG 复合焊接系统（激光-电弧复合焊的一种）。

　　这种复合工艺综合了激光焊和电弧焊的优点，即将激光的高能量密度和电弧的较大加热区结合起来。其优点是：①焊接熔深加大；②提高了焊接速度和焊接效率；③可消除焊缝区的热裂纹缺陷；④改善了激光能量的耦合特性，使焊接过程稳定，同时还降低了设备成本。但由于电弧的引入，增加了焊接过程的热输入，从而使激光-电弧复合焊焊缝区的热影响区增大和焊件变形加大。但激光-电弧复合焊能降低电弧阻抗，稳定了焊接过程，如图 3-51 所示为激光-电弧复合焊中降低电弧阻抗的情况。

图 3-50　激光-交流脉冲 MIG 复合焊接系统

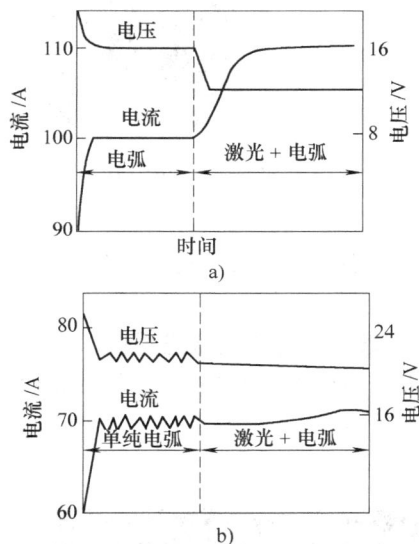

图 3-51　激光-电弧复合焊中降低电弧
阻抗的情况

a）采用激光加电弧耦合减少电弧阻抗

b）高速焊时电弧稳定

　　从图 3-51 中可看到，电弧焊在引入激光后，焊接的深宽比提高了很多。另一方面，采用电弧-激光复合焊后，其焊接深度比单纯激光焊接的要增大 20%。在优化复合焊接参数后，在激光与电弧的相互协调作用下，激光-电弧复合焊的焊接深度几乎是两种分别焊接的焊深的总和。图 3-52 所示为激光-电弧复合焊的焊缝截面。图 3-53 所示为激光-电弧复合焊接头。

　　激光-电弧复合焊广泛应用于汽车工业和造船工业。

　　（1）汽车工业　由于激光-电弧复合焊具有高强度、高韧性和焊接深度大等优点，激光复合焊广泛应用于汽车制造业，例如对汽车车身及车架上不同厚度的铝合金板采用激光-电弧复合焊。大众汽车公司也采用激光-电弧焊方式焊接汽车车身和车门。

　　（2）造船工业　近年来，激光-电弧复合焊在造船工业得到了应用。例如德国的 Meyer 船厂采用激光-电弧复合焊接船舶的加强筋板。德国 Warnow Werft 船厂采用龙门式 Nd：YAG

激光-电弧复合焊接方法，单面焊接厚度为 12mm，双面焊接厚度可达 20mm。

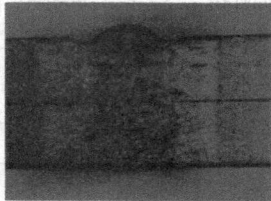

图 3-52 激光-电弧复合焊的焊缝截面　　　图 3-53 激光-电弧复合焊接头

3.5 几种典型激光焊接实例

3.5.1 镀锌板的高速激光焊接

镀锌钢板由于它的抗冲击性能而广泛应用于汽车工业。大多冷轧镀锌板厚度一般在 0.8~1.5mm，主要用于汽车车身板材，如图 3-54 所示。表 3-8 列出了镀锌板的热处理特性。

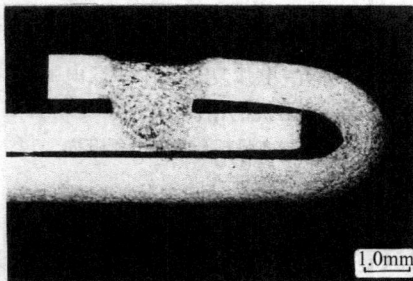

激光焊接冷轧镀锌钢板焊缝

图 3-54 汽车车身板的焊接

表 3-8 镀锌板的热处理特性

项　　目	铁（Fe）	锌（Zn）
密度/（g/cm³）	7.86	7.12
比热/［J/Kg·℃］	0.119	0.915
热导率［W/（m·℃）］	189	407
熔点/℃	1535	420
沸点/℃	2745	906
熔化潜热/（J/kg）	272.14	113.04
蒸发潜热/（J/kg）	452.59	192.59

从表 3-8 中可看到，铁的熔点几乎是锌的四倍，沸点是锌的三倍。由于铁和锌的熔、沸点相差悬殊，锌的蒸发给镀锌板的激光焊接增加了很大的难度，最重要的问题是因锌的蒸发使焊缝内孔隙增多，降低了激光焊接的强度。类似的问题也出现在金属电弧焊中。

镀锌钢板通常采用拼焊、搭接焊方式，特殊情况也采用角焊方式。

有人研究了板厚 0.9mm 镀锌板的激光焊接。具体工艺参数如下：

激光功率：4.5~5kW

焊接速度：5~8m/min

透镜焦距：$f = 200mm$

数值孔径：$F = NA = 6$

离焦量：$-2 \sim 2.5$mm

辅助气体：CO_2，He，Ar

图 3-55 所示为不同离焦量（即焦点位置）对焊缝质量的影响。从图 3-55 中可看到，若镀锌层厚度为 $5\mu m$，当离焦量 Δz 在 $-0.5 \sim 2$mm 时，焊缝内孔隙最小，但随离焦量增大，焊缝宽度加大，且孔隙数增加。这是因为离焦量使激光穿透深度减小。可以通过增加线输入能量（减小焊速），使气孔率得到部分缓解。另外可考虑采用较长焦距透镜。为了增加镀锌钢板的耐蚀性，镀锌层厚度可增至 $10 \sim 20\mu m$，此时激光焊接工艺参数也应作相应调整。例如，同时采用同轴吹气和侧向吹气，提高激光线输入能量；采用 CO_2 和 He 作辅助气体；采用脉冲激光焊接以及采用保护槽板等来维持锌蒸气的措施。采用侧向吹气可抑制锌蒸气的等离子体的

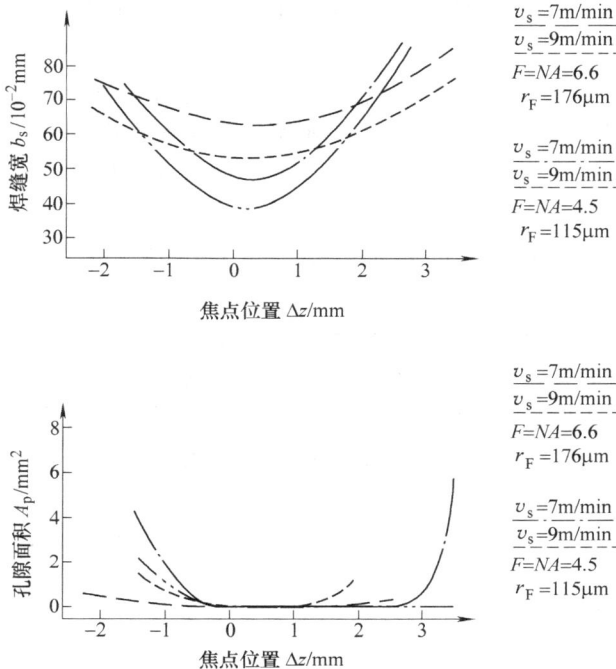

图 3-55　焦点位置对焊缝质量的影响

形成，采用高激光输入能量和大离焦量以及使用 CO_2 作辅助气体可使激光焊接过程时锁孔稳定。

Imhoff. M 在研究对镀锌板的激光焊接过程中，采用了多折孔和旋转气流阀来改善镀锌板的焊接质量，如图3-56 所示为保护板刻槽的深度及间距对焊缝气孔数的影响。

此时的激光焊接工艺参数如下：

激光功率：3kW

焊接速度：$1.5 \sim 4$m/min

叶片数：8

叶片转速：3000r/min

焊接板厚：0.9mm

辅助气体：90% O_2 和 10% Ar（体积分数）

采用 O_2 和 Ar 混合气，利用氧和氩混合气作辅助气体，能提高镀锌板的焊接质量。焊缝质量好是因为采用氧和氩混合气作辅助气体，在焊接时能形成锌氧化合物而阻止了锌的蒸发损失。

对镀锌板的激光焊接进行拉伸试验，试验结果表明：激光焊接采用 Ar 作辅助气体时，焊缝的抗拉强度为 11.3MPa，

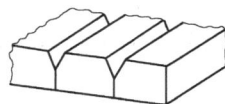

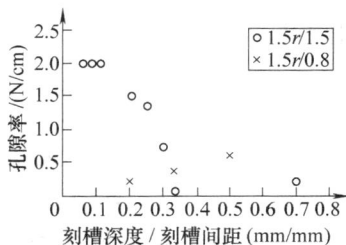

图 3-56　保护板刻槽的深度及间距
对焊缝气孔数的影响

而采用 O_2（90%）和 Ar（10%）混合气体时，其抗拉强度上升至33.6MPa。

　　镀锌钢板的激光焊接常采用添加填充料的焊接方式（激光钎焊）。但另一方面，为了简化激光焊接工艺过程，不采用添加填料时，则必须考虑一个合适的镀锌板的配合间隙。

　　在镀锌板的激光焊接中，由焊件配合间隙造成的焊缝凹陷程度与焊接时的凝固收缩力成正比。假定配合间隙为 g，则可得到如下关系

$$A\beta\Delta Twt_p = gt_p$$

所以　　　　　　　　　　　　　　　$g = A\beta\Delta Tw$　　　　　　　　　　　　　　（3-15）

式中，β 是材料的膨胀系数（m/℃）；ΔT 是温度差（近似为 T_m）（℃）；w 是焊缝宽度（m）；A 是常数。

　　如果考虑镀锌板的激光搭接焊，对这种情况需考虑焊接时高压锌蒸气的排出。锌的沸点为906℃，而钢的熔点是1535℃，这时焊接的锁孔甚至会成为一个加热器，所以当焊接锁孔进入到镀锌层与钢基体的界面时，会使锌蒸气突然膨胀而导致焊缝不连续。

　　Akhter 在研究对激光焊接镀锌板的锌蒸气完全排除所需的配合间隙时有一个计算，对于搭接焊有

$$B\beta\Delta Tw2t_p = gw$$

所以　　　　　　　　　　　　　　$g = B\beta\Delta T2t_p$　　　　　　　　　　　　　　（3-16）

式中，B 是常数。

每秒钟在焊接中产生的锌蒸气体积为

$$2(w+2b)\, vt_m\rho_s/\rho_v$$

假定锌蒸气以速度 v_2 从焊接熔池中排出，则锌蒸气从间隙中排出的速度为

$$v = \frac{v_2\pi\,(w+2b)\,g}{2}\qquad\qquad\qquad(3-17)$$

式中，v_2 是锌蒸气速度。

　　根据熔池中锌蒸气产生的体积和排出的速度可以得到

$$v_2 = \frac{4t_{Zn}v\rho_s}{\pi\rho_v}$$

式中，t_{Zn}是达到锌蒸发所需的时间。

另一方面，锌蒸气从间隙中排出的速度还与锌蒸气气压有关，即

$$v_2 = \sqrt{\frac{2\Delta P_{12}}{\rho_v}} = \sqrt{\frac{2\rho_1 gt_p a}{\rho_v}}\qquad\qquad(3-18)$$

这里 $\Delta P_{12} = \rho_1 gt_p a$。

于是有

$$g_{lim} = \frac{4t_{Zn}v\rho_s}{\pi\sqrt{2\rho_v\rho_1 gt_p}}\qquad\qquad\qquad(3-19)$$

　　图3-57所示为钢板配合间隙与焊接强度比的关系。图3-58所示为镀锌板的锌含量与焊接强度的关系。图3-59所示为含锌量为 $40g/mm^2$ 的激光焊缝截面。

3.5.2　铝和铝合金的激光焊接

　　铝合金在汽车工业上的应用越来越多，早在20世纪80年代，许多科学技术人员就已研究了铝及铝合金的激光焊接，铝合金的激光焊接与钢的激光焊接不同。文献［24］作者研究

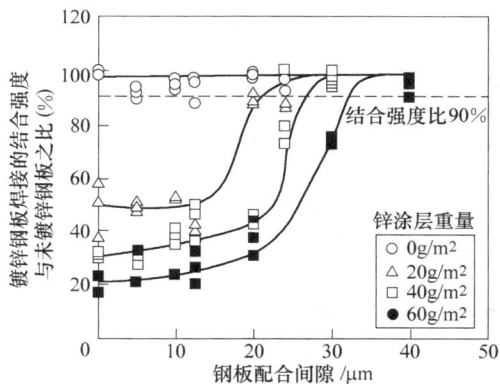

图 3-57　钢板配合间隙与焊接强度比的关系

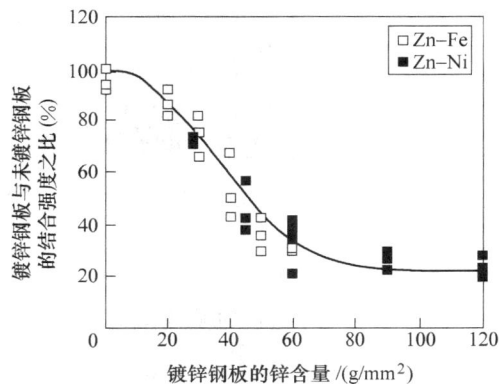

图 3-58　镀锌板的锌含量与焊接强度的关系

了激光焊接工艺参数对铝合金焊接质量的影响。图 3-60 所示为 6056 铝合金不同焊速下的激光焊缝截面；图 3-61 所示为不同离焦量下 6056 铝合金激光对焊缝气孔的影响（焦距为 150mm，$F = NA = 7.1$）。

从图 3-61 中可以看到，采用 ±0.5mm 的离焦量可得到较小的气孔率。如果采用 200mm 长焦距，则离焦量控制在 ±1mm。当光束入射角在 10°～15°时，对气孔率的影响不是很大，一旦超过了 25°则对气孔的影响很大。采用 ±10°入射角可得到较好的焊缝质量。对激光焊接 1.25mm 厚的铝合金板进行拉伸强度试验，结果表明焊缝区的张力强度达到 2300MPa。

在铝合金激光焊接中，提高焊缝塑性、减少气孔是提高焊接强度和质量的重要途径，故要优化焊接工艺参数（如激光功率、焊接速度、离焦量及辅助吹气等）。图 3-62 所示为铝合金激光焊接速度与激光功率的关系。

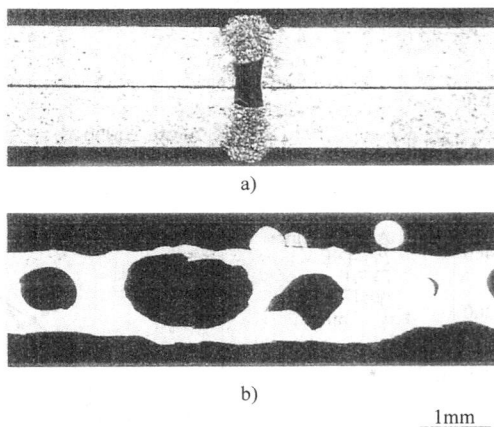

图 3-59　含锌量为 40g/mm² 的激光焊缝截面

a) 焊接金属的横截面　b) 焊接金属的纵向截面

由于铝及铝合金表面对 CO_2 激光的反射率很高，因此在进行激光焊接时必须提高单位长度上的激光功率密度。另外在焊接铝合金时，随着温度的升高，氢在铝合金中的溶解度急剧增加，使之容易形成气孔。另一种产生气孔的原因是表面氧化膜。图 3-63 所示为 21219 和 7475 铝合金焊缝截面组织照片。

为了减小铝合金激光焊接中气孔、裂纹等缺陷，可以从以下几个方面入手：

1）优化激光焊接工艺参数（如激光功率、焊接速度、离焦量及辅助吹气等），提高焊接速度，加快焊接过程中的凝固速度，减少气孔的形成，选取合适的离焦量和光束入射角。

2）采用 He + Ar 的混合气体作辅助气体。

3）采用填充料方式。

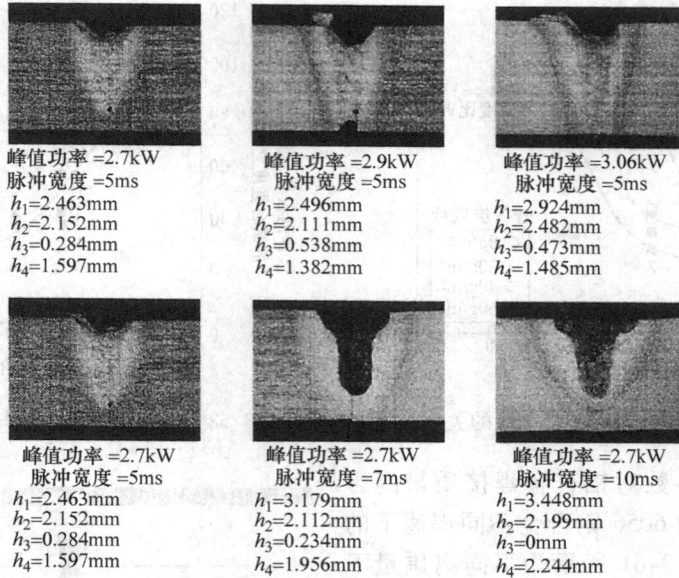

峰值功率 =2.7kW
脉冲宽度 =5ms
h_1=2.463mm
h_2=2.152mm
h_3=0.284mm
h_4=1.597mm

峰值功率 =2.9kW
脉冲宽度 =5ms
h_1=2.496mm
h_2=2.111mm
h_3=0.538mm
h_4=1.382mm

峰值功率 =3.06kW
脉冲宽度 =5ms
h_1=2.924mm
h_2=2.482mm
h_3=0.473mm
h_4=1.485mm

峰值功率 =2.7kW
脉冲宽度 =5ms
h_1=2.463mm
h_2=2.152mm
h_3=0.284mm
h_4=1.597mm

峰值功率 =2.7kW
脉冲宽度 =7ms
h_1=3.179mm
h_2=2.112mm
h_3=0.234mm
h_4=1.956mm

峰值功率 =2.7kW
脉冲宽度 =10ms
h_1=3.448mm
h_2=2.199mm
h_3=0mm
h_4=2.244mm

图 3-60　6056 铝合金不同焊速下的激光焊缝截面

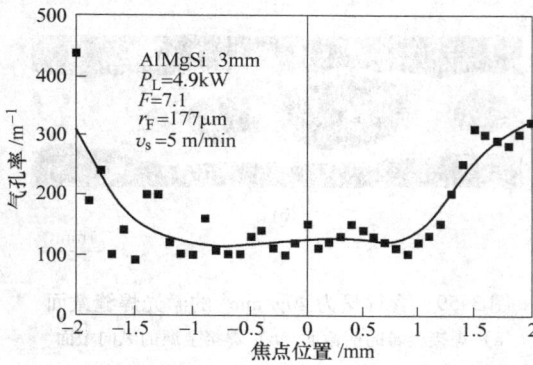

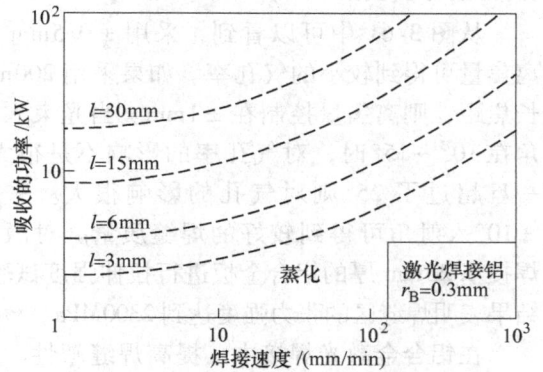

图 3-61　离焦量对气孔的影响　　　　图 3-62　铝合金激光焊接速度与激光功率的关系

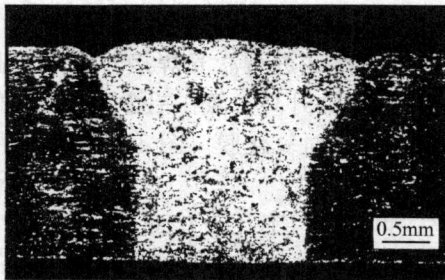

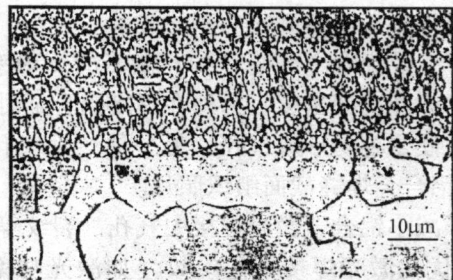

a)　　　　　　　　　　　　　　b)

图 3-63　激光焊接铝合金

a）21219 铝合金激光焊缝形貌　　b）7475 铝合金激光焊缝形貌

　　4）采用复合焊接方式。

　　在铝合金激光焊接中，辅助吹气一般采用 He 或 Ar 混合气体，一般采用 Ar + He 混合气体效果较好，He 和 Ar 的混合可以有效地抑制焊接时的光致等离子体。

3.5.3　钛合金的激光焊接

　　钛合金因其高的强重比而广泛应用于航空、航天工业。它是制造卫星、宇宙飞船、航天飞机和现代飞机中不可缺少的材料。特别是可热处理强化的（α + β）型钛合金，如 Ti-6Al-4V，其力学性能变化范围大，当温度超过 400℃ 时仍可维持较高的强度和稳定性。因此，其用量很大，几乎占钛合金总用量的一半。Ti-6Al-4V 以往常采用电子束焊，但电子束焊接必须在真空中进行，而激光焊接可在大气中进行，且焊缝的深宽比远大于 1。图 3-64 所示为不同焊速对钛合金焊缝截面形状的影响。

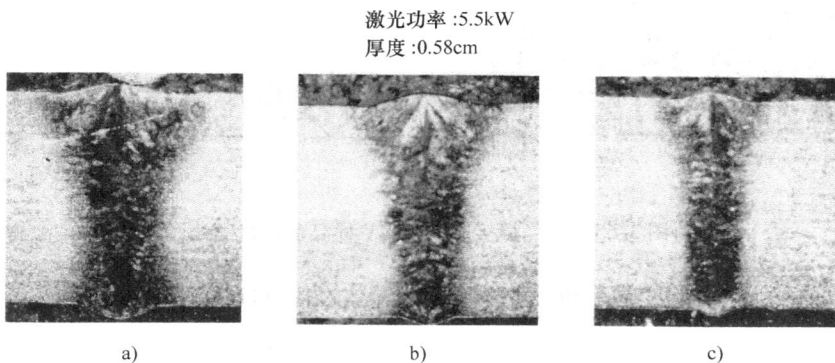

激光功率:5.5kW
厚度:0.58cm

图 3-64　不同焊速对钛合金焊缝截面形状的影响

a）17.8mm/s　b）24.1mm/s　c）33.4mm/s

　　在激光功率为 4.7kW 时，焊接 1mm 板厚的钛合金，最高焊速可达 15m/min。

　　从图 3-64 中可看到，在低焊速时，焊缝组织呈粗粒组织结构，随着焊速的增加，焊缝组织呈细化致密的组织结构。

　　钛合金的激光焊接，氧气的熔入对焊接接头性能有不良的影响，但在焊接时吹氩气保护，则焊缝内氧不会显著变化。经检测证明，激光焊接前 Ti-6Al-4V 母材中氧的质量分数为 0.32%，经激光焊接后为 0.325%，可见焊接前后氧含量变化不大。

　　Banas 等人进行 Ti-6Al-2S-4Zr 合金的激光焊接和 TIG 焊接时，研究了焊缝的拉伸性能和弯曲半径，分析了焊缝区和热影响区组织，用扫描电镜观察了拉伸试样的断口形貌，并分析了焊后热处理工艺对焊接接头强度、最小弯曲半径和焊缝组织的影响。研究结果表明，激光焊接高温钛合金，可获得强度和塑性良好的焊接。

　　E. Akman 等人采用脉冲 Nd：YAG 激光对 Ti-6Al-4V 钛合金进行焊接，研究了激光焊接的工艺参数。表 3-9 列出了 Ti-6Al-4V 的化学组成。

　　图 3-65 所示为激光焊接 Ti-6Al-4V 的显微结构图，图中显示出在焊接区原先的 β 晶粒取向发生了变化，在焊接区上部区域，晶粒为等轴晶，晶粒从侧壁扩展到焊球的顶部。在焊区中部，晶粒沿焊接方向展开，焊接区下部的晶粒沿垂直熔融区壁取向，并扩展到焊区中心。Ti-6Al-4V 的显微结构表明，其基体结构为伴有 β 相的 α 钛的晶粒结构，纯钛的基体是

等轴 α 钛结构。表 3-10 列出了激光焊接件及基体的力学性能。

表 3-9　Ti-6Al-4V 的化学组成

材　料	C	Fe	N₂	O₂	Al	V	H₂	Ti
成分（质量分数）	<0.08%	<0.25%	<0.05%	<0.2%	5.5%	3.5%	<0.0375%	其余

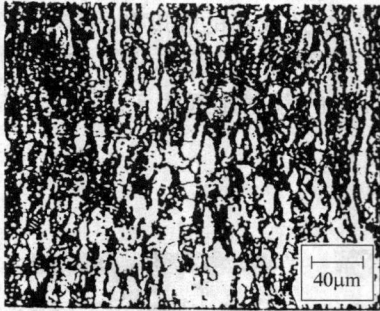
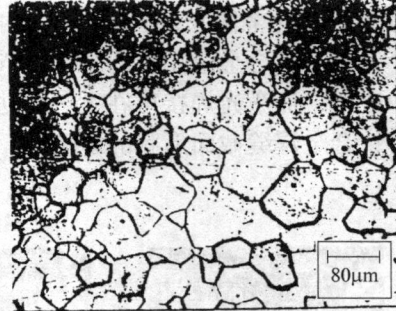

a)　　　　　　　　　　　　　　　　b)

图 3-65　激光焊接 Ti-6Al-4V 样品的显微结构

表 3-10　激光焊接件及基体的力学性能

		屈服强度/MPa	极限强度/MPa	截面收缩率（%）	伸长率（%）
Ti-6Al-4V	基件	1006	1070	40.0	17.4
Ti-6Al-4V	焊接件	992	1047	9.3	6.7
Ti	基件	361	474	67.5	28.0
Ti	焊接件	361	468	71.8	21.6

3.5.4　激光焊接汽车组合齿轮

早在 20 世纪 70 年代意大利菲亚特汽车公司就开始采用激光焊接汽车齿轮。郑启光等人在 1987 年研究了激光焊接汽车组合齿轮。

图 3-66 所示为激光焊接得到的汽车组合齿轮的照片。激光焊接齿轮具有焊速快、效率高、焊缝窄、热影响区小、变形小等优点。除了电子束焊接以外，没有任何焊接方法与之相比，然而电子束焊接需要超尺寸的真空室和等待时间，且产生 X 射线，对操作人员不利，故激光焊接是汽车组合齿轮焊接的有效手段之一。目前激光焊接齿轮已在意大利菲亚特、美国福特、德国奔驰等大汽车公司运行多年，国内也有汽车公司开始采用。

3.5.5　汽车车身板的激光拼焊

图 3-67 所示为汽车车身剪切板的激光焊接示意图。

在汽车车身和底板的激光焊接中，因汽车车身形状复杂可采用激光拼焊技术，激光拼焊可使不同形状、材质、厚度，甚至不同覆层的钢板在生产中实现成形工艺性和结构强度的最佳组合。这不仅优化了汽车用的钢板用材，减轻了轿车重量，而且简化了冲压工艺，提高了材料的利用率，节省了费用，易于实现生产柔性化。激光焊接范围为汽车车身（包括上、下盖板，侧围板，车门等）和汽车底板。例如日本的丰田、美国的通用、德国的奥迪等汽车公司都在汽车车身生产线上采用了激光拼焊技术。

图 3-66 激光焊接汽车组合齿轮

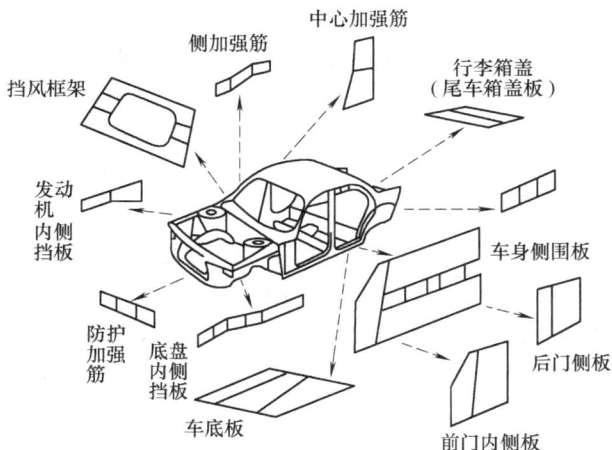

图 3-67 汽车车身剪切板的激光焊接示意图

3.5.6 金刚石锯片的激光焊接

金刚石锯片广泛应用于石材加工、建筑施工、高速公路及飞机场跑道的切割或切缝。金刚石锯片的传统制造方法主要是电镀、钎焊、烧结。锯片的钎焊，是将刀头与基体的结合面采用钎料熔化渗透而连接的。钎焊的结合强度较低，承载能力差，在高速切割特别是干切时，锯片受热到高温使钎料软化，导致刀头脱落，易造成意外事故，伤害操作人员。

近年来，世界各国对锯片使用的安全性、可靠性、降噪环保等各方面要求越来越高。而采用激光加工技术有利于解决金刚石锯片的结合强度低、噪声高等问题。

激光焊接金刚石锯片，具有焊缝细、热影响区较小、刀头与基体结合强度大等优点。激光焊接金刚石锯片已成为提高金刚石刀具产品质量、生产效率和自动化程度，增强产品效益的重要生产技术。图 3-68 所示为金刚石锯片结构。

1. 金刚石锯片激光焊接用的刀头及制作工艺

成功地实现金刚石锯片的激光焊接要满足如下条件：①选择合适的锯片基体材料和刀头材料及刀头与基体间过渡层材料；②优化激光焊接工艺参数。

（1）金刚石锯片基体和刀头 图 3-69 所示为金刚石锯片基体示意图。锯片基体是金刚石锯片用来支撑切割刀头的刚性主体部分。金刚石锯片工作时会受到强烈冲击和振动，所以刀头基体必须选择强度高、不易变形、耐冲击

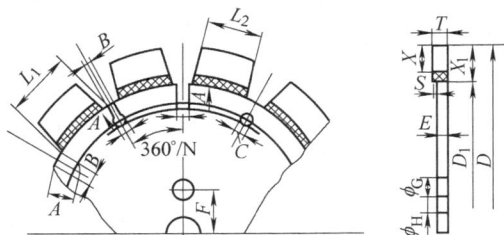

图 3-68 激光焊接金刚石锯片结构

A—槽深	H—基体内孔直径
B—槽宽	L_1—基体齿长
C—槽孔直径	L_2—刀头长度
D—圆锯片名义直径	S—侧隙
D_1—基体直径	T—刀头宽度
E—基体厚度	X—刀头金刚石层宽度
F—定位孔中心距	X_1—刀头总高度
G—定位孔直径	X_1 – X—刀头非金刚石层高度

的高强度钢材。传统金刚石锯片当采用高频焊接时，常选择 65Mn、60SiMn6、8CrV、T10、T12 等合金钢来制作基体，但这类材料在激光焊接时因激光快速加热和冷却，易形成高碳马氏体。故为了适应激光焊接的要求，金刚石锯片基体多采用低碳合金钢，例如 30CrMo、50MnZn、28CrMo 等。

激光焊接试验研究表明，对 $\phi 300mm$ 以上的金刚石锯片，其基体采用 50Mn 钢，这种钢含碳量比 65Mn 低，刚性比 30CrMo 高，且耐磨性好，变形小，易矫平。

（2）金刚石刀头过渡层　在激光焊接过程中，激光作用温度超过材料熔点，被焊金属将发生熔化，而金刚石在这样高温条件下易石墨化。因此，为了保证刀头与基体材料的焊接性能，需要在基体与刀头（锯齿）间加入过渡层，过渡层厚度在 1.5～2mm。

图 3-69　金刚石锯片基体示意图
A—平形边半圆基底窄水槽形
B—平形边半圆基底宽水槽形
C—平形边匙孔形水槽

激光焊接时，过渡层熔化，基体和刀头与过渡层结合处部分熔化，熔化后的金属液体相互融合，冷却后形成了焊缝，因此激光焊接与过渡层的性能密切相关。

过渡层配方可选用单元素 Co、Ni，二元合金 FeCo、FeNi、CoNi、FeCr 等，也可选用三元素。Ni 的韧性好，烧结温度在 860～1020℃，密度可达 8.55～8.65g/cm³，硬度为 97～102HRB；FeCo 组分的烧结温度在 760～960℃，密度为 7.84～7.9g/cm³，硬度为 94～97HRB，平均抗弯强度为 39N/m²；而 CoNi 的烧结温度高达 1040～1200℃，密度高达9.32～9.44g/cm³，硬度为 107～108HRB，平均抗弯强度为 43N/m²。

实践证明，钴粉有很好的激光焊接性能，但由于价格昂贵，所以一般选用特殊的钴混合物，在试验中还发现，WC 虽能增加焊缝和过渡层的耐磨性，但含量过高会导致空洞及掉渣等焊缝缺陷，严重时还会引起脆断。为解决过渡层较金刚石易磨损、在切割过程中常先断裂的矛盾，可在过渡层材料中加入少量的 Mn 和 Cr，这些元素，不仅能产生固溶强化，增加耐磨性，而且还能减少气孔。采用 880W 激光功率，焊接速度为 25mm/s。离焦量 −0.2mm，双面焊接，试验结果表明，断裂几乎全都发生在刀头，极少数发生在激光焊缝处。表 3-11 列出了几种过渡层材料焊缝强度的比较。

表 3-11　几种过渡层材料焊缝强度的比较　　　　（单位：MPa）

材　料	1	2	3	4	5	6	7	8	9	10	平　均
Co 基	1073	1303	803	1009	993	852	955	1030	1020	980	1005
Fe 基	839	803	617	779	856	689	953	827	902	745	801
Ni 基	666	599	668	566	716	784	784	813	656	696	693

（3）金刚石刀头粉末冶金材料　在选择金刚石刀头粉末冶金材料时，应考虑到刀头要具有高硬度、高耐磨性、抗冲击性以及不会使刀头断裂和脱落的要求，此外，还要考虑到刀头与刀基的激光可焊性。

为了获得适合激光焊接高密度、高强度的烧结体，可以选择纯度高、活性大、粉度细、基本呈球形的碳基粉末。目前，适于激光焊接金刚石锯片应用的金属粉末主要有：Fe、Co、Ni、Cu、663Cu、W、Ti、Mn、Si、Al 等。

铁基粘结剂具有较高的力学性能，对金刚石和骨架材料有较好的润湿性，成本低廉，约为钴粉的1/40。铁（Fe）有双重作用，一是与金刚石形成渗碳体型碳化物，二是与其他元素合金化，强化胎体。选择合适的铁基刻蚀金刚石可增大结合剂与金刚石间的结合力。通过合理选择胎体的性能指标，可以保持金刚石有较小的强度损失。

钴基粘结剂的综合性能好，例如，有好的成形性与可烧结性，对金刚石粘度大，润湿性好，韧性好及自锐性好等。但钴的价格较高，为了降低成本，一般以价格便宜，性能与钴差别不大的铜、铁、镍等元素为主，再辅以钴来改性。

镍是面心立方结构，有十分好的延展性、韧性和抗氧化性，与铜可以互溶。镍高温烧结时与金刚石的内界面几乎不发生反应，一般而言，任何一种粘结剂，都要有一定数量的镍，镍不仅可以改善粘结剂的性能，还有起到抑制铜基低熔点金属或合金流失的作用。

铜和铜基在金刚石粘结剂中是应用最多的。铜合金粉多呈球状或不规则状，具有高流动性、较低的烧结温度、好的成形性和可烧结性，且与其他元素相容性好。纯铜对碳化物和骨架材料的相溶性很好，例如 W 和 WC 等，另外，虽然铜对金刚石几乎不润湿，但加入某些微量元素，可以使铜对金刚石的润湿性大幅度提高。

目前，国际上大多数金刚石锯片和其他金刚石工具除了用钴粉外，都已经开始应用预合金粉末，胎体金属粉末预合金化，就是按照设计的胎体配比在烧结之前，首先熔炼成合金，然后雾化成所需粘度的胎体粉末，再与金刚石混合烧结成金刚石锯片刀头或其他金刚石刀具的。试验证明，通过预合金化可制备具有组织均匀、熔点低、易烧结、对金刚石具有良好的润湿与粘结性能的预合金化粉末。金属粉末预合金化还有利于防止金属粘结剂在烧结过程中低熔点金属过早流失与偏析，提高烧结粉末的致密性、均匀性、弹性极限和屈服强度，增强对金刚石的把持力。同时，通过在预合金粉末中添加强碳化剂形成元素 Ti 和 Cr 等，使合金粉末具有较强的润湿与粘结金刚石的能力。利用预合金粉末的低熔点及成分的均匀性可调整和控制金刚石锯片的整体性能，具有非常广阔的应用前景。

熔融 WC 粉末主要用于金刚石刀头的制造，与金属胎体材料混合可以增加刀头硬度和耐磨性，有利于切割硬质材料，例如新浇注的混凝土和沥青。

（4）激光焊接金刚石锯片的配方设计 激光焊接金刚石锯片在设计金刚石工具的块状胎体配方时，要考虑被切割对象的特点，例如，切割公路混凝土时要考虑公路混凝土中夹杂大量石头，石块硬度高、极难切割的特点，这就要求选择耐磨性高的结合剂。设计胎体配方时，既要考虑金属粉末对锯片性能的影响，又要考虑对金刚石和激光烧结工艺的影响。

金属粘结剂金刚石锯片配方包括胎体配方和金刚石的选择。

1）胎体配方。胎体配方包括骨架材料、粘结剂、低熔点元素和其他碳化物形成元素以及提高胎体力学性能的其他微量元素。

骨架材料要求选择高熔点材料，它是胎体的硬质点，并具有高硬度和耐磨性，例如，选择 WC 材料。KFA 粉末是胎体配方中另外一种骨架材料，它由 WC 和 Co、Ni 等元素混合制成。

在设计金刚石粘结剂材料时，既要考虑它的优良力学性能又要兼顾它对金刚石有较好的润湿特性。

国内外用得最多的粘结剂是钴粉，它具有耐磨性，烧结性能好，机械把持力强，所以具有高的切割效率，由于钴价格昂贵，且属于短缺金属，故也常常采用铜及其合金作粘结剂材料，为了提高铜基合金胎体性能，通常还加入一些其他元素以降低烧结温度，改善润湿性能。此外在铜基合金中加入 WC 或 W_2C 作骨架金属，以提高其硬度和耐磨性。

2）金刚石的选择。金刚石的选择与胎体配方要相匹配，金刚石锯片刀头的切割性能取决于金刚石浓度、粒度、品级等因素。在设计锯片刀头时，要选择切割效率高、使用寿命长、综合成本低以及与粘结剂匹配好的金刚石。

国外的锯片刀头多采用高品质的金刚石，如 SDA85、SDA85 +、SDA100、MBS950、MBS960、MBS970 等。

（5）金刚石锯片刀头的制造工艺　激光焊接金刚石锯片的工艺流程为：制粒混料→冷压成形→热压烧结→磨弧→焊接→修磨→开刃整形。具体工艺流程为：根据确定配方制备胎体用的金刚石层、过渡层粉料，在混料机上混合 8h 左右，使粉料混合均匀，再把粉料倒入搅拌机内，加入一定量的酒精、丙酮、粘结剂，使粉料变成有一定湿度和粘度的团状块，再将这些团状块倒入制粉机中制成近似球形的小颗粒；然后再在冷压机上预压出比成品刀头略薄、略窄，高度方向为成品刀头高度 1.3 ~ 1.5 倍的预制刀头，再把预制刀头装入石墨模，在热压机中烧结成所需形状的刀头，在磨弧机上磨成所需方向弧度，然后在激光焊接机上焊接成圆锯片。

关于粘结剂和胎体材料的选择在前面已经详细论述，在这里重点介绍冷压成形和热压烧结工艺。

冷压是金刚石刀头制作过程中的一道基本工序，粉末经过冷压成形便成为一定强度的压坯，压坯的形状和尺寸可以非常接近，经过预先处理的粉料装入预先装备好的阴模中，然后在冷压机上以一定压力对粉末加压。

经过冷压成形的刀头压坯再进行热压烧结（加压烧结）。热压烧结可把冷压成形的刀头坯体加热到正常烧结温度，经过一定时间烧结成致密而均匀且具有一定强度的预制刀头。在热压烧结时要选择优化的烧结温度和烧结时间。实践发现，采用 22MPa 压力，烧结温度在 400℃，保温一段时间然后升至 600℃，保温约 3min 可烧结出致密均匀且强度高的刀头。

2. 金刚石锯片激光焊接

金刚石圆锯片的激光焊接是将金刚石刀头焊在锯片基材上，它属于异种材料的焊接。其焊接质量取决于激光功率、焊接速度、接点位置、偏移量及保护气体流量等因素。

在激光焊接前，刀头与基体均应除油，清洁，除水，以减少焊接气孔。

（1）金刚石锯片激光焊接工艺

1）激光功率。激光功率反映为激光功率密度，是决定焊接深度的主要参数。当锯片规格一定时，焊接深度随激光功率的提高而增加，但激光功率过高，熔体流动过于激烈，会导致空洞的出现，严重时会削弱焊缝承载面积，且焊缝过宽，会破坏焊接外形，影响外观，同时严重烧损过渡层的合金元素，使过渡层热影响区晶粒粗大，呈疏松状，降低了过渡层的物理和力学性能。即使在焊后检验中能达到所需的强度，在锯片切割过程中也会因应力集中，裂纹在孔洞处扩展，出现明显的疲劳断裂特性。激光功率太低，焊接深度浅，不能焊透，且焊接强度低。唐霞辉等人采用 1kW 左右激光功率，双面焊接基本厚度 2mm 的金刚石锯片，得到了较好的焊接效果。

在一定激光功率下，有一最大板厚，功率越高，允许焊接的速度越快，生产效率越高。表 3-12 列出了不同规格锯片的激光焊接工艺参数。

表 3-12　不同规格锯片的激光焊接工艺参数

规格/mm	$\phi 105$	$\phi 230$	$\phi 300$	$\phi 350$	$\phi 400$	$\phi 500$
基体厚度/mm	1.3	1.8	2.0	2.2	2.8	3.2
激光功率/W	720~800	800~900	920~1000	1000~1200	1200~1350	1400~1500
焊接速度/(mm/s)	35~50	20~30	12~18	12~15	9~12	7~10

2）激光焊接速度。当激光焊接功率一定时，焊接速度就成为影响焊缝强度的主要因素。在激光金刚石锯片焊接中，焊接深度与焊接速度成反比，焊接深度及焊缝宽度随焊接速度的加快而减小。若焊接速度太快，气体来不及逸出，焊缝中易产生气孔，且熔深浅，不能焊透；如果焊接速度太慢，焊缝热影响区因过热使晶粒粗大变脆，工件变形也大，还会使材料熔化过快，热影响加大，甚至气化，刀头材料严重烧损而穿孔，降低刀头的焊接强度。

确定焊接速度的上限是为了防止金属未熔透和自淬速度过快以致不能流动和融合，否则，熔化金属会趋于仅沿被焊工件顶端形成焊珠。而焊速到达低限焊速且低至一定值时，激光穿透等离子体到达小孔底部的激光功率密度过小，不足以气化材料，蒸气压不足以维持小孔，小孔崩塌，焊接过程变为热传导型，过量的热传导引起焊缝向侧向扩展，过多的功率吸收还会引起材料局部蒸发损失。

对于给定的激光功率，存在一个维持深熔焊接的最低焊接速度，在此最低焊速下的熔深为给定焊接条件下的最大熔深。图 3-70 所示为焊缝深度、宽度与焊速的关系。熔深、缝宽均随焊速增加而减小，当焊速大于 15mm/s 时，焊缝深宽比大于 1。

激光功率与焊速影响焊接深度和焊缝宽度，进而影响焊缝强度。当焊速一定时，焊缝强度有一临界区。当激光功率低于下限值时，焊缝强度随功率的增加而增加，这是因为随功率的增加，焊接深度增加从而使焊接强度增加。当激光功率大于临界区的上限时，强度反而随激光功率的增加而降低。这可能解释为，过高的功率烧损了焊缝区的合金元素，空洞增多，使焊缝强度和力学性能下降。

3）离焦量。当焦点位于工件表面之上时称为正离焦；反之，当焦点落入工件表面之下时称为负离焦。为了获得好的焊接效果，通常采用负离焦。

研究结果表明，当焦点远离工件表面或负离焦量太大时，焊缝熔深浅，深宽比小。图 3-71 所示为锯片焊接深度与离焦量的关系。从图中可看出，当采用负离焦量 1mm 时可得到最大熔深。

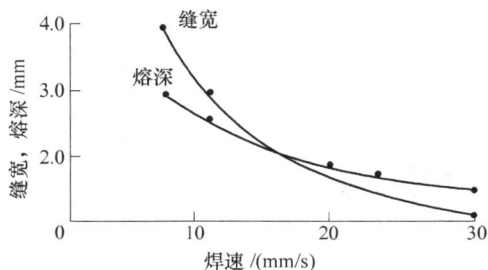

图 3-70　焊缝深度、宽度与焊速的关系

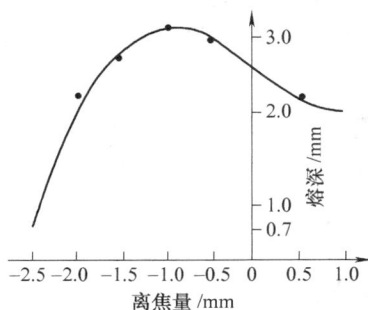

图 3-71　焊接熔深与离焦量的关系

4）焊接方式及光束偏移量。在激光焊接金刚石锯片时，由于刀头比基体厚，属于两种

不同厚度材料的焊接，此时，激光束作用位置应略偏向基体一侧，并带有一定的角度，以获得角焊效果。激光入射角一般选在 4°~11°。又因为刀头是粉末冶金材料，焊接时会产生飞溅，污染光学透镜，焊接时光束不能直接作用在刀头与基体的结合处，而是偏向基体一侧，将激光入射点与焊缝中心线的距离称为光束偏移量。研究结果表明，光束偏移量对焊缝气孔形成影响很大，合适的偏移量可以减少焊缝内的气孔，从而提高焊接强度。光束偏移量太大，虽焊缝外观漂亮，但可能造成刀头未焊上或焊深浅，实际为假焊；若偏移量太小，则气孔多，影响焊缝外观质量，也影响焊缝强度。有人研究了光束偏移量对激光焊接效果的影响。试验中采用激光功率 680W，焊接速度为 1m/min，焦点置于工件表面，保护气流量为 2.5m³/h。

5）保护气体流量及等离子体的控制。在激光焊接中，保护气体的流量也起重要作用。保护气体不仅可保护焊接区不被氧化，而且还用来保护聚焦透镜，避免其受到金属蒸气污染和液体熔滴的溅射。气流量太小，起不到保护作用，焊缝被氧化，呈脆性；气流量太大，易吹翻熔池，使焊接过程不稳定，易产生凹凸不平的焊缝，并常形成孔洞，使焊缝强度降低。保护气体流量与吹气喷嘴直径、喷嘴和工件的距离有关。激光焊接时还可抑制激光焊接过程产生的等离子体，因而对焊接熔深有很大的影响。保护气体流量通常在 2~3m³/h。

高功率激光深熔焊接时，激光与金属蒸气相互作用将其电离形成等离子体。等离子体能反射，折射，吸收入射激光束，对后继激光束起着屏蔽作用，导致激光熔池中的激光能量减少，严重时还会导致熔池中不能产生小孔效应，从而使熔深减小。在激光焊接金刚石锯片中，粉末冶金材料由于受到材料致密性的限制，相对熔炼材料而言，又会产生致密的金属蒸气，故在激光功率密度较低时，光致等离子体较弱。在高功率激光作用下，尤其是焊速较低时，也会产生较强的等离子体。因而在激光焊接金刚石锯片过程中，也要考虑抑制光致等离子体。通常采用侧吹 Ar 气来抑制等离子体。

（2）激光焊缝组织结构和显微硬度

1）激光焊缝区组织结构。激光焊缝组织结构与被焊的焊缝成分和冷却速度有关。激光焊接时，焊缝成分的不均匀性决定了其组织结构的不均匀性，极快的冷却速度会使焊缝组织细化，有助于提高焊缝组织性能。图 3-72 所示为激光焊接金刚石锯片焊缝断面的金相照片。图 3-73 所示为刀头基质、熔化区、热影响区界面处的扫描电镜（SEM）照片。由于激光深熔焊过程中的冷却速度快，熔化区为致密的细枝晶组织，热影响区内主要为淬火马氏体组织，它与熔化区之间存在一个约 10μm 的窄带过渡区。为进一步研究焊缝组织，采用能谱分析（EPMA）测定了不同区域内 Co 和 Fe 的浓度，结果如图 3-74 所示。

图 3-72　焊缝断面照片

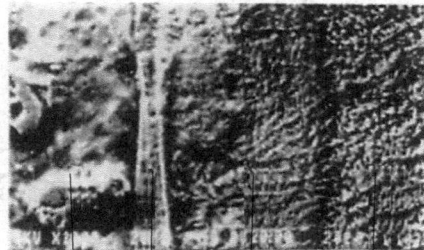

刀头基质　　窄带　　熔化区　　热影响区

图 3-73　刀头基质、熔化区和热影响区
界面处的扫描电镜（SEM）照片

由图 3-74 可见，在激光熔化区，Co 和 Fe 的分布较均匀。而在刀头与熔化区的窄带过渡区内，Co 浓度急剧下降，Fe 浓度急剧上升。这是因为在激光焊接熔池内，存在由表面张力驱动的对流，且流动速度很快（远大于焊接速度），所以 Co 和 Fe 能得以均匀混合。而在刀头基质与熔化区的交界面上则存在一个熔池流动边界层，在这个区域，流动速度很慢，其质量传输主要是通过扩散来实现的。所以在该区，Co 和 Fe 的浓度梯度很大，窄带就是这个熔池流动边界层固化的结果。图 3-75 所示为刀头

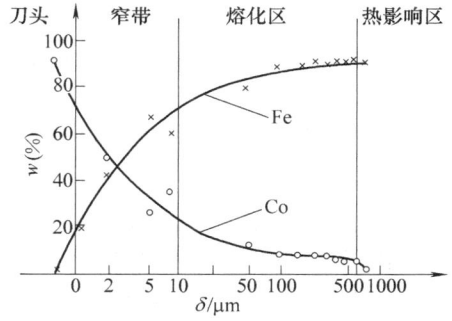

图 3-74　不同区域内 Co 和 Fe 的浓度变化

的显微组织结构，约 10% 气化，平均气孔尺寸为 0.9μm。图 3-76 所示为金刚石锯片基体的组织结构，金刚石锯片基体的组织结构是回火马氏体组织，并含有未熔碳化物，其尺寸约 0.8μm。由于锯片基体含碳量较高，冷却速度较快，使热影响区呈现出板条状马氏体组织，板条间隔约为 0.43μm。

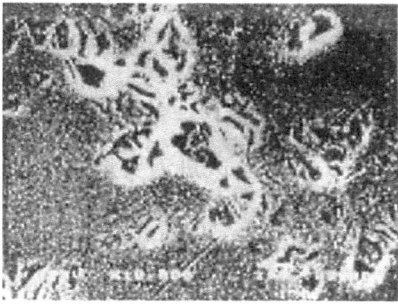

图 3-75　刀头的显微组织结构

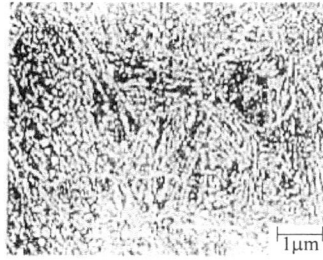

图 3-76　金刚石锯片基体的组织结构

采用 X 衍射对激光焊缝区作进一步分析，采用晶体单色 CuK 以 5% 的扫描速率对试样作 X 衍射分析，分析结果如图 3-77 所示。

分析结果表明，在焊接金属中，没有发生相转变，焊接金属中体心立方晶格峰值强度高于面心立方晶格峰值强度，故焊接中体心立方晶格是主要相。焊接金属中，主要相是孪晶马氏体。

2）激光焊缝区显微硬度分析。激光焊缝区的硬度及硬度分布是焊缝性能的一个重要指标，显微硬度越高，分布越均匀，则焊接后的锯片耐磨性越高。

图 3-78 所示为激光焊缝区的显微硬度分布。从图 3-78 中可见，焊缝区的硬度高于基体硬度，刀头基质的硬度为 200HV，锯片基体的硬度约为 400HV，热影响区为淬火马氏体。在激光焊缝区，有两种硬度值 500HV 和 200HV，500HV 是孪晶马氏体，200HV 是奥氏体组织。

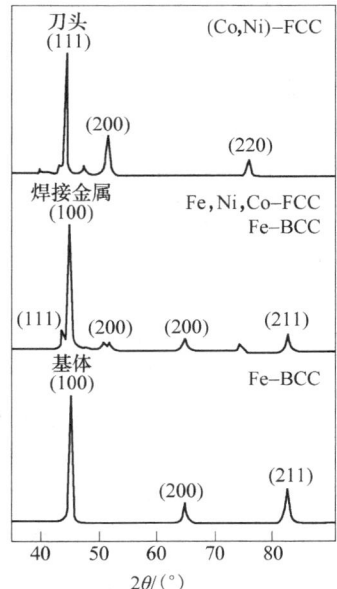

图 3-77　X 射线衍射图

但激光焊缝区的硬度低于热影响区硬度，这是因为热影响区的含碳量高于焊缝熔化区的缘故。

（3）激光焊接金刚石锯片的缺陷分析

1）气孔。在激光焊接粉末冶金材料时，最易产生气孔。气孔产生的原因一方面由于粉末冶金材料致密性低，另一方面是焊接熔池内气体来不及逸出，气孔不仅影响焊缝外观，而且更重要的是减少了焊缝有效承载面积。

图 3-78　激光焊缝区的显微硬度分布

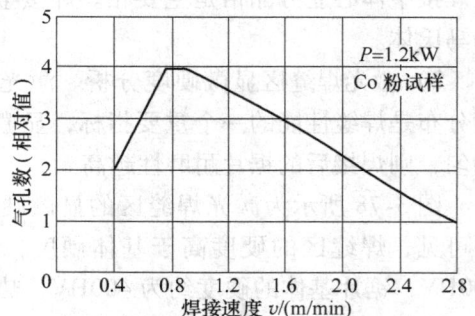

气孔呈圆形、蜂窝型和条虫型，不易产生应力集中，但降低了焊接的强度。激光焊接金刚石的焊缝区气孔大多位于刀头一侧，如前所述，气孔产生来源于刀头。很多气孔位于焊缝金属的根部，这是因为焊接过程中，熔池流动时，浮力与表面张力将金属液体由中心往外迁移，而液体重力流向相反，在高速激光焊接时，很多气体封闭在熔池内，尤其集中于根部，熔池内的气体对熔池的金属液体流造成阻碍和流动不稳定，所以两者的相互作用导致气孔的形状不规则性。对于非穿透的激光焊接，更容易在根部产生气孔，类似的性能也出现在电子束焊接中。

在金刚石锯片激光焊接中，抑制焊缝气孔可以从改善刀头配方、改进刀头烧结工艺和优化激光焊接参数三个方面入手。

① 改善刀头配方。由于刀头是粉末冶金材料，不可避免地存在大量孔隙，极易吸附空气中的水分，且内含易挥发的填充物，都会导致焊接时出现气孔，严重时还会出现孔洞。研究结果表明，加入一定的合金元素能有效地消除气孔，例如，添加 Mn、Si、Ti、Al 等与氧亲和力强的合金元素，使之在焊接过程中能有效地消除氧，减少气孔的形成趋向。

② 改进刀头烧结工艺。在锯片烧结过程中，提高烧结温度和压力，可使刀头孔隙缩小，且保温压力越高，孔隙越小。此外，刀头烧结必须进行一系列后续处理，且刀头烧结后必须在 24h 内进行激光焊接，因为刀头烧结后放置在空气中的时间太长，会受潮和氧化，这样在激光焊接时容易出现气孔和夹杂现象。因此必要时，在焊接前还需对刀头进行去氧处理。

③ 优化激光焊接工艺参数。激光功率密度对焊缝气孔形成影响很大，研究结果表明，随着功率密度的增大，气孔率增加，这是因为功率密度过高，会使焊接熔池产生湍流，焊接速度对于形成气孔也有影响。

图 3-79 所示为焊接速度与气孔数的关系。由图 3-79 可见，在焊接速度为 0.8m/min 时，气孔数最多。且在高速焊接中，小孔沿焊接方向加长，小孔开口直径增加，金属蒸气逸出，气孔数减少。

此外，焊缝中的气孔数还对光束偏移量十分敏感，选择合适的光束偏移量有利于减少气孔。例如，光束偏移锯片基体 0.15mm 时，可减少焊

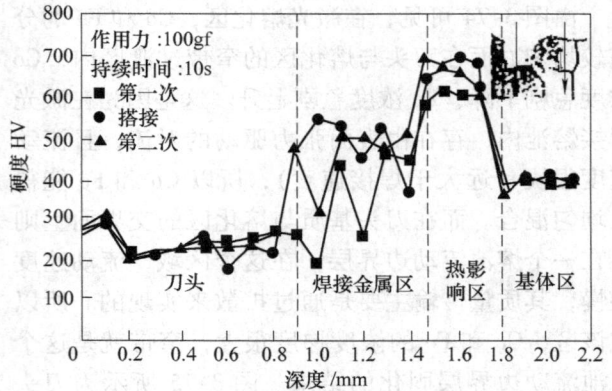

图 3-79　焊接速度与气孔数的关系

缝中的气孔数。

2）裂纹。裂纹是焊接过程出现的最严重缺陷。裂纹的形成主要是因为在焊接过程中，焊缝由于快速加热与冷却，使之处于复杂的应力状况，因应力集中而产生裂纹。另一个原因是由于成分不均匀和脆硬组织，在焊缝内快速凝固过程中，容易萌生裂纹。裂纹在金刚石锯片焊接中有三种，即：结晶裂纹、液化裂纹和类再热裂纹。

结晶裂纹与焊缝区的成分不均匀性有关。焊缝中心区是液相结晶最晚的部分，焊缝两侧的柱状晶交遇于此，同时大量低熔点杂质也堆积于此，形成中心偏析，在一定力学条件下，在这些区域便产生了裂纹。它起源于焊缝底部，然后扩展进入过渡层近缝区。焊接时，母材熔化后在熔合线处开始结晶凝固成树枝状的一次结晶组织，过渡层一侧的低熔点组分会偏析富集到枝晶界处，形成液化薄膜，在收缩应力的作用下形成裂纹。热裂纹是近缝区中过热奥氏体晶界上微孔串联产生的孔穴型开裂。另外，SEM 分析发现在胎体材料与钢基的焊缝熔合线处存在裂纹，图 3-80 所示为焊缝熔合线处裂纹。消除裂纹的方法一是优化激光焊接工艺参数，二是改善材料的成分，例如在刀头材料中添加一些 Mn、Mo、W、Cr 等元素，能有效地防止裂纹产生。

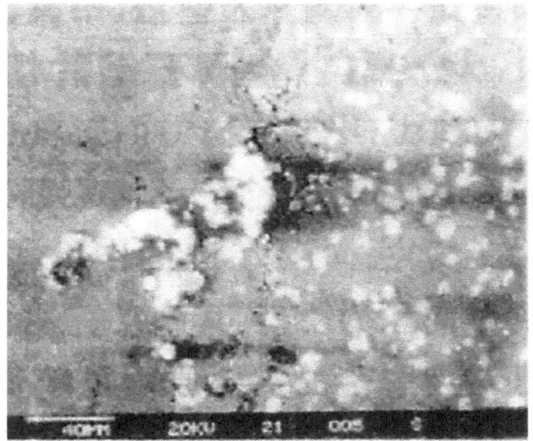

图 3-80　焊缝熔合线处裂纹

（4）焊缝强度分析　金刚石锯片的焊缝强度是锯片质量的一个重要指标，在金刚石锯片的实际使用过程中，经常出现因锯齿与基体的焊接强度不够，而出现个别锯齿断裂被甩出的现象，将严重危害操作人员的安全，为此，金刚石锯片在激光焊接后要对焊缝强度进行分析。

1）金刚石锯片切割过程中受力分析。金刚石锯片在切割过程中主要受到切向阻力 F_1 和法向阻力 F_2 的作用，由于锯片存在小幅振动，故同时还受到轴向压力 F_3。其中 F_1 使锯齿与基体产生脱落趋势，是锯齿脱落的主要原因。F_2 和 F_3 相对于 F_1 来说较小，对锯齿与基体的结合面影响不大。但在非正常切割如夹锯等条件下，F_2 也会产生一定弯曲应力，增加断齿和掉齿的可能性。如果锯片在切割过程中冷却不好，还会因剧烈摩擦产生局部高温，从而减少锯片与基体之间的结合强度，进一步增加脱齿的几率。另外值得注意的是，由于锯片切割过程是非连续过程，F_1、F_2、F_3 均为交变载荷，且产生相同频率的交变力，锯片每旋转一周，锯齿 A 就与切割工件之间产生一次切出运动，则 A 端面的焊缝 B 处的弯曲正应力就由零变化到某一最大值，然后再回到零。锯片不停地旋转，B 点处正应力就不断地重复，其示意图如图 3-81 所示。在上述交变应力的作用下，虽然最大应力低于屈服极限，但也会发生突然断裂。

2）激光焊缝强度检测。正如前述，在金刚石锯片的激光焊接中，由于气孔、裂纹等缺陷存在都会影响激光焊缝强度，在激光高速焊中易出现缺口，对 230mm 金刚石锯片而言，试验表明，当速度大于 32mm/s

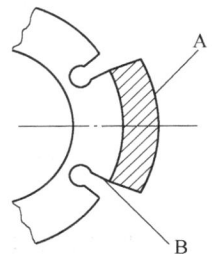

图 3-81　锯片切割
示意图

时，缺口明显，在强度检验中缺口出产生应力集中，而使焊缝强度降低。表 3-13 列出了某公司 $\phi100 \sim \phi600mm$ 金刚石锯片激光焊接的质量指标。

表 3-13　某公司 $\phi100 \sim \phi600mm$ 金刚石锯片激光焊接的质量指标

性能参数		项目指标	实测指标	国外指标
焊接强度/MPa		≥600	836	≥600
径向圆跳动/mm		0.1 ~ 0.2	0.15	0.1 ~ 0.2
端面圆跳动/mm		0.18 ~ 0.3	0.25	0.15 ~ 0.3
对称度/mm		0.1 ~ 0.15	0.10	0.10 ~ 0.15
寿命/m	大锯片	200	264	180
	小锯片	1000	1280	1200
效率/(m/min)	大锯片	0.7	0.78	0.65
	小锯片	0.7	0.84	0.75

3.6　塑料的激光焊接

塑料以往常采用超声波焊接、摩擦焊接、振动焊接以及热板焊接等技术。自从 1980 年首次采用激光对塑料进行焊接以来，塑料的激光焊接技术发展迅速，与常规焊接相比，塑料的激光焊接具有许多特点。表 3-14 列出了几种塑料焊接技术的对比。

表 3-14　几种塑料焊接技术的对比

		振动焊	热板熔焊	激光焊
形状、尺寸、结构的限制	三维形状	△	×	◎
	中小部件	×	○	○
	大型部件	○	×	○
	零件内部	×	×	◎
焊接外观		×	×	◎
焊接可靠性		○	○	○
焊接自动化		○	△	◎

注：△——一般；○——好；◎——很好；×——差。

从表 3-14 中可看到，塑料的激光焊接具有热影响小、焊接强度高、焊接质量好，以及无振动、节能、省空间、可对任一形状的空部件进行焊接、焊接过程可实现自动化等特点。塑料激光焊接与金属激光焊接相比，金属对近红外光的吸收率低，而塑料对近红外光的吸收率高，塑料的熔点低，且容易控制对激光的吸收率，因此可采用低输出激光功率、低聚焦性能的激光束来进行焊接。塑料激光焊接在国外现已经应用于汽车、电子、医疗和食品等工业领域。

3.6.1　塑料激光焊接原理及过程

塑料激光焊接过程如图 3-82 所示。塑料焊接采用两种材料，即吸收材料（如炭黑等）和能透过激光进行染料调色的透射材料。将透射材料和吸收材料重叠（见图 3-82a），从透射材料端照射激光，激光通过透射材料被吸收材料中的炭黑吸收而发热，热量使吸收材料熔化（见图 3-82b），同时由于热传导也使透射材料熔化（见图 3-82c）。在随后的自然冷却过程中，已熔化的这两种塑料粘和在一起，从而获得牢固的焊接强度（见图 3-82d）。激光焊接塑料的这种焊接方式要求这两种材料的间隙近似于零，以便使这两种材料熔化。日本本田公司拥有这种焊接方式的专利权。上述塑料激光焊接方式称透射激光焊（Through-Transmission Laser Welding），简称 TTLW 焊。在 TTLW 焊中有三种常用焊接方式：对焊、搭焊和角焊。图 3-83 所示为塑料激光角焊的照片。

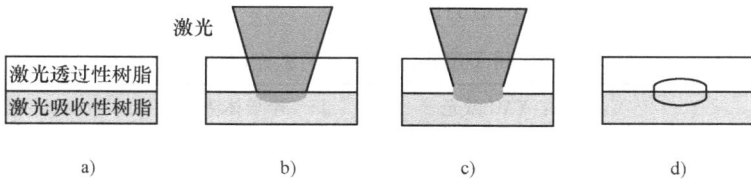

图 3-82　塑料激光焊接过程

a）透射材料和吸收材料重叠　b）激光对吸收性树脂加热

c）激光对吸收性树脂通过热传导加热　d）冷却→通过固化过程完成焊接

3.6.2　塑料激光焊接的工艺参数

在 TTLW 方式中，塑料激光焊接质量主要取决于激光入射功率、聚焦光斑尺寸、焊接速度、配合间隙以及塑料材料对激光的吸收和透过率。对于一定的激光输入功率，焊接在某种程度上与塑料的吸收特性以及对塑料件的加压等有密切关系。不同的塑料对不同激光波长的吸收不同。图 3-84 所示为塑料对激光波长的吸收特性。

图 3-83　带保护塑料的填角焊　　　　图 3-84　塑料对激光波长的吸收特性

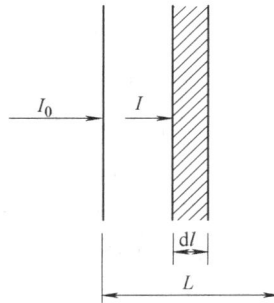

在图 3-84 中，光通过 $\mathrm{d}l$ 微小区的光强 $\mathrm{d}I$ 为

$$-\mathrm{d}I = -kI\mathrm{d}l \tag{3-20}$$

式中，k 是吸收系数（与激光波长和材料有关）；I 是入射材料 $\mathrm{d}l$ 前的光强。

这里式（3-20）的初始条件为 $L = 0$，$I = I_0$，因此可得

$$I = I_0 \exp(-kL)$$

式中，L 是板厚。

两边取对数得

$$\ln(I/I_0) = -kL$$

在实际工程的塑料激光焊接中，了解被焊接塑料对用于塑料焊接的激光波长的吸收率和透射率是非常重要的。目前非晶 PC 塑料和 PMMA 塑料能透过激光，但高结晶的 PPS 和 PBT 塑料几乎不能透过激光。在激光焊接中，对被焊接塑料件的配合及加压、对塑料激光焊接过程中温度的实时检测也非常重要。

1. 塑料激光焊接用的激光器

表 3-15 列出了用于塑料激光焊接的激光器的比较。从表 3-15 中可看到，半导体激光器的光束质量较差，但半导体激光有高的能量转换效率，由于塑料焊接要求光束质量不高，故塑料激光焊接选择半导体激光器比较适宜。

表 3-15　用于塑料激光焊接的激光器的比较

	Nd：YAG 激光	半导体激光	光纤激光
波长/nm	1064	808 ~ 980	1070 ~ 1090
输出功率/W	10000	6000	10000
光束形状	圆形	矩形	圆形
能量转换效率	约3%	30%	25%
激光束质量	一般	差	好

2. 塑料激光焊接温度的实时检测

为了保证塑料激光焊接的质量，对塑料激光焊接过程中的温度需进行实时检测。图3-85所示为塑料激光焊接温度检测示意图，塑料激光焊接温度检测的试验条件见表 3-16。

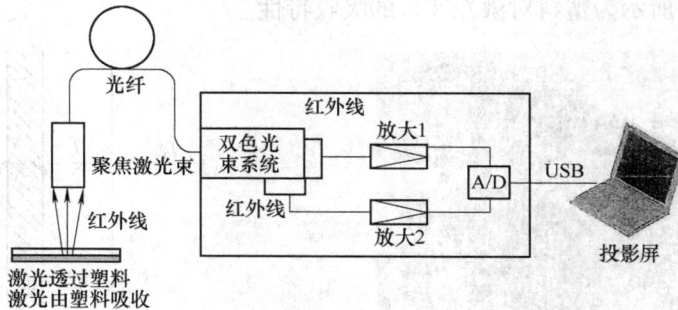

图 3-85　塑料激光焊接温度检测示意图

表 3-16　塑料激光焊接温度检测的试验条件

激光器	高输出的半导体激光器（CW）
激光波长/nm	806
最大输出功率/W	50
焊接采用的光斑尺寸	约2
焊接速度/(mm/s)	10，30，50
表测的光斑直径/mm	~2

图 3-86 所示为不同焊接速度时激光输入功率密度与温度的关系。从图 3-86 中可看到，

焊接速度越慢（10mm/s），塑料激光焊接所需要的功率越小，最小只需 4W，最多只需要 8W 即可，且焊接随功率加大温度上升速度加快。当采用 30mm/s 焊接速度时，塑料激光焊接所需的最小功率是采用 10mm/s 焊速时所需的最高功率。采用 50mm/s 焊速时，所需的最小功率要大于 10W，而最大功率可达 20W。

从图 3-86 可以看到，温度随激光输入功率密度的增加而升高，同时可看到，焊接速度越低，所需的激光功率密度也越低，焊接速度越高时所需的功率密度也越高。

图 3-87 所示为塑料激光焊接区温度与塑料焊接强度的关系，从图 3-87 中可看到，焊接点温度越高，焊接强度越大，同时可看出，焊接速度越低时，焊接强度相对要越大些。

图 3-86 不同焊接速度时激光输入功率密度与温度的关系

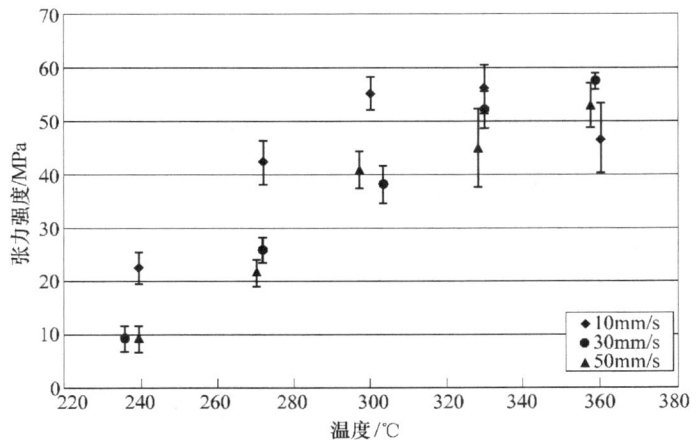

3.6.3 塑料激光焊接应用实例

近年来塑料材料在各行各业的应用越来越广泛，尤其是在汽车行业，为了减小汽车的重量，现逐渐开发出铝车身和塑料车身。而且塑料在汽车其他部件中使用也很多，因而塑料激光焊接在汽车工业中应用最多，此外在电子、医疗和食品工业中也得到应用。

1. 汽车塑料部件的激光焊接

在轿车制造过程中，塑料激光焊接主要用于车身、发动

图 3-87 塑料激光焊接区温度与塑料焊接强度的关系

机的进气歧管、灯座、油箱内的断流阀等。图 3-88 所示为汽车发动机进气歧管的激光焊接。汽车发动机进气歧管采用 PA6 塑料材料，采用激光焊接方式与其他焊接方式（如振动焊、热板熔焊）相比，具有焊缝外形好、对内热影响小、密封性好以及焊接生产效率高等优点。此外激光焊接能省去现有机型的螺栓、垫圈和气体密封圈，可降低制造成本。在塑料激光焊接中，控制输入激光能量比激光切割和打孔要重要，对吸收材料而言，过高的入射激光能量

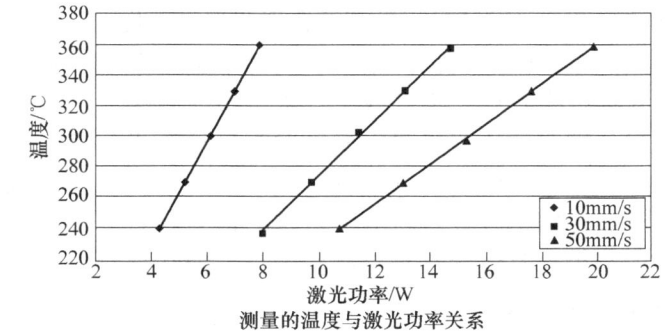

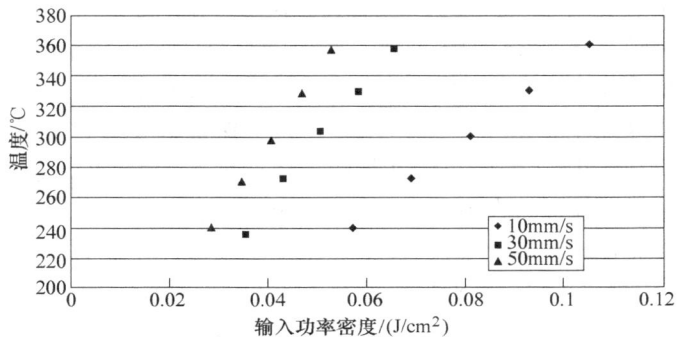

会使塑料产生分解和气泡，甚至会引起塑料碳化。只有选取合适的激光能量密度，才可使塑料焊缝区形成致密的结晶，大大提高塑料激光焊接的强度。

在塑料激光焊接生产线上，很难实时检测出入射到塑料的激光能量，所以对半导体激光器的电压控制、机器人的扫描速度、焦距、光斑直径，特别是吸收材料的吸收率、透射材料的透射率等均只能间接地保持恒定值。但从保证激光焊接质量角度考虑，在生产线上实时检测是必要的。在进气歧管的焊接中最重要的是解决焊件的配合间隙问题，如果配合间隙大，则很难保证进气歧管的气密性。在进气歧管的激光焊接中，由于塑料弹性差，为了保证焊接质量和粘度，可采用专用夹具将焊件夹紧，使间隙尽可能保持在 $10\mu m$ 左右，这样可以获得好的激光焊接效果。

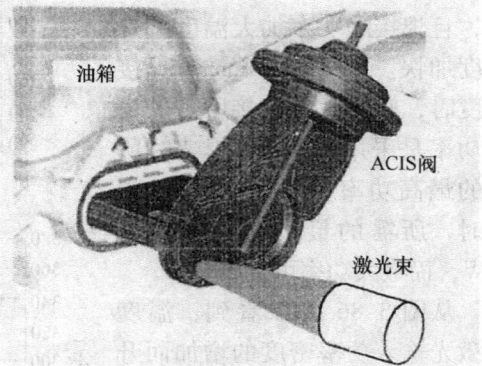

图 3-88　汽车发动机进气歧管的激光焊接

图 3-89 所示激光焊接汽车油箱中的断流阀。采用激光焊接汽车油箱断流阀，能省去连接法兰，实现了小型化，并提高了油箱的承载性能。

汽车的前灯往往采用 PC 或 PMMA 塑料材料，日本有些汽车公司的雾灯是采用激光焊接小批量生产雾灯座的。此外激光塑料焊接还可以在汽车的电子零件中得到应用，例如电子元件内装的塑料外壳等。

图 3-90 所示为照相机激光焊接。

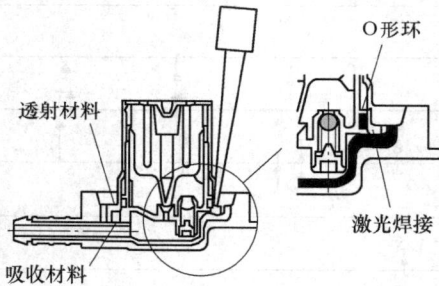

图 3-89　激光焊接汽车油箱中的断流阀

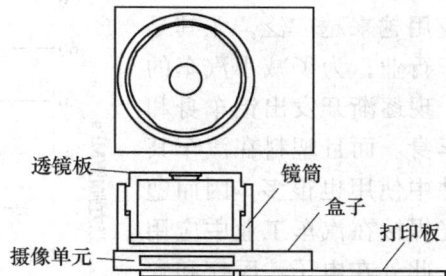

图 3-90　照相机激光焊接

目前日本本田汽车公司现已采用激光与多关节机器人组合的激光焊接设备对汽车塑料部焊接。

2. 塑料激光焊接在其他行业中的应用

塑料激光焊接在医疗、仪器仪表和食品行业中也有应用。例如在医疗行业中，药品和医疗器械的色装袋、注射器、输液容器等均可采用激光焊接。

在食品工业，采用激光对食品色装袋的封口具有比常规方法更多的优势。传统的食品包装采用热力、热空气或超声技术，任何封接塑料薄膜的机械方法都需要热量由工具传到薄膜上，在加工流水线程中由于热量传递的变化而又难于控制，并且所有与薄膜接触的工具都会有热物质堆积在工具上面,这种工具上附着不规则薄膜的工具移动以及热传递到薄膜上的不稳定性会导致塑料袋封口的质量下降和封口接合强度低且不均匀,而且上述问题的出现不可预知。为了清洁封口工具,则必须将整个封口生产线停下来,不但影响生产效率,而且粘结在刀具上的塑料烧结残物更难于清洁。

热空气封口也是非接触式,但封口难于控制,生产成本高。

超声封口虽也有优越性,尤其适合聚氟乙烯(PVC),但是超声封口比激光封口慢,且在某些应用中要得到超声发射的喇叭形状较难。

塑料薄膜的封口与常规方法相比有如下优点:

1)激光封口强度大,可大于材料的强度。

2)激光封口采用非接触式,从医学观点看,由于激光产生的高温,可使激光封口无菌。

3)在封口流水线中,生产过程容易控制,不管流水线的速度发生什么变化,激光封口都能够保持稳定。

4)在许多应用中,常规封口宽度对二次印刷过程有影响。而激光可聚焦到很小光斑,封口宽度窄,这就可以将塑料印刷置于激光封口工艺之前。

5)激光封口速度快(可达2m/s),自动化程度高,与常规封口相比,具有成本上的优势。

激光封口虽然不能应用于所有的塑料封口生产线,但可应用在那些要求灵活性和稳定性高的塑料高速封口生产线上,尤其是要求保鲜时间长的食品袋封口生产线上。

另外,塑料激光焊接还应用于仪器仪表行业。

习 题

1. 试叙述激光焊接的主要机理,说明激光焊接的特点。

2. 试画出两种材料A和B的可焊接区域,其中材料A的熔点为1000℃,材料B的熔点为800℃,沸点为1600℃。

3. 试分析激光脉宽和激光脉冲波形对脉冲激光焊接的影响。

4. 已知某焊件金属的熔、沸点和热导率K及热通量密度H,试求出激光作用该金属达到熔、沸点所需的时间,并写出表达式。

5. 试叙述激光深穿透焊接的机理,并说明它与热传导激光焊接有何区别。

6. 在激光深穿透焊接中,等离子体会屏蔽激光,为什么?你准备采用何种措施来抑制等离子体?

7. 为什么有时采用激光-电弧复合焊接?复合焊接有什么特点?

8. 激光钎焊与通常的激光焊接有什么异同?在什么情况下常采用激光钎焊?

9. 在汽车镀锌板的激光拼焊中,常出现锌蒸发现象,请问如何提高镀锌钢板拼焊质量?

第4章 激光表面热处理

4.1 激光表面淬火

4.1.1 激光表面淬火机理

激光表面淬火是以激光作为热源的表面热处理,其硬化机理是:当采用激光扫描零件表面时,激光能量被零件表面吸收后迅速达到极高的温度(升温速度可达 $10^3 \sim 10^6 ℃/s$),此时工件内部仍处于冷态;随着激光束离开零件表面,由于热传导作用,表面能量迅速向内部传递,使表层以极高的冷却速度(可达 $10^6 ℃/s$)冷却,故可进行自身淬火,实现工件表面相变硬化。根据上述激光表面淬火机理,激光表面淬火必须满足两个必要条件:①激光对某种材料加热后达到的温度 T_{max} $(0, t)$ 必须在这种材料的相变温度以上,且必须控制在材料的熔点以下。②必须在相变点 A_1 处以高于临界冷却速度冷却。根据第一个条件进行分析,可以得到如图 4-1 所示以激光功率密度和工件进给速度为参数的温度曲线。从图中可看到,能实现激光淬火的部分仅是图中 A_1 线以上的部分,而且激光功率密度越低,与进给速度变化相对应的温度变化越大。如果进给速度越慢,则材料停留在激光照射区的时间越长。另一方面,当使用比临界冷却速度还要快的速度冷却时,能够实现深层的激光淬火。

值得注意的是,在进行激光淬火时,Fe-Fe$_3$C 相图仍然是很重要的理论依据。

根据激光表面淬火机理,结合常规淬火原理作连续冷却转变(CCT)曲线,如图 4-2 所示。图中 abc 线左方是奥氏体状态,$a \sim b$ 温度范围称为珠光体范围。

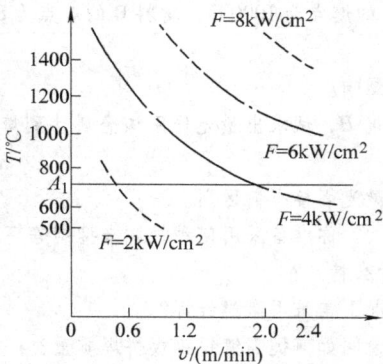

图 4-1 进给速度-表面温度曲线   图 4-2 连续冷却转变曲线

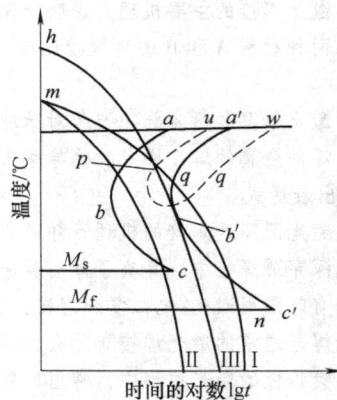

假如激光将奥氏体从 m 点加热急冷后保持常温,在 M_s 线以上是奥氏体,从那开始发生共析转变,并产生马氏体,到 M_f 线完成相变过程。一般来说,相变的温度范围在 $50 \sim 200℃$,其数值与加热速度、钢的化学成分和原始组织等有关。例如亚共析钢,其常规加热温度通常只允许在 Ac_3(Ac_3 为亚共析钢的临界转变温度)以上 $20 \sim 40℃$,而激光相变淬火时,为了获得较深的淬硬深度,允许表面加热温度更高些,原则上它的最高加热温度可高到

表面不产生熔化时的临界温度。之所以如此，是因为整个的激光加热相变过程几乎在极短的时间间隔内完成，这时除相变点大大上移外，材料在更高温度下几乎不会出现明显的晶粒长大现象，即不会因过热而使随后的激光淬火组织性能变坏，因此激光表面相变的加热温度范围可以宽得多。奥氏体加热温度范围越宽的钢，其激光表面固态相变硬化处理的温度越易控制，工艺参数的实现越容易。通常碳钢激光相变硬化的加热温度范围在 900 ~ 1200℃，这时零件的表面粗糙度不会改变；零件的最大淬硬层为从最表面的 1200℃ 至内部深处的 900℃ 这一深度范围。

国内外学者已对各种类型钢进行过激光相变硬化处理研究，但对相变硬化的机理尚未取得完全统一的见解。有人认为激光淬火马氏体晶粒的明显细化，是由于快速加热条件下过热度极大造成相变驱动力很大，使得奥氏体中形核数目多，随后急冷使奥氏体晶粒来不及长大造成的。激光淬火后马氏体组织中的位错密度相当高，随着激光功率密度的增加，平均位错密度也增加，晶界边界的位错密度可达 10^{11} ~ 10^{12} cm^{-2}，这种马氏体片为位错胞状亚结构。有人认为激光相变硬化是晶粒缺陷密度的增大和亚结构的结合，也有人认为除马氏体细化外，激光淬火获得高碳的奥氏体- 马氏体复合组织是激光相变硬化的重要因素。有些学者对激光相变硬化的因素进行了定量的估算，其结果列于表 4-1。表 4-1 中的估算值来自高速钢的激光淬火试验，该材料在激光淬火之前的基体硬度是 863HV，经激光淬火后的峰值硬度达到 1177HV。基于对 W6MoCrV2 高速钢的激光硬化研究，认为激光硬化机理是马氏体点阵畸变、特殊碳化物的析出强化和晶粒的超细化，其他强化因素对原始硬度为 863HV 的材料的硬度增值贡献最小。位错密度对硬化增值具有起伏效应（对不同的材料的贡献也不同）。

表 4-1　各种强化因素对硬化的贡献

强 化 因 素	点 阵 畸 变	特殊碳化物	组 织 细 化	位 错 密 度	成分不均匀	未熔碳化物
硬度增值的 贡献（ΔHV）	257	87	41	~70	0	0

激光表面淬火与常规热处理方法相比具有以下特点：①加热速度快，淬火变形小，工艺周期短，生产效率高，工艺过程易实现自控和联机操作。②淬硬组织细化，硬度比常规淬火提高 10% ~ 15%，耐磨性和耐蚀性均有较大提高。③可对复杂零件和局部位置进行淬火，如不通孔、小孔、小槽或薄壁零件等。④激光可实现自身淬火，不需要处理介质，污染小，且处理后不需后续工序。

4.1.2　影响激光表面淬火的几个因素

1. 激光表面淬火工艺参数

图 4-3 所示为激光热作用状态变化图。采用激光相变淬火的硬化带截面见图 4-4，简单聚焦时为月牙形，用宽带扫描时呈平顶月形。图中采用的是 TEM$_{00}$ 基模热源，因为在中心位置温度高，冷却速度最慢；当激光功率过大时，此处会发生熔化，也就是说采用 TEM$_{00}$ 模热源进行激光相变淬火时，会发生 A、B 部分硬化，而 C 部分硬化不够的情况。这是因

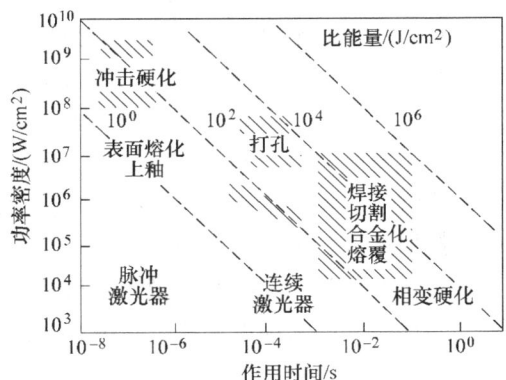

图 4-3　激光热作用状态变化图

为在 C 部分开始冷却时的温度最高，而且冷却速度较慢，故珠光体相变开始后，C 部位硬化不够。这种现象与常规淬火中表面冷却快、内部冷却慢的冷却规律相反。另一方面，由于激光加热至相变温度的时间很短，同时加热温度梯度很大，因而碳化物的溶解和溶入奥氏体中的碳以及合金元素扩散再分布的情况在激光加热区不同部位之间有很大差异，即奥氏体化学成分很不均匀。表 4-2 列出了 GCr15 钢激光淬火硬化层的化学成分。

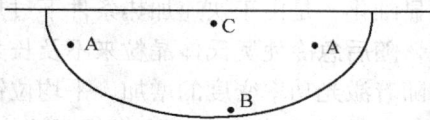

表 4-2　GCr15 钢激光淬火硬化层的化学成分（质量分数,%）

分析点	C	Cr	Fe
1	0.62	0.91	98.47
2	0.91	1.17	97.92
3	0.96	0.91	98.13
4	1.27	1.14	97.69

图 4-4　激光表面淬火的硬化带截面示意图

激光相变硬化的工艺参数主要包括激光功率密度（取决于激光输出功率大小及聚焦光斑尺寸）、扫描速度和离焦量。

除上述几个主要工艺参数外，考虑到金属材料对红外激光反射率很高，因此在进行激光相变硬化之前，必须对材料进行预处理，以增加材料对激光的吸收率。

工件预处理（或称黑化处理）方法常用的有如下几种：

（1）磷化法　磷化法在 20 世纪 80 年代早期是国内外激光相变硬化中最常用的预处理方法之一。它是通过磷化处理在工件表面形成一层磷化膜，如磷酸锰、磷酸锌等磷化薄膜，以磷酸锰最多。经过磷化处理后，材料表面吸收率在 80% 以上。但磷化处理也常使激光淬火后材料表面出现裂纹，因此这种方式也正逐步以其他方式被取代。

（2）黑漆法　近年来美国使用最多的是一种牌号为 Krylon1602 的黑漆，其主要成分为石墨粉和碳酸钠或硅酸钾，可采用喷涂法对工件进行处理。国内也研制了类似于美国黑漆的产品在市场上销售。

（3）碳素石墨（碳素墨水 + 石墨粉）法　通常在进行小批量的激光相变淬火试验时，采用碳素石墨法，这样既经济又方便，且效果不错。

（4）SiO_2 型涂料法　国内有关部门于 20 世纪 90 年代研制了一种以 SiO_2 为主要成分的可喷材料，主要成分是 200 ~ 300 目精制石英粉，其中涂料被认为除对激光有较高吸收率外，还能在激光辐射下变成液态，均匀覆盖于金属表面，冷却后形成固态薄膜。

此外，日本佳友公司还开发出一种 Nexte101 型涂料，对 CO_2 激光的吸收率可达 90% ~ 95%，其主要成分也是 SiO_2。

上述激光淬火工艺参数将直接影响淬火硬度和深度以及激光淬火后材料的性能。图 4-5 所示为扫描速度与硬化深度的关系。

图 4-6 所示为激光功率、激光扫描速度和硬化深度的关系。从图 4-6 中可看出，随着扫描速度的加快，淬火深度和宽度将减小；随着扫描速度的放慢，淬火深度和宽度增加，但此时激光淬火硬度下降。尤其值得注意的是，扫描速度太慢，在激光处理钢时，往往容易使钢表面熔化而变脆。表 4-3 列出了几种典型材料激光表面淬火的工艺参数。

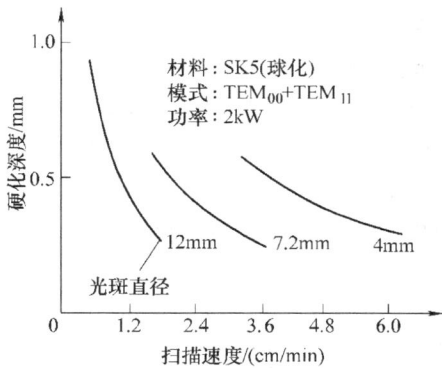

图 4-5　扫描速度与硬化深度的关系

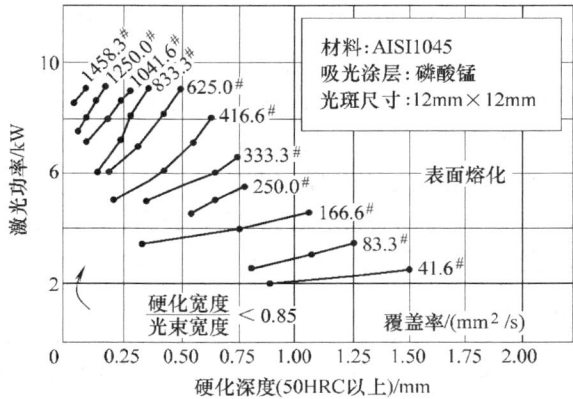

图 4-6　激光功率、激光扫描速度和硬化深度的关系

表 4-3　几种典型材料激光表面淬火的工艺参数

材料牌号	功率密度/ （ W/cm² ）	离焦量/mm	扫描速度/ （ mm/s ）	黑化方法	硬化层 宽度/mm	硬化层 深度/mm	显微硬度 HV
QT60—2	1.2×10^4	3	10	碳素墨水 +石墨粉	1.74	0.35	800 ~ 1056
HT20—40	1.2×10^4	3	20	磷化	0.99	0.19	605 ~ 915
20	0.9×10^4	6	12	磷化	2.325	0.52	542
45	0.9×10^4	6	12	磷化	2.302	0.446	824
T8	1.2×10^4	3	20	碳素墨水 +石墨粉	1.31	0.17	1017
T10	1.2×10^4	3	35	磷化	1.53	0.52	824
GCr15	0.3×10^4	3	50	磷化	1.07	0.50	980
W18Cr4V	1.5×10^4	0	15	磷化	0.81	0.10	946
ZL108	1.5×10^4	0	10	碳素墨水 +石墨粉	0.77	0.17	153.5

通常激光淬火深度与主要工艺参数的关系可表示为

$$H_2（淬火深度）\propto \frac{P}{Dv}$$

式中，P 是激光功率；D 是光斑直径；v 是扫描速度。

从式（3-27）可看出，激光功率密度和扫描速度是影响激光表面淬火质量的重要参数，且这三个参数可以相互补偿，经过调整能得到近似效果。

激光功率密度 $F = \frac{4P}{\pi D^2}$。因此，在进行激光表面淬火时，要根据工件对淬火的要求以及不同的工件材料和原始组织来选择最佳的激光功率、扫描速度和离焦量。在激光表面淬火处理时，对激光输出功率的要求不仅仅是一个激光输出功率的大小问题，而且激光输出模式及激光输出功率的稳定性对激光表面淬火效果的影响也非常大。例如，TEM_{00} 基模高斯光束的光强分布呈高斯分布，其中心光强极高，四周光强弱，采用这类光束模式实际上不利于激光淬火处理组织和硬度的均匀性，通常要选择光强分布均匀的 TEM_{mn}（多模）光束。在有条件的情况下，需要对光束进行均匀性处理。如目前国内外通常采取如下四种方法：一是采用振镜扫描法（见图 4-7），这种方法是使光束在工件的同一部位，以短时间来回扫描 2～3 次，使之具有接近于时间上平均光强分布的矩形面热源特征；二是采用将多个细分的平面镜贴合在一起的积分组合镜（见图 4-8），这种方法是在激光反射面上安装许多很细的平面镜，使之在激光焦面上的光强达到均匀分布；三是将基模高斯光束的光强分布重新组合和相互补偿，使之达到光强分布互补而实现光强分布均匀化的目的；四是采用宽带扫描法。

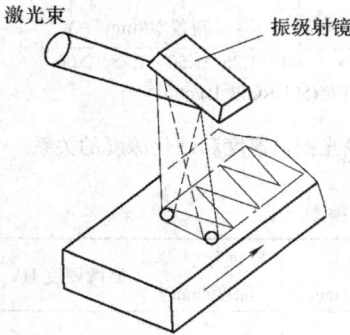

图 4-7　振镜扫描法

a)

b)

图 4-8　积分组合镜
a）正面图　b）中心断面图及聚焦状态说明图

　　在零件上进行大面积激光淬火处理时，需对该面积进行多次重叠扫描，以完成表面热处理要求，这样往往在激光束扫描重叠处形成软化带（见图 4-9）。图 4-10 所示为碳的质量分数和加热速率对碳钢激光相变的影响，从图中可看出，激光对碳钢相变加热速率大约在 $10^3 ℃/s$，奥氏体温度在 900℃以上。图 4-11 所示为碳的质量分数对马氏体相变的影响，从图中可看出，随着碳的质量分数的增加，马氏体相变的温度变化范围也增加了。

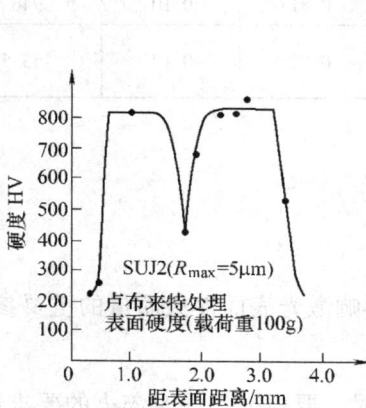

图 4-9　淬火重叠时的表面硬度分布

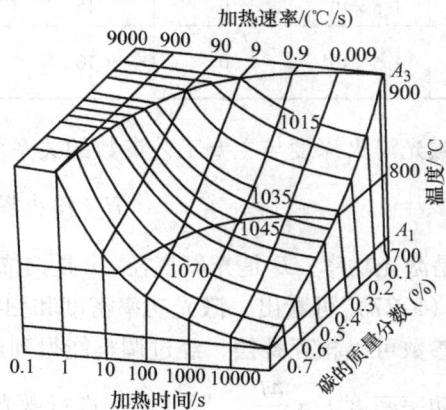

图 4-10　奥氏体转变是碳的质量分数和加热速率的函数

2. 原始组织中碳的质量分数对激光表面淬火质量的影响

（1）碳的质量分数对激光淬火深度的影响　铁碳合金的碳的质量分数对激光淬火效果影响极大，尤其以灰铸铁更为突出。在灰铸铁中，材料碳的质量分数基本上只反映在所含石墨数量上的不同，而影响激光淬火的主要因素是材料内部的温度分布。材料内部的温度分布与材料热学参数，主要是与热扩散率有关。热扩散率定义为 $a = K/(\rho c_p)$

式中，K 是热导率；ρ 是密度，c_p 是比定压热容。

石墨的热扩散率为 $0.464\text{cm}^2/\text{s}$，而钢的热扩散率为 $0.077\text{cm}^2/\text{s}$，可见石墨的热扩散率比钢大得多。由此推断，灰铸铁内含石墨越多，石墨的连续性越好，则材料的导热性越好，从而激光淬火后硬化带的深度也随之增加。

（2）石墨对硬化带均匀性的影响　原始组织中石墨越多，激光淬火后残留的石墨越多，越容易造成硬化带组织不均匀。由于高温停留时间短，若石墨片多而粗，则要使所有石墨片都溶解在金属中，而在冷却后形成碳化物是不可能的，这会使硬化带性能变差。

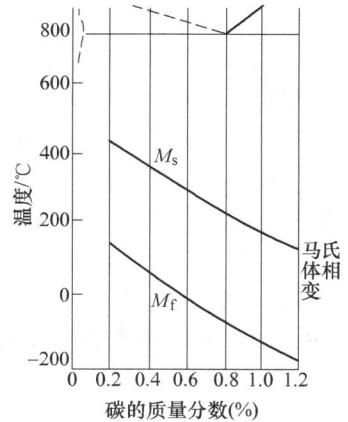

图 4-11　马氏体相变是碳的
质量分数的函数

（3）含碳量对激光淬火硬度的影响　激光表面淬火马氏体的显微硬度与含碳量的关系为

$$HV_m = 1667C_m - 926C_m^2 + 150$$

式中，HV_m 是淬火马氏体的显微硬度值；C_m 是淬火马氏体的平均含碳量。

由于式中 C_m 值小于 1，故 HV_m 的值随 C_m 值的增加而增加。也就是说，碳的质量分数增加，淬火马氏体的显微硬度也随之增加。激光相变硬化区的硬度不是一个恒值，而是随硬化层深度的增加而变化的。因传质和导热两个因素的影响，硬化层出现两个峰值。

由于表面温度高，碳从金属内部不断迁移至表面而被气化，使表面碳的质量分数降低而出现脱碳层。次表面浓度相应高些，而且过热度大，冷却速度快，组织细化，此处硬度高，出现第一个峰值。与次表面相邻的过渡区，无论是过热度，还是冷却速度都与次表层不同，温度梯度较小，此处组织稍粗，出现了硬度的低谷。在靠近基体区域，从基体扩散出来的碳使该区碳浓度增加，而且靠近基体，自冷条件好，使该区冷却速度较快，组织细化，因而出现第二个峰值。

研究结果发现，如果原始基体组织均匀，珠光体含量高，石墨形态短小且均匀，则经激光处理后，硬化带沿深度方面的硬度值较高，硬化曲线较平稳；反之，激光处理后组织不均匀，硬度曲线峰谷起伏大。

4.1.3　激光表面淬火后的性能

正如前述，由于激光在进行表面淬火处理时，快速加热快速冷却，使得激光淬火后的晶粒比常规淬火后的晶粒细，硬度高，故耐磨性能提高。

1979 年，D. S. Gnamathu 将 $12\text{mm} \times 6\text{mm}$ 的 AISI 1045 钢试样进行激光相变硬化处理，激光功率密度为 $3265\text{W}/\text{cm}^2$、扫描速度为 51mm/s 时，得到硬度值为 55HRC；扫描速度为 72mm/s 时得到 61HRC，其耐磨测试结果如图 4-12 所

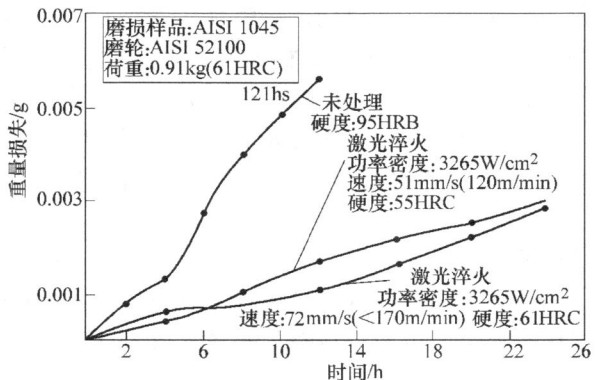

图 4-12　针盘磨损试验测试结果

示。在硬度为 55HRC 时，其失重约减少到常规淬火的 2/5。

菊池正夫对 SK5 钢高频淬火试样和激光淬火试样作了耐磨试验比较，发现激光淬火试样的磨损量是高频淬火试样的 1/2。

对于 18CrMnTi 渗碳钢，采用激光淬火，其耐磨性能比渗碳淬火要好。表 4-4 中所列的数据提供了很好的说明，而且激光淬火较之渗碳淬火省工省时。

表 4-4　渗碳淬火与激光淬火性能对比

性能 工艺	硬度 HV	硬化面积 （%）	平均磨损量 /mg
渗碳 + 淬火	850	100	3.9
激光淬火	820	10	3.4
		20	2.0
		30	1.5

4.1.4　激光表面淬火典型实例

激光表面淬火适用于铸铁（包括灰铸铁、合金铸铁和球墨铸铁）、碳钢、低合金高强度钢、工具钢、模具钢及高合金钢等的淬火。激光淬火效率高，变形小，硬度高，特别适于高精度零件及零件局部位置的淬火处理。尤其是体积大、要求淬火面积小、整体淬火变形难以解决的零件。激光表面相变淬火处理在国内外已比较成熟，并在生产中得到广泛的应用。下面举几个典型例子加以说明。

1. 汽车换向齿轮箱内壁

美国通用汽车公司（GM）Saginaw 换向器分厂从 1972 年开始采用激光对可锻铸铁汽车换向器壳体内壁进行表面处理，其方法是对磨损严重部分采用激光处理出四条硬化带（带宽 1.52 ~ 0.35mm，扫描速度 25mm/s）。中壁零件经激光淬火后硬度达 64HRC，耐磨性大幅度提高，使用寿命提高 10 倍，其激光淬火费用是高频淬火或氢化处理的 1/5。到 1976 年该厂已有 3 台 500W CO_2 激光器和 12 台 1kW CO_2 激光器用于激光淬火，日处理 3 万件。这是世界上第一个将激光淬火用于生产线的企业。

2. 柴油机缸套的内外壁

1978 年，美国通用汽车公司又建成了 EMD 柴油机缸套的激光热处理生产线，用 4 台 5kW CO_2 激光器，在柴油机缸套内壁处理出宽 2.5mm、深 0.5mm 的螺旋形硬化带。1984 年 8 月起已正式在生产线上应用，每天处理 1600 个。

在国内，西安内燃机配件厂采用激光相变处理拖拉机缸套内壁，其耐磨性可提高 1 倍以上。至 1996 年，已有 12 条缸套激光处理生产线投入使用，取得较大的经济效益。

北内集团公司于 1993 年对 475/482Q 汽油机缸套进行了激光淬火处理，北京切诺基公司也采用了华中科技大学激光学院的 2kW CO_2 激光器对汽车缸套内壁进行处理。1994 年对 493Q 高速柴油机缸套的生产线采用了激光淬火热处理法，大幅度提高了缸套耐磨性，目前已建成 4 条缸套激光淬火生产线。采用激光淬火处理用于进口汽车缸套内壁的大修，是国内激光相变淬火处理应用较成熟和应用最广的一种，目前在国内大中城市已有几十条缸套激光淬火修理生产线在运行，取得了很大的经济和社会效益。

3. 曲轴

前苏联对曲轴颈进行了激光淬火处理，通过 90h 的台架试验，发现淬火后的主轴颈平均磨损比未淬火的可减少 90%，汽车行车 4.5 ~ 5 万 km，耐磨性提高近 1 倍。

4.2　激光表面合金化与熔覆

4.2.1　激光表面合金化与熔覆的基础理论

激光表面合金化,即当激光束扫描添加了金属或合金粉末的工件表面时,工件表面和添加元素同时熔化;而当激光束撤出后,熔池很快凝固而形成一种类似急冷金属的晶体组织,形成具有某种特殊性能的新的合金层。激光表面合金化所需的激光功率密度比激光相变硬化所需的高得多。激光合金化的深度由激光功率密度和工件移动速度决定。

激光表面熔覆的工艺过程与激光表面合金化的相似,但却有原则上的区别:激光熔覆不是把基体上的熔融金属作为溶剂,而是将另行配制的合金粉末熔化,使其成为熔覆层的主体合金,同时基体合金也有一薄层熔化,与之结合。激光熔覆层自成合金体系,具备基体所没有的高性能,从而扩展了金属表面强化技术。

在激光加工技术中,诸如激光熔覆、激光表面合金化及激光表面非晶化等工艺过程均伴随有传质过程(见图4-13和图4-14)。传质是指物质从物体和空间某一位置迁移到另一位置的现象。在激光表面合金化的过程中:①激光作用时间很短,整个传质包含激光作用下的传质和激光结束后热滞期的传质两个阶段。显然,在极短时间内进行传质远远地偏离了平衡条件,因此由传质产生的溶质会再分布。②传质是在很大温度梯度下进行的。在很大的温度梯度下,不但溶质原子的化学位出现差值,而且在溶体表面的溶质原子也出现选择性蒸发,从而使液体表面和内部之间形成浓度差。化学位差值和浓度梯度都是液体扩散传质的推动力。③传质过程中有表面张力梯度的作用。当激光使材料处于熔体状态时,由于温度梯度和浓度梯度共存,在熔体中将出现表面张力梯度,它将促进熔体的对流与传质。

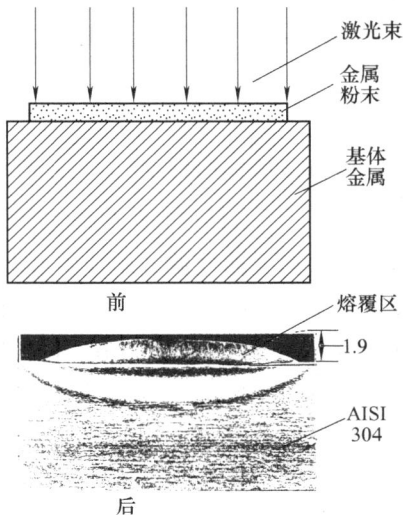

<table>
<tr><td>图4-13　激光熔覆中的传质过程</td><td>图4-14　激光表面合金化中的传质过程</td></tr>
</table>

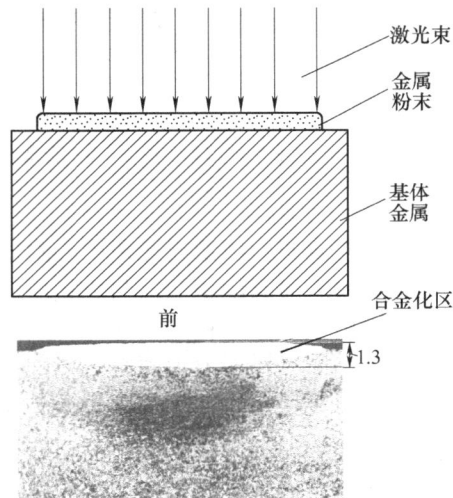

在激光熔覆和表面合金化及激光焊接过程中都涉及到材料的熔化,故在激光作用下存在传质过程。由于熔体高温和表面张力梯度效应,激光作用下的液相传质具有对流传质和蒸发传质的复合特性。这里将重点说明液相传质中对流和蒸发形成的原因。

1. 表面张力梯度的形成与对流模型

温度梯度和浓度梯度都会形成液体的表面张力梯度。由图 4-15 可知，在激光作用下，熔体从里到外、从上到下都存在温度梯度，加上在激光作用下溶质元素的选择性蒸发与温度梯度相适应溶质元素的化学位梯度所形成的浓度梯度，它们的综合作用使熔体形成如图 4-16 所示的表面张力梯度。表面张力梯度决定液体流动方向。由于熔池中心温度最高，其表面张力值最小。熔池横截面内的表面张力如图 4-17 所示，液体的表面张力 T_b 可表示为 $T_b = \sigma_0 - S_b T$ 的形式（式中，σ_0 为表面焓，S_b 为表面熵，T 为绝对温度），显然 $\dfrac{\mathrm{d}T_b}{\mathrm{d}T} = -S_b$，由于 S_b 值恒大于零，故对大多数金属流体而言，表面温度越高，其表面张力越小。

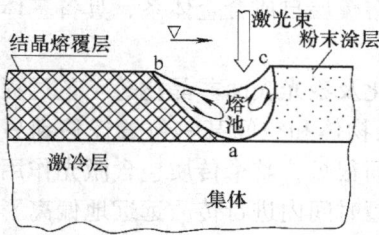

图 4-15 运动中的激光熔池

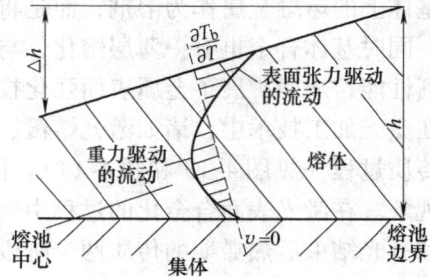

图 4-16 熔体的表面张力梯度"落差"

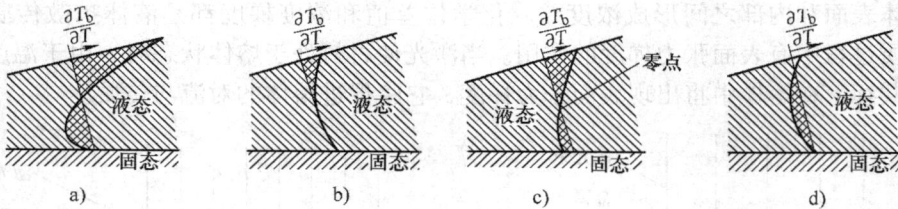

图 4-17 熔池横截面内的表面张力
a）合金熔体的流动性好 b）合金熔体的流动性差 c）"零点向固-液界面移动"
d）"零点"向气-液界面移动

大量的研究表明，在激光光斑中心附近的熔体表面温度最高，而在偏离熔池中心区域越远处，其熔体的表面温度越低。与之相应的表面张力在熔池表面上的分布规律为：熔池中心附近的熔体表面张力小，相反，熔池边缘附近的表面张力最大。因此，在激光表面合金化过程中，在熔池表面上存在着表面张力梯度，正是这个表面张力梯度成为合金熔池中对流的驱动力。安东尼引入了该对流模型来解释激光表面合金化或熔覆中的熔凝表面产生波纹现象的原因。后来人们意识到，在激光表面合金化过程中，由于这种对流作用对合金熔池内合金元素的混合搅拌，使得激光制备合金层的成分在宏观上基本均匀。

表面张力使液体表层与底层发生对流传质，其平均对流传质系数取决于层流条件。尽管液面在激光作用下表面张力偏高，但仍属层流范畴，其平均对流传质系数 $\overline{k'c}$ 按下式计算

$$\overline{k'c} = 0.664 D_c Sc^{1/3} \left(\frac{\mu_0}{\gamma L_3} \right)^{1/2}$$

式中，D_c 是扩散系数（m^2/s）；Sc 是施密特数；γ 是运动粘度（m^2/s）；L_3 是熔池的 1/2 宽

度（m）；μ_0 是液体原始速度（m/s）。

在熔池表层形成表面张力流，并产生紊流，所以，扩散传质系数是在紊流条件下按下式计算的

$$k_{ii} = 2\sqrt{\frac{D_c}{\pi t'}}$$

式中，t' 取 0.1s。

2. 影响熔体对流的因素

在激光表面合金化和熔覆过程中，当激光与金属相互作用达到稳定态时，可以建立与激光焊接类似的方程式。

（1）连续方程

$$\frac{\partial t}{\partial x} + \frac{\partial v}{\partial y} + \frac{\partial w}{\partial z} = 0$$

$$u = ui + vj + wk \tag{4-1}$$

（2）运动方程

$$\frac{\partial u}{\partial t} + \left(u\frac{\partial u}{\partial x} + v\frac{\partial u}{\partial y} + w\frac{\partial u}{\partial z} \right) = -\frac{1}{\rho} \cdot \frac{\partial p_0}{\partial x} + \gamma\left(\frac{\partial^2 u}{\partial x^2} + \frac{\partial^2 u}{\partial y^2} + \frac{\partial^2 u}{\partial z^2} \right) \tag{4-2}$$

$$\frac{\partial v}{\partial t} + \left(u\frac{\partial v}{\partial x} + v\frac{\partial v}{\partial y} + w\frac{\partial v}{\partial z} \right) = -\frac{1}{\rho} \cdot \frac{\partial p_0}{\partial y} + \gamma\left(\frac{\partial^2 v}{\partial x^2} + \frac{\partial^2 v}{\partial y^2} + \frac{\partial^2 v}{\partial z^2} \right) \tag{4-3}$$

$$\frac{\partial w}{\partial t} + \left(u\frac{\partial w}{\partial x} + v\frac{\partial w}{\partial y} + w\frac{\partial w}{\partial z} \right) = -\frac{1}{\rho} \cdot \frac{\partial p_0}{\partial y} + \gamma\left(\frac{\partial^2 w}{\partial x^2} + \frac{\partial^2 w}{\partial y^2} + \frac{\partial^2 w}{\partial z^2} \right) \tag{4-4}$$

（3）能量方程

$$\frac{\partial T}{\partial t} + \left(u\frac{\partial T}{\partial x} + v\frac{\partial T}{\partial y} + w\frac{\partial T}{\partial z} \right) = k\left(\frac{\partial^2 T}{\partial x^2} + \frac{\partial^2 T}{\partial y^2} + \frac{\partial^2 T}{\partial z^2} \right) \tag{4-5}$$

在熔池表面，其边界条件为

$$y = 0 \tag{4-6}$$

$$\gamma = 0 \tag{4-7}$$

$$\mu\frac{\partial u}{\partial y} = -\frac{\partial T}{\partial x} \cdot \frac{\partial T_b}{\partial T} \tag{4-8}$$

$$\mu\frac{\partial w}{\partial y} = -\frac{\partial T}{\partial z} \cdot \frac{\partial T_b}{\partial T} \tag{4-9}$$

式中，u 是流速矢量（mm/s）；u、v、w 分别是矢量 u 在 x、y、z 方向上的分量（mm/s）；i、j、k 分别是在笛卡儿坐标系中的 x、y、z 轴上的单位矢量；ρ 是熔体的密度（kg/m）；p_0 是压力（MPa）；γ 是运动粘度（m²/s）；μ 为粘度（Pa·s）；k 是热扩散率（m²/s）；$\frac{\partial T_b}{\partial T}$ 是表面张力的温度系数。

显而易见，熔体的温度梯度 $\left(\frac{\partial T}{\partial x}, \frac{\partial T}{\partial y}, \frac{\partial T}{\partial z} \right)$、表面张力的温度系数 $\left(\frac{\partial T_b}{\partial T} \right)$、材料的粘度（$\gamma$，$\mu$）及其密度（$\rho$）都将在不同程度上影响合金熔体的能量传递及传质特征。因此，影响合金熔体对流的因素可以分为两大类：一类是工艺性的，例如激光功率、扫描速度、光斑尺寸、光束能量分布的均匀性等。由于它们的综合作用，决定了熔体的温度梯度，特别是熔池

表面的温度梯度，继而影响熔池的对流。另一类是材质性的，例如合金的成分、浓度、粘度、密度、热学常数等，由于它们的变化，影响了熔池中的传热和传质，进而影响了熔池中熔体的运动。上述连续方程、运动方程、能量方程和特定条件下边界条件的联立解，可以定量地描述出激光作用下某时刻合金熔池的熔体对流状态。这种联立解较复杂，目前多采用近似法，如差分法、有限元法，并辅以计算机而获得某些特定解。

3. 影响激光合金化成分均匀性的因素

由式（4-8）和式（4-9）可知，熔体的粘度对对流运动的表面流速场会产生影响，同时还将影响其内部的流速场。在激光表面合金化时，不可避免地存在熔体表面粘度变化的问题。假定在纯铁基上溶入各种合金元素，纯铁粘度要发生变化。钨、钼、铬、铌和钛等能使纯铁粘度增大，从而使熔体运动的内摩擦阻力增大，即熔体的流动性变差。这可能导致熔池内的物质对流不充分和不均匀，以及熔体对流扩散的流速场分布特征改变，最终使表面合金化成分不均匀的可能性增大；反之，镍、锰、钴、硅和铝等能使纯铁的粘度下降，使熔池的对流性变好，这有利于表面合金化成分趋于一致。

合金元素加入熔体后将显著地改变熔化表面张力值，表面张力的改变将直接影响合金化过程中的对流循环特性，从而影响表面合金成分的均匀性。

在激光合金化过程中，有些表面活性元素如硫、氧等，在其工艺控制不严的情况下也可能进入合金熔池内。这些表面活性元素进入合金熔池表面后，将大大改变熔体的表面张力，从而改变合金熔体的对流特征。因此，在激光合金化过程中需采取严格的防污染措施。另一方面，合金元素加入熔体后将改变合金熔体的熔化温度 T_m，从而导致合金熔池表面温度差 $\Delta T = T_\gamma - T_m$ 的产生，这里 T_γ 为熔池表面上任何一点的实际温度。

因为 $T_b = \sigma_0 - S_b T$，所以有

$$\frac{\partial T_b}{\partial T} = -S_b - T \frac{\partial S_b}{\partial T}$$

在恒压条件下，$T_b S_b = c_p dT$，dT，$\dfrac{\partial T_b}{\partial T} = -S_b - c_p$，有

$$\frac{dT_b}{dx} = -(S_b + c_p)\frac{\Delta T}{\Delta x} \tag{4-10}$$

显然温度梯度的变化意味着表面张力的变化。对于铁基熔体，在一定成分范围内，合金元素的加入均使熔体的熔点下降，则 ΔT 上升。由于熵恒大于零，所以从式（4-10）可知其表面张力发生变化。

合金熔体对流迁移的另一个驱动力是静压力差。静压力差的表达式可近似表达为

$$\Delta p_0 = \rho g_0 \Delta h \tag{4-11}$$

式中，Δp_0 是静压力差（MPa）；g_0 是重力加速度（mm/s^2）；Δh 是熔体的相对高度值（mm）。

由于合金熔体的成分在微观上是有差异的，特别是在熔化的初始阶段，这将导致在密度上的差异。对于在同一水平面的合金熔池的某一层熔体上的不同区域而言，其 Δh 和 ρ 均存在差异，则 Δp_0 也存在差异。

4.2.2　激光表面合金化与熔覆工艺

激光表面合金化（以下简称为"激光合金化"）可分为脉冲激光合金化和连续激光合金

化。此外，按被渗透的合金元素的物质形态来分类，激光合金化还可分为激光固态合金化、激光液态合金化和激光气态合金化。

激光合金化和激光熔覆的质量与激光功率密度、作用时间（由扫描速度决定）、基质材料性质（包括化学成分、几何尺寸、原始组织等）、引入材料（包括化学成分、粉末粒度、供给方式、供给量、热物理性质等）以及光束处理方式等因素有关。

1. 激光合金化与熔覆材料的供料方式

在激光合金化与熔覆工艺中，合金化与熔覆的材料供给方式大体上可分为两类：第一类是预沉积式（Predeposition），即合金化材料或熔覆材料在激光辐照前已沉积在基体材料的表面上；另一类是同步沉积式（Codeposition），即在激光照射基体表面的同时，将合金化材料或被熔覆的材料引入熔池内。

（1）预沉积式 当采用 Q 开关脉冲激光合金化时，其熔化层极薄，只能实现薄层表面合金化。在这种情况下，只有采用预沉积方式引入极薄的合金层（小于 50nm）。预沉积方式一般包括真空蒸镀法、离子注入法或溅涂法。

要得到较厚的预沉积层可采用电镀法、喷涂法或轧制法，也可采用人工或机械刷涂方式。理想的预沉积层要求涂层均匀，孔隙率低，且与基体有良好的粘结性。电镀法工艺简单，但缺点是沉积层中有大量的氢气存在，这样在熔化的过程中，随着加热温度的升高，氢气有逸出熔池的趋势。如果合金熔体结晶凝固速度大于氢气逸出熔池表面的速度，则在合金凝固后，其内部存在大量气孔，这显然是极为不利的。

喷涂法主要有火焰喷涂、等离子喷涂及爆炸喷涂三种方式。这种方法的优点是沉积厚度易控制，主要缺点是受工件形状限制，且成本较高。目前人工刷涂方法应用较为广泛。这种方法主要采用各种粘合剂，在常温下将合金粉末调和在一起，然后以膏状或糊状刷涂在待涂金属表面。常用的粘合剂有清漆、硅酸盐胶、含氧纤维素、酒精松香溶液、脂肪油、环氧树脂、异丙基醇等。采用粘合剂法沉积合金粉末是最经济和最方便的。但是，这种沉积层的导热性不佳，需要消耗更多的激光能量。此外，所选用的粘合剂必须易挥发，不损坏合金层性能，并且不含水分，有利于合金层的形成。在进行激光合金化或激光熔覆时，大多数粘合剂将燃烧或发生分解，并形成炭黑产物。这可能导致预沉积区内的合金粉末溅出和对辐射激光的周期性屏蔽，其结果是熔化层的深度不均匀，并且使合金元素的含量下降。

在研究对基体表面预涂合金粉末层的各种方法（如滚轧、电解、等离子喷涂、机械涂刷等）时，发现合金粉末层与基体材料之间的热阻很大，这不利于基体表面的熔化，同时会造成合金元素的蒸发。

当合金粉末含有氧元素时，对激光涂覆的质量将产生影响。如果合金粉末氧元素的含量较高，则可能形成平滑的涂覆表面，而且激光处理速度快，其原因是含氧较高的合金粉末对激光的吸收率高，而且氧使熔池表面张力下降。在 Cr18Ni9 上涂覆 Ni-Cr 合金粉的试验结果表明：含氧为 1.06%（质量分数）的粉末涂覆层的稀释率高于相同处理条件下含氧为 0.08%（质量分数）的粉末涂覆层的稀释率。

（2）同步沉积式 同步沉积式是直接将粉末送入激光熔化区的方法，常以气体为载体。较常用的为气相送粉法。气相送粉法具有一系列优点，它大大降低了合金化层或涂覆层的不均匀性及形成泪珠状表面特征的可能性。气相送粉法还减少了激光对基体材料的热作用。在气相送粉法中，激光作用后的质量由下列特征指标确定：①熔化深度及宽度，以及它们的均匀性。②混合系数，它是指在熔池的截面内，基体的熔化面积和整个熔化面积之比。③粉末利用率，它是指形成合金熔化区或涂覆区的粉末消耗量与粉末总供量之比。

2. 合金粉末

激光合金化和熔覆一般均以合金粉末为引入材料。激光合金化和熔覆的应用对粉末有以下基本要求：①应具有所需要的实用性能，例如耐磨、耐蚀、耐高温、抗氧化等特性。②具有良好的固态流动性，粉末的流动性与粉粒的形状、粒度、表面形状及粉末的湿度等因素有关。③粉末材料的热胀系数，导热性应尽可能与工件材料接近，以减小合金层的残余应力。④具有良好的湿润性，湿润性与表面张力有关，表面张力越小，湿润角越小，液体流动性越好。

常用于激光合金化或熔覆的粉末有：①自熔性合金粉末。目前国内生产的自熔性合金粉末可分为镍基、钴基和铁基三大类，还有 WC 型自熔性合金粉末，它是在上述三大类合金中加入一定量的高硬度 WC 制成的。②复合粉末。复合粉末是一种新型的表面强化工程材料。复合粉末主要有：硬质耐磨复合粉末，如 Co/WC、Ni/WC、Co/Cr_3C_2 等；减摩润滑复合粉末，如 Ni/Al、$Ni\text{-}Cr/Al$、$Co\text{-}Cr\text{-}Al\text{-}Y$ 等；金属陶瓷复合粉末，如 MgO、$ZrO_2\text{-}NiAl$ 和 $Y_2O_3\text{-}ZrO_2\text{-}CoCrAlY$ 等；耐磨金属陶瓷复合粉末，如 Ni/Al、$Ni\text{-}Cr/Al$ 及 $NiCrAlY$ 等。

4.2.3 激光合金化典型实例

激光合金化的研究是 1964 年开始的，最初采用脉冲固体激光器；1977 年千瓦级 CO_2 激光器出现后，人们开始采用大功率 CO_2 激光器进行激光表面合金化研究。激光合金化的深度提高了几个数量级，逐渐达到了工业化应用水平。

1977 年，前苏联的 A. Bgeno 等采用固体激光器进行了工业纯铁添 Mo 的激光合金化研究。所用激光器为脉冲钕玻璃激光器，其脉冲能量为 9J，脉宽 4ns，激光功率密度为 $6 \times 10^5 \text{W/cm}^2$，得到激光合金化深度为 $450 \sim 500 \mu m$，硬度比工业纯铁高 1.5 倍。

1978 年 L. S. Weiuman 等用功率密度为 $1 \times 10^7 \text{W/cm}^2$ 的连续激光器对基体为 AISI 1008 钢的材料进行了添 Cr 合金化处理，图 4-18 所示为添 Cr 激光合金化的电子探针扫描结果。从图中可看出，合金层中 Cr 含量基本均匀。

1986 年 J. Mazumden 等使用 10kW CO_2 激光器（功率密度 $1 \times 10^8 \text{W/cm}^2$），采用同步送粉法将粉粒直径为 $2 \mu m$ 的 Fe + Cr + Ni 合金粉末吹入激光作用熔池实现了激光合金化。采用 EPMA 测定 Cr、Ni 的平均浓度（见表 4-5）。对激光合金化后的试样进行耐蚀试验，试验结果表明，经激光表面合金化处理后材料的耐蚀性能比不锈钢还强。表 4-5 列出了激合金化工艺参数。

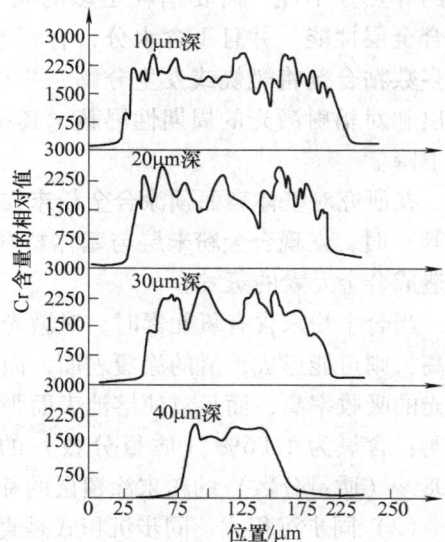

图 4-18 Cr 激光合金化电子探针扫描结果

表 4-5　激光合金化工艺参数

激光功率/kW	扫描速度/(mm/s)	送粉量/(g/s)	w_{Cr}（%）	w_{Ni}（%）
6	16.5	0.25	22.1	17.2
5	16.5	0.25	35.1	25.5
5	16.6	0.25	38.3	23.7
6	20.7	0.18	13.1	10.1
6	20.7	0.19	16.3	19.5
6	24.8	0.2	28.4	23.3
6	29.8	0.2	34.8	21.8
5	24.8	0.2	37.6	

郑启光、王华明等人 1996 年采用大功率 CO_2 激光器对 Ti 合金和 Al 合金进行了激光合金化处理（向熔池吹 N_2 气），在高温下合成了 TiN 和 AlN 合金层。图 4-19 所示为激光气相渗氮钛合金（TiN）的扫描电镜照片。

a)　　　　　　　　　　　　　　　　　b)

图 4-19　激光气相渗氮钛合金扫描电镜照片
a）横截面全貌照片　b）渗氮区显微照片

4.2.4　激光熔覆实例

1. 钴基合金的激光熔覆

钴基合金具有很好的高温性能和综合力学性能，其中以司太立合金应用最为广泛，国内外许多学者在这方面进行了不少的研究工作。

1979 年，格兰姆兹（D. S. Gnamcthu）将司太立 1 号合金铸棒放在 AISI 4815 钢上，再把 M_7C_3 和 M_6C 细粉撒于奥氏体钴的基体上，将直径为 3mm 的钢的基体预热至 250℃（激光功率 3500W，光斑直径 6.4mm，扫描速度 4.2mm/s，用氢气和氩气保护）。用电子探针测得熔覆层中含钴 51%，含铬 31%，含钨 13%（均为质量分数）。在整个熔覆层内成分均匀并且组织均匀，基体进入熔覆层的质量小于 5%，硬度在 $730HV_{0.5}$ 以上。

1983 年迈格（J. H. Megaw）等进行了司太立 6 号合金（含钴 63%，铬 27%，钨 4%，铁 5%，碳 1%（均为质量分数））粉末的激光熔覆试验，利用的是 CL5 型 5kW 连续 CO_2 激光器（环形光束，外径 35mm，内径 15mm，扫描速度为 2.8～6.7mm/s），在激光照射区用氩气保护，粉末预置厚度为 1mm。在多道搭接熔覆时，熔覆道之间放置粉末。

1989 年郑启光、石世宏等人采用 1Cr18Ni9Ti 不锈钢作为基体进行了激光熔覆钴铬钨合金粉末的熔覆试验（5kW CO_2 激光器，光斑直径为 3～10mm）。表 4-6 列出了 1Cr18Ni9Ti 型激光熔覆层的化学成分。作者研究了激光熔覆工艺参数对熔覆层组织、性能、厚度和表面质量等的影响的基本规律。当采用 $3 \sim 5kW$ 激光功率、4mm 光斑直径、4mm/s 的扫描速度时，得到 3.2mm 厚的激光熔覆层。

表 4-6　不锈钢 （1Cr18Ni9Ti） 激光熔覆层的化学成分

元　素	C	Si	Mn	S	P	Cr	Ni	Ti
质量分数（%）	≤0.12	≤1.00	≤2.00	≤0.03	≤0.35	17.00	8.00	5 ~ 0.8

图 4-20 所示为钴基合金激光熔覆层的组织结构，图 4-21 所示为钴基激光熔覆层的 X 射线衍射图。从这两个图中可看出，激光熔覆层的组织为 Co 基固溶体 + Cr_7C_3 + Cr_2B。在激光熔覆的热影响区，由于基体为奥氏体钢 （1Cr18Ni9Ti），基体受高能激光照射后，没发生相变，伴随出现奥氏体晶粒的长大，这一现象的产生是由于奥氏体受热影响后发生晶界移动的结果。

a)　　　　　　　　　　　　　　　b)

图 4-20　钴基合金激光熔覆层的组织结构
a）激光熔覆钴基合金的过渡区　b）激光熔覆层组织结构

从熔覆的覆层过渡区来看，如图 4-20a 所示，激光熔覆层与基体间有一白亮结合带，带宽为 $10 \sim 30\mu m$，在高能激光束快速扫描时，涂覆层瞬间快速熔化并形成熔地。通过熔体传给基体表面的热量使基体表层产生薄层熔化，并与覆层形成牢固的冶金结合。在结合区覆层合金元素和基体元素相互扩散形成较窄的覆层过渡区。激光熔覆过渡区大小与激光输入基体的能量与热沉积深度有关。当增加激光功率、降低扫描速度时，激光输入比能增大，而熔化覆层粉末所需的比能一定，增加的比能被基体吸收，故导致熔覆过渡区宽度加大。

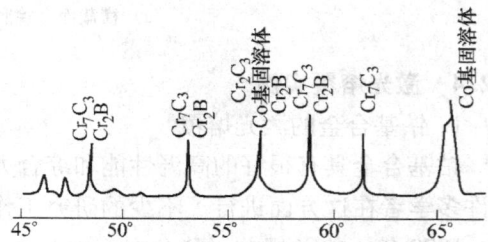

图 4-21　钴基激光熔覆层 X 射线衍射图

对于不同的基体，由于热物理性能的差异所造成的热影响过渡区不同。如果激光输入的热量过大，奥氏体不锈钢一般不发生相变，但可能会伴随奥氏体晶粒的长大。奥氏体不锈钢受热影响后发生晶界移动，移动的结果是大晶粒吞并小晶粒，大晶粒长大，小晶粒消失。这一过程均在极短的时间内完成。

激光熔覆层的显微硬度平均值为 794HV，最高达 857HV，其硬度比等离子喷焊层的硬度提高了 44%，比火焰堆焊层的硬度提高了 78.9%。激光熔覆层的硬度均匀性比等离子喷焊层和火焰堆焊层的硬度均匀性分别提高了 40% 和 25%。

（1）激光熔覆层的稀释率　在激光熔覆层中，基体材料成分扩散到熔覆层区所引起覆

层成分变换的大小直接影响激光熔覆层的热物理和力学性能。为此，引入一个覆层稀释率的概念，其定义为

$$稀释率 = \frac{\rho_p\,(w_{p+s} - w_p)}{\rho_s\,(w_s - w_{p+s}) + \rho_p\,(w_{p+s} - w_p)}$$

式中，ρ_p 是合金粉末未熔化时的密度；ρ_s 是基体材料的密度；w_{p+s} 是涂层搭接处元素 X 的质量分数；w 是基体中 X 的质量分数。

另外，稀释率还可以通过测量熔覆层横截面积的几何方法进行实际计算，表达式为

$$稀释率 = \frac{基体熔化面积}{涂层面积 + 基体熔化面积}$$

对激光熔覆层进行稀释率分析，其结果列于表4-7。

表 4-7　激光等离子喷焊、火焰堆焊的稀释率

熔覆层熔入元素		Fe	Ti	Ni
稀释率（％）	激光熔覆	4.9	2.6	15.4
	等离子喷焊	15.2	28.8	22.9
	火焰堆焊	63.6	78.1	72.0

从表4-7中可看出，激光熔覆层的稀释率低于等离子喷焊的稀释率和火焰堆焊的稀释率。石世宏等人采用EDAX—9100能谱仪测定了激光熔覆、等离子喷涂和火焰堆焊三种工艺涂覆厚覆层不同部位的微观组成。分析结果列于表4-8、表4-9。

表 4-8　EDX—9100 能谱分析结果

	合金成分（质量分数，％）						
	元　素	Ti	Cr	Fe	Co	Ni	W
1Cr18Ni9Ti	基体	2.88	18.00	73.4	0.00	7.73	0.00
激光熔覆	热影响区	1.27	28.13	36.36	30.33	4.02	2.54
	覆层下部	0.06	34.76	9.27	45.20	1.83	8.87
	覆层上部	0.09	43.81	7.88	35.92	0.94	11.35
等离子喷焊	热影响区	2.40	24.38	51.72	20.28	5.60	1.90
	焊层下部	1.28	39.81	12.49	18.08	1.22	27.13
	焊层上部	0.37	32.84	19.88	29.67	2.90	14.34
火焰堆焊	热影响区	3.53	20.62	67.07	10.34	7.18	1.25
	焊层	2.25	29.27	51.66	8.79	6.48	1.55

表 4-9　三种焊层受基体稀释影响的比较　　　　　　　　　　　　　　　（％）

工　艺	元　素	Fe	Ti	Ni
激光熔覆	基体质量分数	73.4	2.88	7.73
	激光熔覆粉末质量分数	4.98	0.00	0.195
	激光覆层质量分数	8.58	0.075	1.385
	稀释率	4.9	2.6	15.4

（续）

工　艺	元　素	Fe	Ti	Ni
等离子喷焊	等离子喷焊粉末质量分数	5.03	0.00	0.29
	喷焊层质量分数	16.19	0.83	2.06
	稀释率质量分数	15.2	28.8	22.9
火焰堆焊	火焰堆焊焊丝质量分数	4.978	0.00	0.914
	堆焊层质量分数	51.66	2.25	6.48
	稀释率	63.6	78.1	72

　　由表 4-8、表 4-9 可以看出，熔覆层与基体在成分上有相互扩散的现象。从基体对熔覆层影响最大的 Fe、Ti、Ni 三种元素来看，激光熔覆层的稀释率比等离子喷焊层和火焰堆焊层分别低 2.1 和 12 倍（对 Fe）、10 倍和 29 倍（对 Ti）及 1.5 倍和 3.7 倍（对 Ni）。这是因为激光熔覆与等离子喷涂和火焰堆焊比较，激光加热速度快，冷却速度快（达 $10^5 \sim 10^6 \, ℃/s$），热作用时间短，基体熔化小，熔覆层与基体间的元素相互扩散大大降低，熔覆层稀释率小。等离子喷涂与火焰堆焊作用能量密度低，热作用时间长，从而使覆层元素与基体元素扩散加剧，热影响区加大稀释率也加大。

　　激光熔覆层的稀释率与入射激光功率密度和比能有对应关系。在激光熔覆中，在保证足够大的冶金结合强度的同时，要求尽可能小的稀释率。一般认为稀释率在 8% 左右。最好在 5% 左右，以保证获得高性能的激光熔覆涂层。

　　将激光熔覆和等离子喷焊试样在完全相同的滑动擦伤磨损试验条件下，经 1000m 滑动行程后，激光熔覆试样表面磨痕轻微，而等离子喷焊试样表面磨痕较宽。试验结果表明：激光熔覆层抗擦伤磨损性能比等离子喷焊高 1 倍以上，比火焰堆焊高 5 ~ 10 倍（见图 4-22）。

（2）冲击滑动高温磨损性能

　　熔覆粉末材料：FCo-05 钴基合金，基体材料 45 钢（对磨试样：45 钢）。采用高频加热冲击磨损试验机，磨损循环时间 4s，接触时间 0.3s；轴向载荷 18N（气缸压力为 0.3MPa），冲压行程 20mm，磨损滑动速度 1.33m/s（机床转速 670r/min）。采用万分之一分析天平测定磨损失重。采用高频加热，加热温度 450 ~ 800℃。试验结果列于表 4-10。

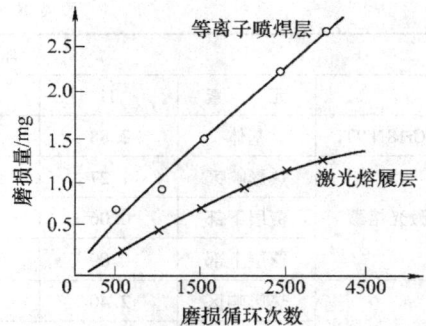

图 4-22　两种试样抗磨损性能比较

表 4-10　等离子喷焊层冲击滑动高温磨损试验数据

试样种类	试　样　号	硬度 HV	失重量/mg					
			500 次	1000 次	1500 次	2000 次	2500 次	3000 次
等离子喷焊层	01-1	560	0.2	0.5	0.7	1.3	1.4	2.1
	01-2	535	0.5	0.6	2.0	2.0	2.7	2.9
	01-3	556	1.0	1.2	1.5	1.6	2.2	2.6

（续）

试样种类	试样号	硬度HV	失重量/mg					
			500 次	1000 次	1500 次	2000 次	2500 次	3000 次
激光熔覆层	02-1	760	0.4	0.5	0.6	0.7	0.9	1.1
	02-2	800	0.3	0.5	0.7	0.9	1.1	1.1
	02-3	743	0.3	0.5	0.6	1.1	1.4	1.4

　　从表 4-10 中可以看到，在磨损 1000 次以前，激光熔覆层的磨损量与等离子喷涂层相差不大。但随着磨损次数的增加（由 1500 增至 3000 次），两者的磨损失重量差别扩大。这充分说明，激光熔覆钴基合金粉末的抗冲击滑动高温磨损性能比等离子喷涂层好一倍以上。

　　将激光熔覆、火焰堆焊和等离子喷焊三种试样同时浸泡在 HNO_3 溶液和 NaOH 溶液中进行耐蚀性能试验。试验结果表明，激光熔覆层在 HNO_3 和 NaOH 腐蚀介质中的耐蚀性能比等离子喷焊和火焰堆焊层好。在 HNO_3 溶液中，激光熔覆层比火焰堆焊层的耐蚀性高 50% ~ 100%（见图 4-23）；在 NaOH 溶液中，激光熔覆层耐蚀性能高 30% ~ 50%。

　　对激光熔覆层进行表面质量分析，结果表明，激光熔覆层因为热影响区小，热应力小，所以在激光熔覆层中出现裂纹的几率较小。但在激光熔覆层

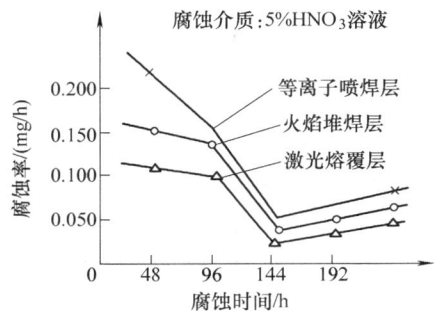

图 4-23　三种试样的耐蚀性能比较

中经常遇到气孔问题，这可能是由于基体中有氧气，熔覆导致发生氧化还原反应而产生 CO 或 CO_2 的缘故。但在稀释率低或作用时间长（便于气体逸出）时气孔会少些。此外，在工艺上采取措施也可以减少或避免气孔产生。

　　2. 镍基合金的激光熔覆

　　钴基合金具有很好的耐磨、耐蚀、抗高温、抗氧化性能，适合于在 600 ~ 700℃ 高温下工作，但钴价格太贵。而镍的性能仅次于钴，可以耐 600℃ 以下的温度，价格中等，因此在许多耐酸、耐热的合金中，镍基合金占主要地位。镍基合金的激光熔覆研究也引起了许多研究者的重视。

　　1986 年，比耳（C. A. Be）和西里（W. Cerri）在 Cr17Ni12Mo2 不锈钢基体上采用激光输出功率为 1 ~ 3.5kW 的矩形光束（氩气保护）对镍基合金粉末（含钴 0.75%，硼 3.1%，硅 4.3%，铬 13%，铁 3.5%（均为质量分数），其余为镍）进行了激光熔覆处理。基体在等离子喷焊后激光重熔时使用的激光功率密度为 $(15 \sim 25) \times 10^2 W/cm^2$，作用时间为 2 ~ 4s。

　　激光熔覆后的试样进行了热腐蚀试验（700℃，70h，通入空气或空气 + SiO_2），结果表明，激光熔覆试样基本上没有被腐蚀，而等离子喷焊试样已被严重腐蚀（见图 4-23）。图 4-24 所示为几种试样的显微硬度分布曲线。

　　赫纳得（J. Herander）等人将一种镍基粉末（含铬 17%，钼 17%，钨 5%，铁、硅 0.8%，碳 0.02%（均为质量分数），其余为镍）用激光熔覆于 Z10CNDV12-2 马氏体不锈钢基体上，所用的是 15kW CO_2 激光器（使用功率 4kW，光斑尺寸 2mm × 5mm，扫描速度 20cm/min，送粉量 27g/min，保护氩气流量 80L/min）。试件有切槽，测得的残余应力曲线

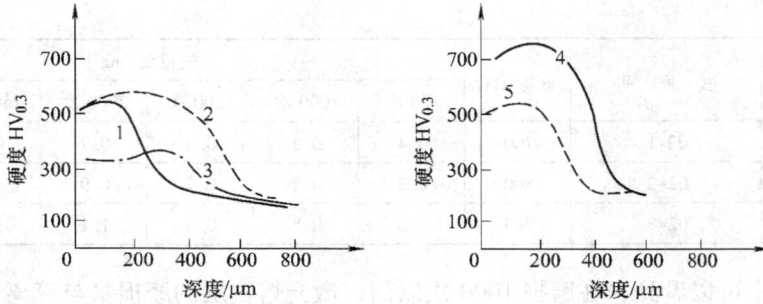

图 4-24　显微硬度分布曲线

1—火焰喷涂　2—激光重熔　3—激光重熔六次　4—等离子喷焊　5—激光熔覆

如图 4-25 所示，硬度分布曲线如图 4-26 所示。

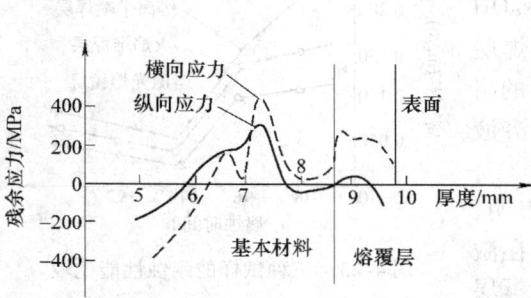

图 4-25　熔覆层残余应力分布曲线

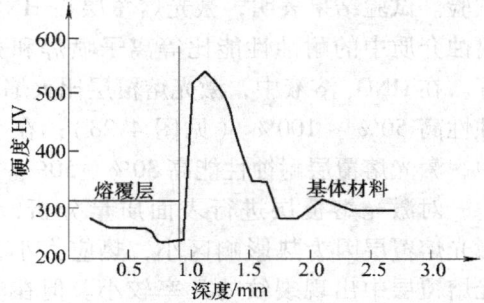

图 4-26　熔覆层的硬度分布曲线

镍基合金耐蚀性能采用材料为 F234 镍基合金（见表 4-11），分别采用激光熔覆、等离子喷焊两种工艺，将两种工艺试样分别浸泡在 10% H_2SO_4 溶液、10% HNO_3 溶液，20% NaOH 溶液和 30% 尿素溶液中。试验结果列于表 4-11。

表 4-11　镍基合金试样耐蚀性能试验数据

腐蚀介质	试样种类	腐蚀速度/[g/(m² · h)]			
		8h 后	24h 后	48h 后	72h 后
10% H_2SO_4 溶液	等离子喷焊试样	139.98	133.96	72.28	
	激光熔覆试样	5.28	3.53	2.55	
	速度比（等离子/激光）	26.5	37.95	31.1	
10% HNO_3 溶液	等离子喷焊试样	629.85	233.19	127.22	
	激光熔覆试样	1.83	0.67	0.46	
	速度比（等离子/激光）	344.2	348	276.6	
20% NaOH	等离子喷焊试样	0.043	0.070	0.047	0.043
	激光熔覆试样	0.039	0.066	0.036	0.028
	速度比（等离子/激光）	1.10	1.06	1.30	1.53
30% 尿素溶液	等离子喷焊试样	0.664	0.415	0.37	0.345
	激光熔覆试样	0.55	0.349	0.246	0.186
	速度比（等离子/激光）	1.21	1.19	1.50	1.85

　　从表 4-11 中可见，镍基合金激光熔覆层在 H_2SO_4、HNO_3、NaOH 和尿素四种溶液介质中的腐蚀速度低于等离子体喷涂工艺。在 H_2SO_4、HNO_3、NaOH 中更为明显，具有优良的耐蚀性能。

　　综上所述，激光熔覆层具有比等离子体喷焊、火焰堆焊更优良的耐磨、耐蚀性能，只是因为激光熔覆层组织细密均匀，热影响区小，稀释率低，含铬量大，且熔覆层内应力小。

　　3. 金属陶瓷的激光熔覆

　　在廉价的金属（例如钢）表面激光熔覆一层高硬度的陶瓷材料，这将是韧性与硬度的理想结合。

　　1979 年，格兰姆兹将粗粒碳化钨粒子（0.5mm）与铁粉（44μm）混合，置于 AISI 1018 低碳钢上（未使用任何粘结剂），粉层厚 1mm，宽 19mm，并将碳化钨粒子埋在铁粉内以减少在激光照射下发生的分解。有关参数为：激光功率 12.5kW，光斑尺寸 12mm × 12mm，扫描速度 5.5mm/s，用氦气保护。激光熔覆后 WC 粒子的平均硬度为 1100HV（载荷为 5N），其周围基体硬度为 870HV。在每一个粒子周围都有一显然不同的区域，可能是 WC 与钢液在熔覆过程中发生作用所致。

　　在 1993～1999 年期间，郑启光等人采用粉末压制法将钴基-WC 硬质合金粉末预置在弹簧钢和 45 钢基体上，然后采用千瓦级 CO_2 激光器进行表面熔覆试验。通过改变 WC 的含量以及在混合合金粉末中添加 Al、Al_2O_3 等附加成分，得到激光表面熔覆硬度大于 1300～1400HV 的硬质合金熔覆层。

　　金属表面陶瓷层的激光重熔处理是在 HGL-87 型 5kW CO_2 激光器上进行的。激光功率密度为 $(1～8) \times 10^3 W/cm^2$，扫描速度在 10～40mm/s 范围。经激光熔覆后的陶瓷层结构致密，在金属陶瓷界面可清楚看出金属和陶瓷层已实现冶金结合，有较强的附着力。在复合成分（质量分数）为 Al_2O_3-ZrO_2（Al_2O_3，85%；ZrO_2，15%）的涂层激光熔覆后的组织呈柱状结构，硬度值在 $2205HV_{0.1}$ 以上。

　　在激光熔覆后的陶瓷层内常观察到裂纹，且裂纹有时呈龟裂状，并穿过陶瓷层向陶瓷-金属界面延伸。裂纹的产生是由于激光迅速加热金属表面陶瓷涂层时，涂层表面形成较大的温度梯度，当熔化后的陶瓷涂层凝固时，会产生收缩，继而会产生不均匀的体积变化和热应力，从而导致陶瓷涂层内裂纹的萌生扩展。裂纹是金属表面陶瓷层激光熔覆处理中最严重的缺陷和最棘手的问题。激光熔覆陶瓷涂层所产生的裂纹与激光处理的工艺参数及表面陶瓷涂层成分有关。当减小陶瓷粉末颗粒尺寸、增加韧化剂和选取最佳工艺参数时，可减少和缓解裂纹。从残余应力上看，凡是有助于减小熔覆过程残余应力的因素都将降低裂纹的倾向。

　　1981 年，埃意耳（J. D. Ayers）将 TiC 粉末用送粉法熔覆于 5052 铝合金基体上，得到了表面质量很好的熔覆层，没有裂纹，这也许是铝合金强度不足以使碳化物粒子开裂的缘故，但在熔覆过程中要用氦气进行保护。1982 年，埃意耳又将 TiC 粉末激光熔覆用于 Ti-6Al-4V、304 不锈钢和 4340 工具钢基体上。

　　吹入 TiC 粉末对基体金属的影响是通过不同的机理——固溶强化、弥散强化、基体的相变硬化和基体组织细化而导致的强化。

　　同步送粉装置是由送粉头和送粉器两部分组成的。在同步送粉中，粉末的送给原理是利用粉末的振动和惯性。粉末由运载气体输送，运载气体可以是中性气体，如氮气、氩气或氦气，亦可为非中性气体，如压缩空气。在激光表面合金化和熔覆中常用氮气。送粉方式有两种：一种是从光轴侧吹送给，如图4-27所示。另一种是同轴送粉方式。同轴送粉是利用同轴（与光束同轴）保护气，将粉末汇集在保护气帘中。同步送粉粉末送给准确，粉末利用率高，方便灵活，适于任意形状的复杂零件的激光熔覆和合金化。

在同步送粉的激光熔覆和合金化中，粉末的粒度对送粉效果有重要的影响。粉末粒度在 $40 \sim 80 \mu m$ 时，送粉较顺利；一旦粉末粒度更细，如小于 $30 \mu m$ 则会造成粉末不均

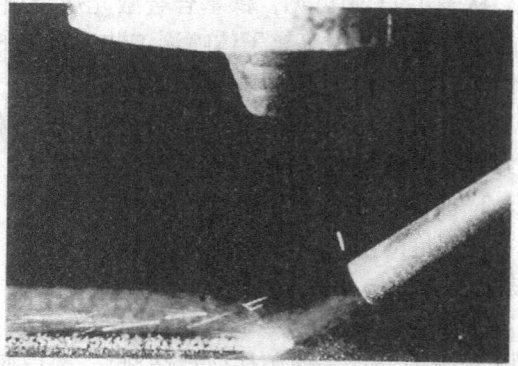

图4-27　侧吹送粉方式

匀，影响激光熔覆和合金化的质量。严重时，粉末无法自动送给。这是因为同步送粉中，粉末粒子的运动取决于气流速度、粒子颗粒直径、送粉嘴的几何尺寸和送粉角度等因素。粉末在喷嘴的粒子的初始速度等于气流速度。粉末粒子的初始速度也决定粉末的最终送给速度。气流速度大，则粉末送给速度大。在同样的气体流动初始速度条件下，对于颗粒度（直径）较大的粉末，由于粉末粒子本身自重大，且抵抗气体阻力的能力大，因此更容易获得较大的速度值，有利于同步送粉，效果好。反之，对于颗粒直径太小的粉末，一方面由于粉末间的粘性加大，另一方面粉末粒子直径小，送给速度小，且抗气体阻力能力小，因而会导致送粉效果差。根据上述分析，在同步送粉中除了对粉末直径有一定的要求外，对粉末的均匀性也有较高的要求。在同步送粉中，如果粉末不均匀，则在送粉过程中，不同直径的粉末的送给速度不一样，就会造成激光熔覆和合金化的成分不均匀，影响激光熔覆和合金化的质量。

4.2.5　激光熔覆层的缺陷与表面质量

激光熔覆层厚度可达到 3.5mm 以上，研究发现，熔覆层越厚，熔覆层的缺陷越多。熔覆层中常见的缺陷为气孔。激光熔覆中气孔产生的原因有：①在激光熔覆过程中，保护气体对激光熔覆保护不佳，使空气中氧和氢进入熔覆层（有时也有保护气成分）。②熔覆层中的低熔成分（包括粘结剂）与挥发出来的蒸气来不及析出，形成气孔。③粉末涂层中含有水分，在熔覆过程中有机物和水蒸气来不及析出形成气孔。④激光工艺参数选择不当，例如激光功率密度偏低，扫描速度过快，易在熔覆层形成气孔。

激光熔覆层的质量问题主要表现在：表面不平整度；熔覆层的稀释率及冶金结合强度；熔覆层的气孔、夹杂尤其是裂纹间距。目前一般认为影响激光熔覆层质量最主要的问题是裂纹缺陷。激光熔覆具有广泛的应用前景，但因其缺陷同时也限制了激光熔覆向工业应用转化的速度。

激光熔覆中的裂纹主要在表面和界面搭接面产生并扩展（见图4-28），主要原因有：

图4-28　激光熔覆层裂纹形貌

①激光熔覆中快速加热、冷却，韧性较差的材料在收缩应力作用下拉裂。②覆层与基体材料的热物理性不一样，如膨胀系数不一致，使覆层被拉裂。③合金元素的结晶偏析、宏观组成和组织不均匀造成拉应力产生。④杂质（Si 和 B 的氧化容易产生杂质）和颗粒相形状多少与分布形式不均造成局部开裂。⑤覆层能量输入太少，未熔透。⑥气孔、杂质处萌生裂纹。⑦复杂形状与结构会引起熔覆时热传递扩散不均匀，易出现裂纹，易引起应力不均与应力集中。

关于激光熔覆层的质量控制，国内外学者对激光熔覆层开裂问题进行了许多研究，探讨了采用多种方法来克服激光熔覆层开裂问题。归纳起来，主要有如下几种：

（1）从激光熔覆层的设计来考虑　有人推导出了一个计算残余应力的微分公式，提出了激光熔覆相的概念，包括化学相容性、组织相容性和物理相容性，据此设计激光熔覆层，可有效防止熔覆层开裂。还有人提出了按激光熔覆层材料与基体材料膨胀系数的匹配公式来设计激光熔覆层材料（包括合金粉和基体）。

（2）从优化激光熔覆工艺参数来考虑　采用优化激光熔覆工艺参数（如激光功率、扫描速度、送粉率以及扫描光束重叠等）的方法，可改善激光熔池的对流传质状态，以控制激光熔覆的凝固过程，获得组织细密、均匀，无杂质、偏析的熔覆层。

（3）添加某些合金元素或稀土氧化物　这种方法可提高润湿性，增加激光熔覆层的韧性。例如，在基体表面采用激光熔覆 Al_2O_3 或者 ZrO_2 陶瓷层时，可添加一定量的 Y_2O_3 来改善陶瓷相的润湿性。

（4）改进激光熔覆的工艺方法　有人提出在激光熔覆过程中，采取预热和后热处理措施，以降低熔覆层的抗应力；许伯藩等均提出双层预涂熔覆方法，以及二次激光熔覆方法。

（5）采取辅助措施（例如电磁搅拌辅助激光熔覆）　在激光熔覆过程中施加电磁搅拌是借助于电磁力强迫激光熔池内的熔体流运动，改善凝固过程中的熔体流动、传热和传质，将树枝晶打碎，达到细化和均匀组织的目的。电磁搅拌能细化熔覆层的组织晶粒，均匀组织结构，减少或抑制偏析和组织结构疏松，降低固-液界面的温度梯度，减少应力集中，提高覆层的韧性。因而在激光熔覆过程中辅加电磁搅拌能细化和均匀组织结构，减少夹杂、温度梯度和应力集中，从而有利于减少或抑制激光熔覆层的裂纹。

4.3　激光表面非晶化与微晶

非晶是一种类似玻璃的结构，即长程无序，短程有序。这种组织的特点是成分和电化学性能极为均匀，并且没有晶界、位错等晶态缺陷。非晶材料以其优异的电学、力学和化学性能，日益受到国内外学者的关注，获得了广泛的应用。对非晶材料的研究进而迅速发展成一门新兴的非晶态物理学，它作为材料学科的分支，对其今后的技术发展有极重要的意义。

制备非晶的一个最基本条件是将液体以大于某一临界冷却速度急冷到低于某一特征温度，以抑制晶体形核和生长。激光非晶指将激光作用于材料，使材料表面薄层熔化形成极高的温度梯度，急冷后形成非晶。

4.3.1　激光非晶化过程中的热力学和动力学

物质状态的变化有不同的途径，如图 4-29 所示。

由图 4-29 可见，过冷熔体既可能形成非晶固体，也可能形成稳定晶体或亚稳晶体，各种亚稳晶体也可能变为稳定晶体。显然，为了实现非晶化，必须抑制过冷熔体 E、F_1、F_2、…、F_n 的变化途径。

实际上，过冷熔体能否形成非晶或晶态取决于两者在热力学和动力学两个方面综合竞争的结果。在不同的快速熔凝条件下，各种合金可形成多种亚稳晶体。

图 4-29   物质状态变化途径示意图

因此，与形成非晶相竞争的往往是低于 T_m 温度结晶的亚稳相。为此，瓦兹克（Woychik）提出以 $T_{gn} = T_g/T_n$ 作为形成非晶的依据，这是对快速熔凝形成非晶至关重要的问题。

研究非晶化的热力学可确定各种合金熔体形成非晶固体的能量条件，通常用温度来表示。当温度低于合金液相与稳定晶体的平衡温度 T_p 时，根据热力学观点，不需要成分扩散重组的结晶是可以进行的，这就是说，在接近 T_p 温度时，与形成非晶相竞争的是稳定的平衡晶体。此时 T_p 代表非晶形成的极限温度。在 T_p 温度下，液体中的原子进入晶体表面时，即使结晶过程不需要原子扩散重组，也需要原子进行短程有序化重构。这时，结晶动力至少是部分受扩散过程控制。因此，在 T_p 温度下仍有可能形成非晶相。

当冷却速度和急冷方法不同时，过冷熔体中与形成非晶相竞争的结晶是不同的。当冷速较低，即 T_n 远高于 T_p 时，与非晶相竞争的是近于平衡的晶体相；当冷却速度增加时，即使在其共晶成分的熔体中，共晶相也是简单亚稳晶体；当冷却速度很高时，即凝固是在远低于 T_p 的温度下进行的，竞争相将是成分不变的面心立方晶体。有文献指出，在 T_g 温度附近发生凝固时，发现与非晶共存的是单相的微晶，微晶与非晶相共存是非晶阻止过冷熔体中已形成的微晶继续生长。微晶的形核既可在凝固界面前沿的过冷熔体中自发形核，也可以在基体晶体外沿上形核，短时生长。实际上，微晶形核和生长是以两种不同方式进行的。

在深共晶成分的合金中，与形成非晶相竞争的是共晶组织，而不是单相晶体。因为共晶的组成相在结构和成分上差别很大，它导致结晶动力学分析上的困难。在亚共晶合金系中，如 Cu-Ti，其 T_p 温度较高。在共晶或非共晶成分的合金中，与非晶相竞争的是无成分变化的亚稳单相晶体，非晶形成的成分区域仍得到扩展。显然，这种成分区域的扩展取决于两个因素：冷却速度和竞争相的形核速度，冷却速度主要由淬液法决定。与常规淬液技术相比，尽管脉冲激光作用的冷却速度可高出几个数量级，但仍可能因为面心立方晶体的外延而结晶。

4.3.2   激光非晶化典型实例

1. 硅的脉冲激光非晶化

迄今为止，采用脉冲激光对硅实现非晶化的研究比较深入。例如特斯（R. Tsu）等人采用四倍频、10ns 的 Nd：YAG 激光脉冲作用于硅表面，吸收深度为 10nm，冷却速度超过 10^{11}K/s，从而实现硅的非晶化。研究表明，冷却速度至少应高出外延生长速度一个数量级。另一方面，对形成非晶而言，极高的吸收系数比极短的脉冲更为重要。高吸收系数、低吸收深度、高光子能量可大大提高表面冷却速度。当光子能量增加一倍，光吸收深度由 1.5×10^{-7}m 降低到 10^{-8}m 时，表面最大冷却速度至少增加 50 倍。激光脉冲越短，表面冷却速度越大，越有利于形成非晶。

硅在（111）方向无序化远比在（100）方向容易：硅在（111）方向结晶时，需采用三键和单键两种方式降低其生长速度；硅在（100）方向的生长速度比硅在（111）方向高出 25 倍。

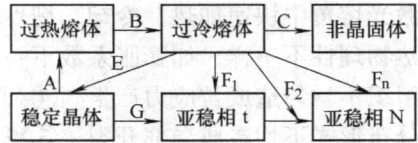

卡利斯（A. G. Cullis）等采用 2.5ns、347nm 脉冲激光在硅材料表面得到大面积均匀的晶层，计算出了（100）、（111）方向形成非晶的临界凝固速度分别为 18m/s、15m/s，并给出了凝固速度与脉冲能量密度的关系以及非晶、单晶或层错晶体形成区域与单晶硅取向的关系。

特斯等计算了熔化凝固冷却的温度 - 时间曲线。光吸收深度近似于 0 时，在表面获得最大冷却速度。当吸收深度为 1.5×10^{-5} cm 时，冷速下降了两个数量级，随着表面深度的增加，冷却速度急剧下降，这就解释了非晶层只在表面数十纳米内形成的原因。形成非晶的最佳功率密度接近表面开始熔化的临界值，进一步增加功率密度将导致冷却速度、界面凝固速度的下降，通过试验确定，硅（111）非晶化所需的激光能量比硅（100）低 2/3。

2. 连续激光表面非晶化

约西卡（H. Yoshioka）等采用连续 CO_2 激光器（功率为 300 ~ 500W，聚焦光斑直径为 0.2mm，扫描速度为 100 ~ 800mm/s），通过搭接扫描方法在 Pd-Cu-Si 合金表面实现了大面积非晶化。所形成的 Pd-Cu-Si 非晶层呈纹理状，有很高的显微硬度，硬度压痕周围有剪切带，呈线状。

比彻（R. Bechor）采用 7kW CO_2 激光器（熔化光斑直径为 0.2mm），以 5m/s 扫描速度在 Fe-Ni-P-B 合金表面实现了激光非晶。

郑启光、胡汉起等人采用 10kW 连续 CO_2 激光器（聚焦光斑尺寸为 0.4mm），以 3 ~ 5m/s 的扫描速度在 Fe-Ni-P-B 和 Fe-Ni-Cr-Si-B 两种合金表面实现了非晶（见图 4-30）。当采用多条搭接扫描方法时，得到了大面积非晶，但在两条搭接区有非晶和微晶共存，且结晶前沿是从基体上生长的（见图 4-31）。

图 4-30　激光非晶结构　　　　　　　图 4-31　激光搭接区的非晶化

4.4　激光冲击强化

激光脉冲能在金属表面产生峰值高达 10^9 Pa 的应力波，假若在金属表面涂上一层能透过入射激光的材料，激光产生的应力波幅值就会明显升高，这些应力波幅值的升高倍数受控于激光加热透明材料的温度，近似于入射激光脉冲的波形。应力波的衰变时间慢于激光脉冲的衰变时间，因为它取决于周围材料的作用速率及从加热的气体进入较冷临界材料的热导率。这种应力波足以使金属产生强烈塑性变形，即使在有气体的环境中（例如在标准条件下的空气中）进行试验也是如此。激光具有在材料中产生高应力场的能力，人们利用激光产生的应力波使金属或合金产生高爆炸性或快速平面冲击的变形来改变材料的性能。

目前一般采用钕玻璃脉冲激光进行冲击强化金属的研究及应用。然而，从红外可见光波段到接近紫外光区域波长范围的激光也具有类似的功能，这种激光冲击产生的应力波对金属材料的影响包括提高表面强度、提高屈服强度以及提高某些金属的疲劳寿命。

激光在金属靶中的作用过程，首先是经典的电磁辐射以及与金属导体的作用，然后是加热等离子体（其吸收系数由逆韧致辐射所支配）。采用状态方程来叙述由各项（包括零温度行为）叠加的金属靶的行为，包括大粒子的热运动及电子的热激励和热致电离。传热过程包括金属原子在等离子体被电离的电子中的辐射扩散及传导。应力波的波形及振幅取决于被加热气体的热过程，该过程由作用于表面的激光作用时间所控制（短时间内吸收激光的能量以避免能量从作用区域损失掉），并受到流体力学过程的影响。这两种影响均会减少应力波的幅值。热传导导致吸收材料的气化热，会影响应力波场，特别是会降低功率密度。

研究材料在激光冲击下的效应，首先要观察合金的硬度和拉伸性能，以及组织结构的变化。

4.5　激光清洗技术

激光技术的应用已渗透到几乎所有学科，进入到各行各业，无所不包，无所不用。激光清洗技术的引入使一些传统的清洗技术与研究方法得以更新和改进，同时又提供了新的生产和研究手段。例如，当今的微电子工业中最严重的问题之一是芯片表面残存微粒，会使成品率下降50%，要提高芯片成品率，必须采用有效的清洗技术，这对各种高技术过程都是关键的技术单元。这些过程包括半导体生产，计算机驱动器、光存储装置和高能光学组件的加工。

当这些小尺寸产品的技术要求提高时，要移去的最小粒子尺寸逐步变小，如对于亚微米集成电路技术，$1\mu m$ 大小的颗粒是造成线路失败的主要原因。

20 世纪 90 年代初，衣阿华大学 Susan Allen 小组报道了激光清洗技术：水作为能量的转移物，首先在表面形成 $10\mu m$ 厚的薄层（为避免引入水中的杂质，采用气相蒸发技术形成薄层），再用 CO_2 激光器辐照表面，将水层温度升高到 309℃，蒸发过程如爆炸一样将表面残余粒子带走。IBM 公司用波长为 248nm 的准分子激光器也作了激光清洗研究，不同点是被处理的基板吸收紫外光后，再来加热表面的薄水层。麦道公司利用 Nd：YAG 激光束清洗直径为 $2\mu m$ 的钨颗粒，钨颗粒本身吸收激光能量。TEA CO_2 激光器光束聚焦在材料表面，透镜焦距为 30cm，材料放在计算机控制的扫描平台上，水层的蒸发采用 N_2 气流过 40℃ 的去离子水，蒸发冷凝在较低温度的基板上，然后用激光辐照完成清洗工作。

4.5.1　激光清洗技术基础知识

各种激光束清洗大小各异的粒子和材料不同的基板，都是利用产生足够强的激光束移动或捕获小颗粒来实现的。将一高斯光束辐照在一小颗粒上时，光束传输有一定的能量和动量

$$动量 = 能量/光速$$

光束与颗粒相互作用，一部分反射，一部分折射进颗粒且透过颗粒逸出。动量是一个矢量，散射光在入射方向的总动量小于原来的入射值，因此对新颗粒形成一个作用力——轴

向力。

如果入射光的光强分布不均匀，例如 TEM_{00} 高斯分布的模，还会形成垂直于入射方向的径向力，径向力可以向内或向外，它会将粒子"推入"或"推出"光束范围。

利用激光辐射将颗粒从材料表面移走，需要很大的力量，但是使颗粒在表面滚动或平移要容易得多，表 4-12 列出了一些主要试验结果。

表 4-12 粒子在材料表面滚动所需要的力

粒子类型（直径）	基 板 材 料	开始滚动所需的力/N	辐射的径向力/N	所需的激光功率/W
聚乙烯（1μm）	玻璃	4×10^{-10}	4.2×10^{-10}	1.0
聚乙烯（50nm）	玻璃	5.5×10^{-11}	1.2×10^{-11}	0.2
玻璃（1μm）	玻璃	4.7×10^{-10}	4.3×10^{-10}	1.1
玻璃（50nm）	玻璃	7.3×10^{-11}	1.2×10^{-11}	5.3
玻璃（1μm）	钢	9.5×10^{-9}	4.3×10^{-10}	22.0
玻璃（50nm）	钢	1.3×10^{-9}	1.2×10^{-11}	108.0

可以利用激光清洗文物污垢和剥离飞机、舰艇及其他交通工具表面油漆。用一束几百毫焦耳的 YAG 激光束通过透镜的组合来聚焦光束，并把光束集中到一个很小的、只有几平方毫米或平方厘米范围的区域。根据被处理物（雕刻艺术品、石头墙壁等）表面的情况改变激光脉冲的频率（每秒 0.5～30 个脉冲）和脉宽（8～25ns）。低频率比高频率更适用于处理易碎、坚硬或多色表面，光束直径可通过一系列透镜来改变。处理光洁的石头表面，光束直径一般为 7mm；处理易碎表面时，光束直径可增大。污垢吸收光后便蒸发掉，一种在表面产生的力学共振现象能使表面污垢凝结脱落。振幅很小的冲击波可以被传播到被处理物质中，且不会造成被处理物的损坏。

美国军方一直利用激光清除飞机、舰艇和其他交通工具表面的油漆。用激光清除漆层始终是替代普通溶剂清除法和喷砂法的一种诱人的手段，也是较易适应环境要求的技术，但重要的是激光束可以操纵，能去掉不规整表面的漆层。

美国 HDE 系统公司使用 1800W 连续波 Nd：YAG 激光器和 Polymicro 的光纤传输系统，通过纤芯为 600μm 的光缆把 1500W Nd：YAG 激光传到 150m 之外的加工表面，用来剥除桥梁和车辆漆层。

该公司经理 S. Enqel 说，就每瓦的功率成本、运转费用和平均功率可利用性等而言，连续波激光优于脉冲激光。去掉漆层所需的平均功率密度（约 12kW/in）远低于表面熔化功率密度（48kW/in），因而这种技术有强大的生命力。

4.5.2 激光清洗技术与其他技术的比较

激光清洗技术与传统的物理、化学或机械（水或微粒）清洗技术相比，激光束除污垢具有许多优点。

水清洗技术能清除表面可溶性盐和黑色表层（这些东西在雾气中会慢慢鼓起、变脆，并渐渐失去粘性），然而渗透的危险性非常大，这对深处的岩石损伤，尤其是当接头有缺陷时或当石头风化很厉害时损伤更大。消除几毫米厚的黑色薄层表层需要好几天甚至几个星期的连续水洗，而且水是一种强力溶剂，水滴软化作用保持着水的溶解作用。因此，清洗结构很不均匀。微粒清洗原理与水洗法相同，人们采用微粒清洗污染表面，所用的是极细的低压磨蚀剂——氧化铝、碳化硅、玻璃微珠、滑石粉等。采用此方法要求始终控制喷量，使微粒不致把表面磨损得太厉害。同时，需要的磨蚀剂剂量很大，要花的时间很长，根据污垢的性质和厚度，清洗 $2m^2$ 需要几天到二十几天。

　　化学清洗法用的是酸或碱清洗物品，有时将酸碱一起用。使用化学清洗法具有很大的危险性，如对被处理物的腐蚀、废盐的形成、清洗后的长期化学效应等。

　　用激光清洗法可以克服上述方法中的许多缺陷。它不需要任何可能损伤被处理物的水或微粒，可用来处理不坚固的风化的文物等。它既不会损伤被处理物质表面的色泽，也不会改变它的结构。

习　题

　　1. 在激光重叠扫描的淬火中常在光斑重叠处出现软带区，在激光淬火带截面常呈现月牙形，为什么？你准备采取哪几种措施使激光淬火区深度和硬度均匀？

　　2. 试分析铸铁件的激光表面淬火中，铸铁石墨含量对激光淬火的影响。

　　3. 试说明激光表面合金化与激光表面熔覆的区别，液态金属表面张力和重力在激光熔池流动中起什么作用。

　　4. 两种熔覆材料的粘结系数不同，其中 A 材料的粘结系数大于 B 材料，试分析哪种材料有利于激光熔覆层的均匀性，为什么？

　　5. 在激光熔覆中常出现哪些缺陷？为什么？你准备采取何种措施避免熔覆层产生裂纹？

　　6. 在激光熔覆中稀释率是什么？如何控制熔覆层的稀释？通常激光熔覆层稀释率控制在什么范围？

　　7. 试叙述激光表面非晶化与激光表面淬火有何区别，并说明连续激光能否实现非晶层。

　　8. 试叙述激光冲击强化的机理，并说明激光冲击强化常应用在什么领域。

　　9. 根据已有条件，分别采用大功率 CO_2 激光、连续 YAG 激光对 45 钢进行激光表面处理，优化激光处理参数，观察激光处理后的扫描带截面的组织结构，并说明这两种激光表面处理的特点（实训题）。

　　10. 采用高功率 CO_2 激光熔覆置于 45 钢基体表面上的钴基合金粉末，优化激光熔覆工艺参数，观察激光熔覆层的三种组织结构，并说明粉末预置的几种方式（实训题）。

第 5 章　激光快速成形

自 20 世纪 90 年代初美国 3D Systems 公司开发出世界首台商品化的快速成形系统以来,快速成形这一先进制造技术得到了蓬勃发展。快速成形(Rapid Prototyping,简称 RP)技术是一项通过材料堆积法制造实际零件的高新技术。它根据零件的三维模型和数据,无需借助其他工具和设备,就能迅速精确地制造出该零件,集中地体现了计算机辅助设计、数控、激光加工、新材料等学科和技术的综合应用。传统的零件(包括模具)的制造,需要车、钳、铣、刨、磨或铸造等多种加工手段,成本高,又费时,一个复杂的零件或模具的制造往往需要数月的时间,很难适应低成本和高效率的要求。而激光快速成形技术则能够适应这种要求,能大大提高原制造系统的制造精度、可靠性和生产效率,缩短零件及模具制作周期,具有成本低及可修改性强等特点。因此,激光快速成形技术是现代制造技术的一项重大变革。它在航空航天、机械、汽车、电子、建筑及医学等领域均具有广阔的应用前景。

5.1　激光快速成形工艺

通常激光快速成形制模法可理解为三维形体模型直接根据计算机数据产生。这些层面在一种特别设计的作为"模型机"的快速制模机中生成,并和相邻层连接,由此生成三维形体模型,图 5-1 所示为从计算机辅助设计到模型生成的激光快速成形过程。

激光快速成形制模技术与传统的制模技术相比,其先进之处在于:在不同制造方法的基础上,"制模机"把图形数据转化成三维形体模型时,数据没有变化;传统的制模法必须在草图或者二维图纸的基础上手工或者半自动化地产生模型,从模型中取出模型机的精确数据以及存储的设计过程。而快速制模法仅产生精确的三维图像,不改变其几何形状。快速制模法不仅缩短了模型制作时间,也为新产品设计策略,如"同时性"或"一致性"工程的应用建立了基础。以往按顺序依次进行的设计步骤可以部分地同时进行,可以同时加工多个立体分布的特种零件,从而大大缩短了产品的研制周期。

激光快速成形技术是多种技术综合的结果。快速成形

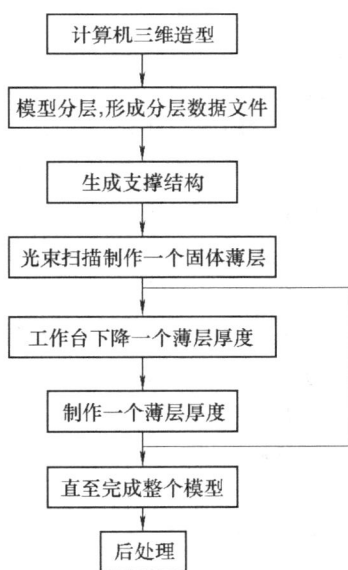

图 5-1　激光快速成形过程

的概念正在扩大,可以分为三种主要类型:分层制造(SFF)快速成形技术,材料快速去除(MRP)成形技术,材料增加(MAP)成形技术。下面重点介绍分层制造快速成形技术。

5.1.1　分层制造快速成形技术

图 5-2 所示为分层制造技术(SFF)的组成。

分层制造（SFF）激光快速成形技术有一个共同的几何-物理基础，即分层制造原理——RP 的成形学原理。从几何上讲，可将任意复杂的三维实体用平行的截面去截取——分层，从而获得若干个层面，将这些层面叠加起来就形成了原三维实体。分层虽增加了数据处理工作量，但是它可将三维问题转化成二维问题。

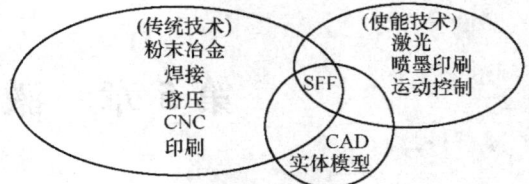

图 5-2　SFF 的组成

这不但可以大大简化下一步数据处理的难度，而且可以把制造中的几何干涉问题完全消除，即分层制造可不受零件复杂形状的限制。

分层制造快速成形（SFF）技术发展最早，种类最多（达数十种），包括立体光刻（SL）或光固化法、选择性激光烧结（SLS）法、激光层压成形（LOM）法和激光快速熔融淀积成形（FDM）法等。

1）激光立体光刻（SL）法（又称光固化法），指借助紫外激光束把液态单体凝聚成固态聚合体的快速成形法。

2）选择性激光烧结（SLS）法，指借助 CO_2 激光有选择性地将粉末材料快速烧结成形的方法。

3）激光层压成形（LOM）法，指借助 CO_2 激光束在薄膜中切割出各种轮廓，再将各层热压成形的方法，即所谓层叠法或层压制造法。

4）激光熔融淀积成形（FDM）法，指应用激光将热塑性塑料等材料熔化而铸压成形的一种方法。

激光固化成形（SLA）设备通常包括紫外激光器、计算机控制系统、光学扫描系统和装有聚合物材料的工作槽等组成部分。计算机根据对模型进行分层处理后所得的截面数据，控制激光扫描系统在工作槽的光聚合物液面上扫描出与模型截面形状一致的图案，接受激光部分由于化学反应由液体固化为固体，而未受激光辐照部分仍维持液体状态，如此下去即完成一个固体膜层的制作。然后令工作平台沿垂直方向下降一个膜层的厚度（0.05~5mm），再在其上覆盖新的聚合物材料后进行下一膜层的制作。由于激光在聚合物材料中的穿透深度超过膜层深度，因此新的膜层与原来的膜层被固化成一个整体。许多膜层的叠加就形成了一个完整的模型，将模型从液体中取出后经过处理，即可得到一个固体零件或模具。

在激光粉末烧结（SLS）技术中，分别以 CO_2 激光器和热固性粉末材料（聚碳酸酯、尼龙、聚四氟乙烯、蜡，也可以是金属或陶瓷粉末等材料）取代激光固化成形技术中的紫外激光器和液态聚合物材料。CO_2 激光照射在激光粉末材料上，使材料吸收热能达到熔融状态，从而烧结成形。

在激光层压成形（LOM）技术中，用 CO_2 激光在涂有胶层的平板材料（如纸张、塑料、金属等）上切割出与模具分层截面形状一致的轮廓；在热能和压力的作用下，涂在材料上的胶层可把一块块的平板相互连接起来，从而形成模型。

对上述三种激光快速成形技术的比较，列于表 5-1。其中，SLA 是最先发展的一种技术，工艺相对完善，市场占有率高；但由于采用液体原料，在制作诸如"T"形延伸结构时需要建造支撑结构，为此有关公司已开发专用软件包生成支撑结构。同时，由于采用紫外激光和光敏材料，成本较高。SLS 技术采用固体粉末材料，可以作为自然支撑，因此不需要支撑结构；所用 CO_2 激光器和粉末成本比较低，具有较好的发展前景。

表 5-1　三种激光快速成形技术的比较

类　别	SLA	SLS	LOM
造型原理	光化学反应	激光烧结	激光切割
激光器	紫外	CO_2	CO_2
材料	光敏聚合物材料	热固化粉末	平板型材料
截面的形成	光束扫描完成整个截面	光束扫描完成整个截面	光束扫描轮廓
层层连接	光敏材料的固化	激光烧结	胶结
最大制作范围	$500mm \times 500mm \times 600mm$	$\phi 300mm \times 350mm$	$350mm \times 250mm \times 350mm$

5.1.2　激光立体光刻（SL）制模技术

正如前述，激光立体光刻（SL，又称光固化）制模技术是指用紫外激光照射液态高分子聚合物（例如光敏树脂），使其发生聚合反应，把单体聚合为大分子的一种快速成形技术。随着分子之间距离的缩短，分子之间剪切强度增强。激光立体光刻制模过程中，分层所得到的每一膜层均由计算机控制激光束在液态树脂液面上扫描形成。在激光束扫描处，树脂或塑料被激活和固化，形成网状连接，并在液态树脂中形成一定几何形状的固化层。激光每次固化一个膜层，然后在保证相邻层可靠粘结的情况下，一层一层地逐渐堆积成三维实体零件。因此，零件的整体面型精度取决于每一膜层的精度及堆积精度、堆积方式和堆积顺序，还与树脂受激光照射后的单元固化形状、激光照射方式、光强分布及材料特性等有关。

1. 激光立体光刻制模的面型精度及影响因素

目前广泛应用于激光光刻（光固化）制模的材料种类很多，常用的主要有光敏树脂、丙烯基树脂、聚碳酸酯、尼龙、塑料、铜-聚酰胺和石膏。常采用的激光立体光刻制模方式有两种：轮廓扫描固化和填充扫描固化。

图 5-3 所示为激光立体光刻制模示意图。首先由计算机辅助设计（CAD）模型分层切片，以得到该层的上下轮廓信息 $D(i)$、$D(i+1)$ 和实体信息；经过面型化处理后所得到的模型切片的轮廓数据实际上是一组首尾相接、有序排列的折线段，轮廓信息生成轮廓扫描数据，实体信息生成内部填充扫描数据；这样，激光束扫描每层树脂液面，然后一层层地堆积成三维实体模型。

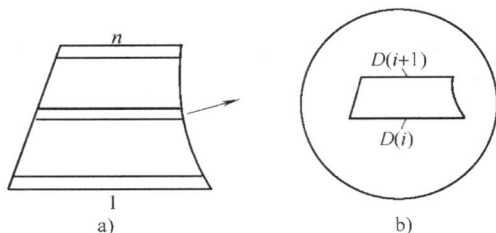

图 5-3　激光立体光刻制模
a）CAD 模型及相应切片　b）第 i 层的放大

激光束扫描方式有多种，如交叉网络式、编织式及 ACES 式等。不同的激光扫描方式主要是为了减少层间的粘结应力。因为一旦在层间产生较大应力，则会发生固化后的翘曲变形现象，直接影响主体光刻制模的制作精度。另一方面，每一薄层的精度对立体光刻制模的面型精度也有影响，并与该层在模型中的位置有关。

任一薄层可认为是由上、下表面及侧表面组成的，而零件的表面则是由上、下表面，上、下倾斜表面，垂直表面及具有不同特征的表面组成的，如图 5-4 所示。如果薄层是零件最上面一层，则薄层的上表面将会影响零件的面型精度。一般情况下，薄层的上表面、侧表

面或者下表面、侧表面影响零件的面型精度。薄
层表面是通过激光束扫描树脂液面形成的，因此
液面的平整性直接影响零件的面型精度，当树脂
粘度小，流动性好，铺以涂层系统并刮平时，上
表面的精度可以达到很高，其表面粗糙度是所有
表面中最小的（见表 5-2）。但是，如果填充扫描
不是从一侧连续完成的，则在激光扫描的对接处
会因树脂的收缩形成微量的凸起（这种凸起只能
在后续处理中被磨掉）。

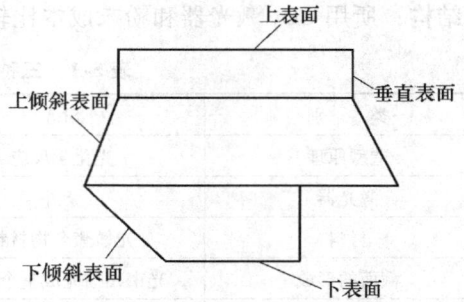

图 5-4 CAD 模型表面性质分类

表 5-2 激光快速成形件表面粗糙度的测量

试件测量项目或名称	表面粗糙度 R_a 测量值/μm	
	涂刮前	涂刮后
40°上倾斜面	28.2	—
50°上倾斜面	22.8	—
60°上倾斜面	26.8	—
70°上倾斜面	11.6	7.15
80°上倾斜面	8.6	6.87
垂直面	5.5	0.55
BP 机壳垂直面	5.6	0.60
上表面	0.54	
下表面（未加支撑）	4.4	

　　薄层的下表面精度不仅与单条扫描线的固化形状有关，还取决于填充扫描的方式。
单模 He-Cd 激光器发出的激光束，其光斑呈圆形，光强分布近似高斯分布（见图 5-5a），
图 5-5b 则表示出了激光束扫描液面后，单条扫描树脂固化的形状。显然，减小扫描带之
间的距离，或采用编织式扫描方式能够改善下表面的精度。不同扫描方式下薄层的形貌
如图 5-6 所示。

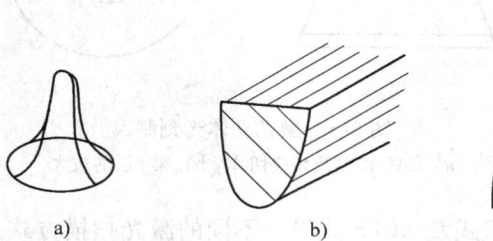

图 5-5 光强分布及单条扫描树脂的固化形状
a) 光强的正态分析 b) 单条扫描树脂固化形状

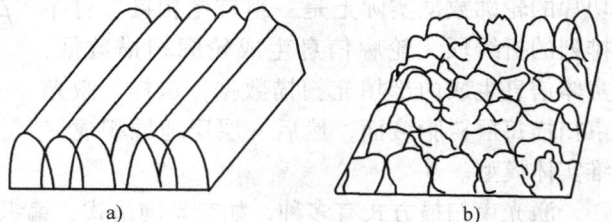

图 5-6 不同扫描方式下薄层的形貌
a) 顺序扫描 b) 编织扫描

　　由于树脂固化时的收缩会造成下表面较差的平面度，因此，需要在后续处理中磨平下表
面。薄层侧表面的成形比较复杂，与单道扫描带的固化形状密切相关，如图 5-5b 所示。当
激光束沿薄层轮廓扫描时，实际所形成的薄层侧表面呈抛物面（见图 5-7）。实际上在形成

薄层的侧表面时，并没有考虑其真实侧表面的形状。一方面是在处理数据时，薄层的侧表面的形状，特别是在偏转镜扫描式的成形机中，随着扫描半径（偏转系统轴线与扫描点的距离）的不同其形状是变化的，加之树脂对光线的折射作用，故光强在每一个扫描带中的真实分布并不如图 5-7a 中所示的那样。这样造成了单位的差异，导致层层堆积时相邻层之间产生了台阶效应（见图 5-7b），大大降低了零件的面型精度。这是分层堆积快速成形法的固有缺陷。

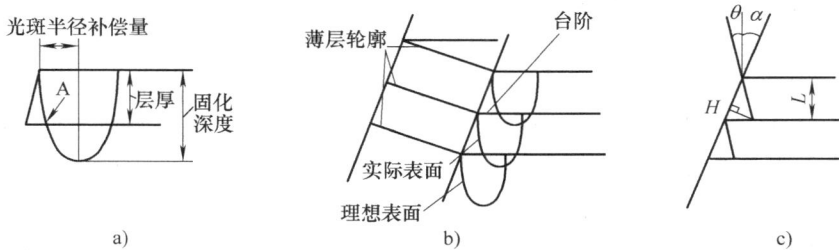

图 5-7　薄层侧表面的形成

图 5-7c 所示为简化的计算机模型。这里 L 为层厚；α 为模型理想表面与堆积方向的角度；θ 为实际轮廓表面与堆积方向的角度（其大小与单条扫描带的固化形状、树脂的折射率、光束照射液面的角度等有关，实际上是可控的）；H 为台阶高度，表示实际轮廓的最低点到轮廓理想表面的距离，根据几何关系，不难求得

$$H = \frac{L}{\sin\alpha + \cos\alpha \times \cot\ (\alpha + \theta)}$$

当 $\theta = 0°$ 时，即假定薄层的实际侧表面为一柱面时

$$H = \frac{L}{\sin\alpha + \cos\alpha \times \cot\ (\alpha + \theta)} = L\sin\alpha$$

当 $\alpha = 0°$，即理想表面为垂直表面时，$L = 0$，台阶高度最小；当 α 趋向 $90°$ 时，L 趋向最大，说明表面越平缓，台阶效应越明显。在一层一层地堆积时，机器的原始精度，如激光束的定位精度、托板升降系统在垂直面内的运动直线度误差等，均可导致相邻层之间的"错位"，从而增大表面粗糙度，引起零件的形状位置误差。

2. 提高激光立体光刻制模面型精度的措施

为了提高立体光刻制模的面型精度，可采取如下几种措施：

（1）减小薄层厚度 L，增加分层数目　此种方法能提高模型离散的分辨率。但薄层厚度太小会给涂层带来困难。目前最小层厚达 0.05mm，最大层厚达 0.3mm。薄层厚度主要受激光功率的限制，一般选在 0.1～0.2mm 之间。

（2）减小模型表面与堆积方向的角度 α　α 有一个最佳值，与制作方向的优化有关，α 的取值要综合考虑到制作效率、支撑结构与方式，而不能只考虑精度。

（3）采用月牙光滑工艺　此种方法的过程是：在堆积第（$i+1$）层与第 i 层时产生台阶，在（$i+1$）层被扫描固化后，把被制的成形件降到液面下，然后再提升至扫描第 i 层的位置，这样在台阶处会存在一定的树脂，可通过激光扫描使其固化并与基体粘结在一起。这种方法在一定程度上可以起到光滑表面的效果，但因受到树脂粘性的影响，光滑效果较差。

（4）变层厚的分区激光扫描固化工艺　正如前面提到的，为了得到较高的面型精度，应减少台阶效应。显然，减小台阶高度的最有效措施是减小层厚，而这会影响制作效率，故可采用分区变层厚的方法。这种方法的思路是：将 CAD 模型分为轮廓区和实体区两个区域，在轮廓区采用小层厚扫描固化方法，而在实体区采用大层厚扫描固化方法。这样既能提高面型精度，又能保证制作效率。

（5）采用整体涂刮工艺　这种方法类似表面喷涂工艺，即在零件制作完成后进行清洗，然后用喷枪在零件表面喷上一层液态树脂，再进行固化。这种方法对宽敞的曲面较合适。

5.1.3　选择性激光烧结（SLS）制模技术

快速模具制造技术（Rapid Tooling）是快速成形技术重要的研究应用方向。利用快速成形（RP）技术制模从另一个角度上可分为直接制模法和间接制模法两种。直接制模法是一种绕过传统的模具制造程序，一步得到所设计模具的制模方法；间接制模法是一种利用快速成形系统制出母模，然后浇注硅橡胶、环氧树脂、聚氨酯等材料，取出母模即可得到软性的注塑模具或低熔点合金铸造模具的制模方法（这些模具的寿命通常只能制造数件至数百件产品）。用快速成形系统做出的母模或复制的软模具，可浇注（涂覆）石膏、陶瓷、金属基合成材料、金属构成硬模具（如各种铸造模、注塑模、蜡模的成形模、拉伸模），用来批量生产塑料件或金属件。这些模具的寿命可以达到制造数千件。另外还可以通过金属喷涂法、Kel-Tool 法、石膏型铸造法等方法间接得到模具。Kel-Tool 方法是一种直接从母模制造模具的方法，主要用于金属基复合材料。

1. 选择性激光烧结（SLS）成形机理及特点

选择性激光烧结（SLS）制模工艺属于直接制模法，其方法是：首先将高速钢粉末进行激光选区烧结，得到模具的原型件，然后把原型件放入聚合物溶液中进行初次浸渗，再放入炉内将聚合物蒸发，最后渗铜、打磨模腔并镶入模坯即得到了模具。

选择性激光烧结（SLS）成形工艺具体过程是：首先用铺粉滚轮将粉体均匀地铺在被加工的工作平台上，然后 CO_2 激光束在计算机控制下以一定能量和速度扫描（激光束的开和关状态与待成形零件（或模具）的第一层信息相关），激光束扫描之处，粉末被激光束烧结成一定厚度的实体化层，未扫描的地方仍是松散的粉末，这样零件的第一层就制造出来了。这时成形活塞下移一定距离，接着再铺粉，激光束依据计算机信息对第二层粉末扫描。激光束扫描过后，所形成的第二层能与第一层形成冶金结合。如此反复，这样，一个三维实体模具（或零件）就制造出来了。

在选择性激光烧结（SLS）成形过程中，粉体本身作为成形实体的支撑，因此不制作工艺支架，就可以形成任意形状的实体模型。这种制模工艺尤其适合制作复杂结构的模具或零件，特别是铸件模。

成形材料的多样性为快速精密铸造提供了多种选择。例如可用蜡直接制作精铸易熔蜡模，用热塑性塑料制作的模具可作消失模或作为母模翻制模具，可用陶瓷制作铸造型壳和型芯等。

采用选择性激光烧结（SLS）工艺直接制作模具无需传统的压型，对新产品试制过程中的样机制作具有特殊意义，例如对汽车的改型等。该工艺具有制作周期短、成本低、效率高等特点，具有很大的经济价值。

2. 选择性激光烧结（SLS）成形工艺及方法

（1）采用选择性激光烧结工艺直接制作铸造熔模　如果采用蜡粉作激光烧结原料可直

接制造精密铸造蜡模，也可用烧失性树脂粉为原料制作树脂熔模。树脂熔模的精度较高，适于铸造薄壁复杂结构的零件，缺点是涂壳后熔模需高温熔烧气化消失。蜡模的后续工艺与传统的精铸工艺一样，但烧结成形的蜡模在精度和强度方面难以达到精细复杂结构铸件的要求。为此，冯涛等人研制出一种低熔点高分子与蜡的复合模料，用该料制作的成形模强度比蜡模明显提高。复合模料易于和浇口系统粘结，也易于进行表面修整。制壳过程中，由于模料中含有相当比例的高分子成分，因此模料的脱除需采用高温熔烧气化，但熔烧温度可比塑料模低 200℃ 左右。图 5-8a 是采用 SLS 法制成的各种铸造熔模，图 5-8b 是通过 SLS 法熔模制得的精密铸件。图 5-9 所示为选择性激光烧结与立体光刻照片（图中，左边为选择性激光烧结，右边为立体光刻），从图中可看到，采用激光选择性烧结比立体光刻具有更高的分辨率。

a)   b)

图 5-8　采用 SLS 法制熔模

a）用 SLS 法制成的铸造熔模　b）通过 SLS 法熔模制得的精密铸件

（2）用选择性激光烧结（SLS）工艺直接制作压型或模具的熔模　用 SLS 法直接制作压型或模具的熔模，其方法是：根据零件 CAD 模型建立压型的 CAD 实体模型，然后用树脂粉料直接成形压制蜡型或砂型，图 5-10 所示为直接成形的冷芯盒压型。也可以用直接成形模具的熔模，通过精密铸造形成模具的毛坯，再经过简单的机械加工和适当的表面处理得到金属模具。

图 5-9　选择性激光烧结与立体光刻

图 5-10　用 SLS 法成形的冷芯盒压型

（3）用选择性激光烧结（SLS）法直接制作铸造型壳　以反应性树脂包覆的陶瓷粉为原料，应用选择性激光烧结方法一步制作铸造型壳。其方法是：首先在 CAD 环境中，将设计好的零件三维实体模型直接翻成零件的反型，经过适当的处理，并设计相应的浇冒口系统，即得到型壳的 CAD 图形。在烧结过程中，型壳部分成为烧结实体，零件部分仍是未烧结的粉末；烧结完成后，将壳体内部的粉末清除干净，再在一定温度下使未完全固化的树脂充分固化，于是就得到了铸造用的型壳。

（4）选择性激光烧结（SLS）法直接制作金属模具　近几年，用于选择性激光烧结的制模机有新的发展，可将金属粉末直接烧结或通过多层涂覆直接制作金属模型，将取代目前用于金属烧结的制模机。采用光束质量好的 CO_2 激光器可在熔点温度范围进行金属粉末的激光选择性烧结，也可把单层激光涂覆基础上的多层激光涂覆发展成三维结构。通过此种方法可制作出空心结构（例如涡轮叶片）和其他形状（如悬臂件等）的零件，目前仍在研究开发中。在金属粉末激光烧结中，要重点考虑金属粉末或陶瓷粉末激光烧结时的高温控制问题，以解决由此产生的制件变形问题以及结构密度问题。这些均是在采用金属粉末激光烧结成形方法时值得注意的问题。

5.1.4　激光直接成形技术

近几年来发展起来的激光直接成形，在成形原理上与前述几种 SLS 成形方法类似。不同的是这种成形技术基于激光熔覆技术，所采用的粉末多为金属（或合金）粉末，采用同轴吹粉（或送丝）方式，在高功率 CO_2 激光作用下，结合 CAD 控制的工作台，可直接制造零件，而无需模具。由于采用同轴送粉，粉末直接送进，激光直接成形的深度和宽度由激光光斑决定，一般约 1mm 深，在激光直接成形制作金属零件时省去许多工艺，是一种很有前途的成形工艺，但目前仍在研究中。

激光直接成形（LDC）技术包括直接金属铸模（DMC）、激光辅助直接金属沉积（LADMD）和激光工程网格成形（LENS）技术等。

激光直接成形技术的优点如下：

1）LDC 成形在制作金属零件时，无需支撑结构。

2）LDC 成形技术可适合任一种金属（具有可熔性）或合金。

3）金属粉末具有定向凝固，每层是外延生长结晶结构。

4）金属组织结构比常规成形细化得多。

5）金属粉末直接烧结成形，粉末利用率高，可高达 89%。但目前粉末烧结激光直接成形利用效率只在 30%～40%。这是因为使用过的粉末中含有氧化物和形状不规则的颗粒，使得粉末不能再次利用。另外，粉末烧结激光直接成形零件的形状精度还不太高，一般需后序加工。在有些金属（例如钛）的激光直接成形中，为了防止氧化，需在惰性气体（例如氩气）的气氛中进行。

图 5-11 所示为粉末烧结激光直接成形（LADMD）工艺示意图。粉末烧结激光直接成形制作零件中，激光直接成形的工艺参数包括激光功率（功率密度）、工作台的送给速度和送粉速率等。

金属粉末烧结激光直接成形中，通常需要使用高功率 CO_2 激光器，激光输出功率在 2～5kW，金属粉末的颗粒度在 50～200μm 之间。图 5-12 所示为激光烧结直接成形的实例，采用 1kW CO_2 激光器，输出功率 1kW，激光烧结直接成形类似酒杯的形状，粉末采用 100μm 直径颗粒，运载气体流速为 5L/min，粉末流量为 0.5kg/h，成形速度为 500mm/min。

在金属粉末激光直接成形中，通常要使用高功率 CO_2 激光器，激光输出功率在 2～5kW，金属粉末颗粒度在 50～200μm 之间。在送粉过程中，通常采用 Ar 或 N_2 气作运载气

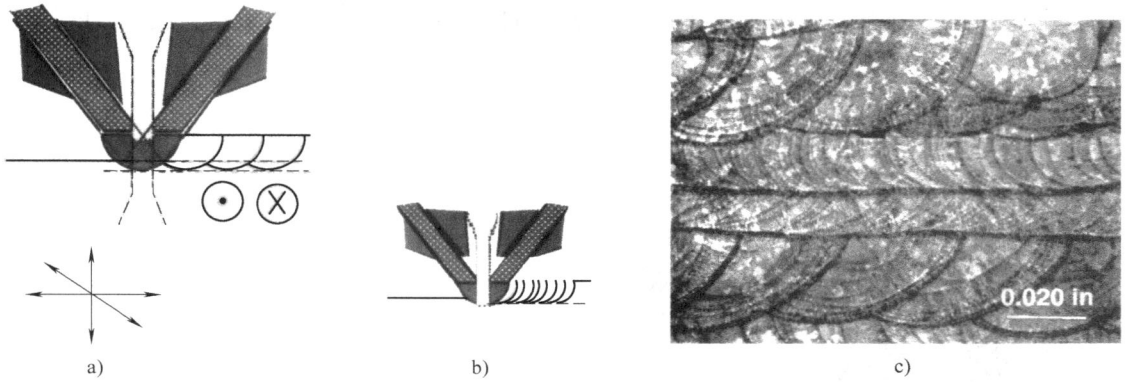

图 5-11　粉末烧结激光直接成形工艺

a）平台的运动形式　b）从左到右运动　c）在 316 不锈钢表面沉积的激光沉积金属材料的基本过程

体，粉末通过喷嘴，输送并汇集在激光熔池中，在喷嘴吹出的粉末的输送过程中，粉末首先形成一个束流，并逐渐扩展变大状似如金属铅笔形。

如果金属粉末的喷射直径度大，产生了一个涡流，则降低了粉末的利用效率，如何提高粉末利用效率是今后这种工艺的重要研究内容之一。

提高粉末利用效率可从如下两个方面研究：其一是设计合适的粉末喷嘴，选择合适的喷嘴至工件距离，喷嘴一般不能距工件太远。其二是粉末的重复使用。目前已用的粉末由于在大气中氧化，有些粉末受激光加热后结团，形成大的残渣

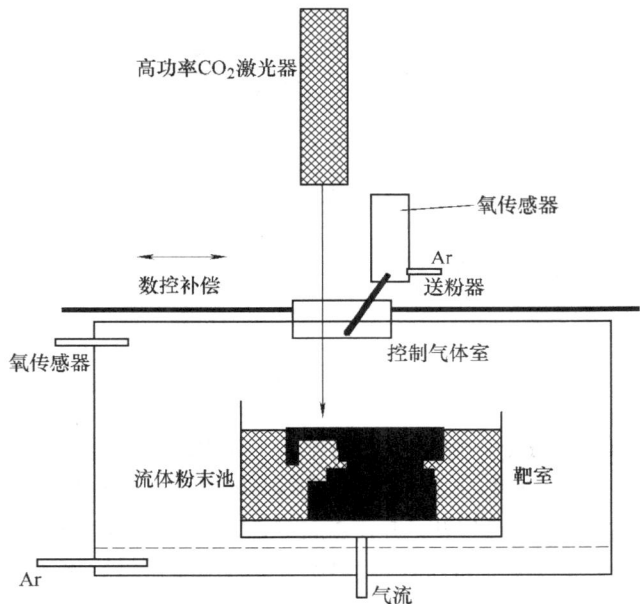

图 5-12　激光烧结直接成形系统

颗粒，如何有效地利用已使用过粉末，这是提高粉末利用率的重要途径。

粉末烧结激光直接成形制作零件外形的质量和精度也是该项工艺研究的重要内容之一，零件的外形的成形质量和精度与工作台的进给速度、激光功率和粉末送给速率有直接关系，合理优化这些激光成形工艺参数是非常重要的。

J. L. Koch 研究了 LDC 的成形质量与精度，他们在对铝薄壁圆柱体和平板的成形过程中，获得了在水平方向达到 ±500μm、在高度方向达到 ±100μm 的成形精度。

D. M. Keicher 等研究了在 316 不锈钢进行 LENS 和 LADMD 研究，他们采用 Intel 625 合金粉末，使水平方向外形精度达 ±50μm，在生长方向（高度方向）的累计误差为 ±375μm。他们还对激光直接成形件进行了强度试验。

　　图 5-13 所示为 316 不锈钢的 LENS 制备样品的组织结构，图 5-14 所示为成形高度与激光功率密度的关系。

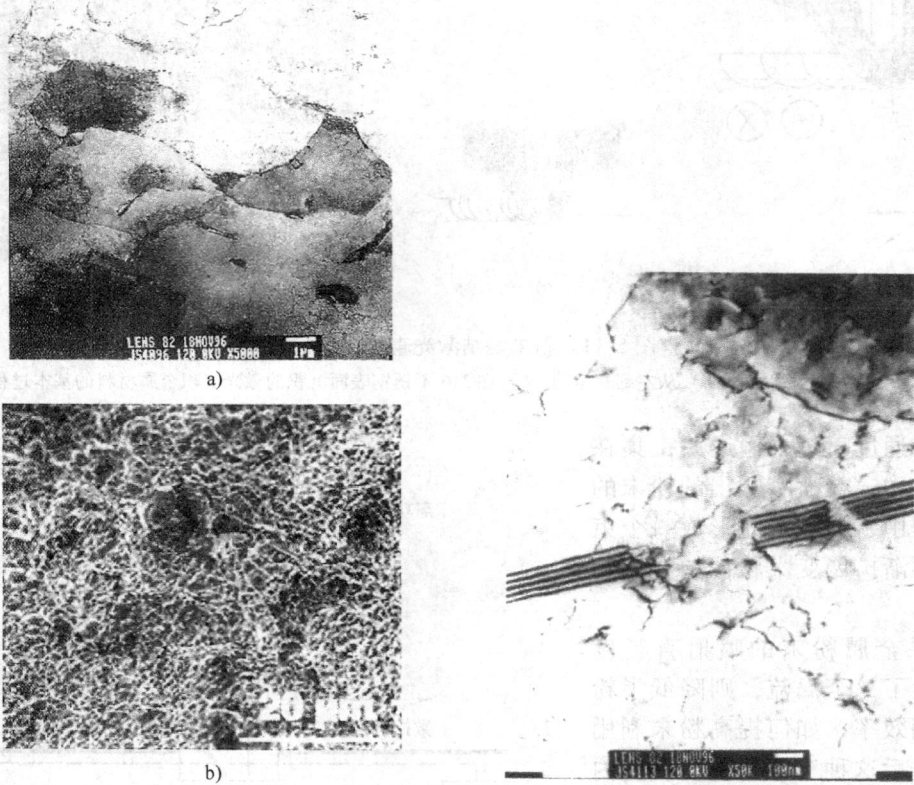

图 5-13　316 不锈钢的 LENS 制备样品的组织结构图

　　F. G. Arcella 等采用高功率激光 LENS 技术在 Ti-6Al-4V 材料上制作零件。使用 14kW 激光功率，在预先对成形件进行了退火处理，处理温度为 1225℃，他们获得了组织致密的成形件，但仍存少量气孔。J. E. Smugeresky 等采用较低激光功率，同样采用 LENS 技术在 Ti-6Al-4V 材料上进行激光直接成形试验。他们认为在没有退火的情况下也能获得好的成形质量。

　　研究人员报道了采用 LDC 技术直接在涡轮轴上制作涡轮叶压，但制作的涡轮叶压表面较为粗糙，需进行后序加工。此外还研究了对涡轮叶压进行修复，由于涡轮机运行过程中，叶压有较大磨损，故需对叶压进行修复。采用 LDC 技术可实施叶压修复。

　　粉末烧结激光直接成形使用的激光器一般均为大功率 CO_2 激光器，但也可以是 Nd：YAG 和半导体激光器。德国 Trumpf 公司推出了 DMD505 型激光成形设备。该

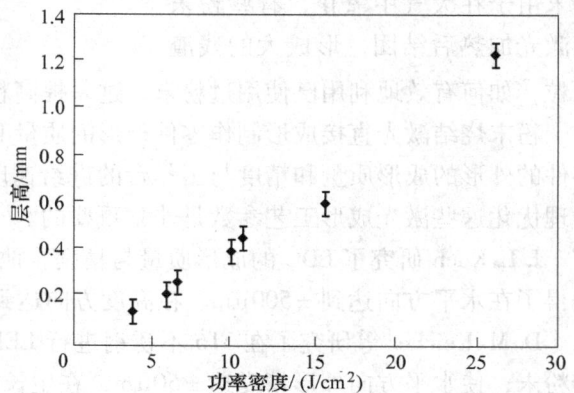

图 5-14　成形高度与激光功率密度的关系

设备最大输出功率为 6kW，配有五轴数控机床和同轴送粉装置。该设备可以同时使用四个送粉器，此外设备还装有 CCD 相机，可对激光成形过程进行实时监控。

5.1.5　激光热成形

激光热成形有激光烧蚀成形三维表面和激光弯曲成形（LBS）两种。

1. 激光烧蚀热成形三维表面

该项工艺是利用激光热烧蚀去除材料的余量，通过控制材料在不同部件的加工量或加工深度而获得制作零件的精确三维表面。

激光成形三维表面大多应用在那些难加工材料的零件上，以工程陶瓷为主。

图 5-15 所示为激光烧蚀成形三维表面，激光烧蚀成形三维表面成形的质量与激光工艺参数有关，包括脉冲峰值功率密度、脉宽、脉冲频率和激光离焦量以及工作台的进给速度等。

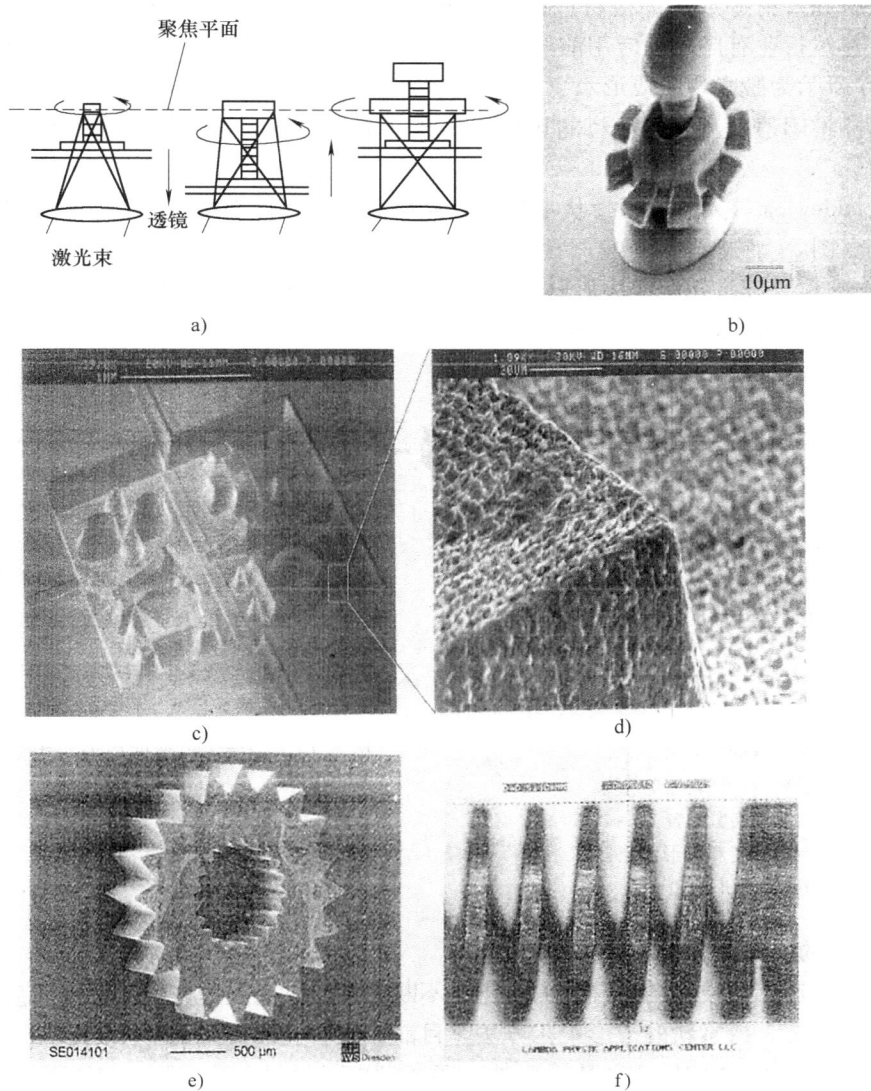

图 5-15　激光烧蚀成形三维表面

为了提高激光烧蚀成形质量（外形尺寸、粘度），除了上述优化激光成形工艺参数以外，另外还需对激光烧蚀加工进行深度的在线测量，例如德国的 Tonshoff 公司采用准分子激光烧蚀成形时，采用自动聚焦法传感器来检测激光烧蚀深度，对激光烧蚀深度进行实时监控，以提高激光烧蚀成形质量和精度。

2. 激光弯曲成形

激光弯曲成形的原理是通过激光加热工件，工件受热后在其内部产生热应力引起工件的拉伸形变或者在零件内部产生局部弹性、塑性拘束。传统的弯曲成形是采用火焰方法，通过火焰焊枪加热零件，使零件产生热应力实现的。激光弯曲成形与常规火焰成形相比，温度可控性更强，激光加热可在零件表面形成较高的温度梯度，而火焰热成形温度调节范围小，且调节难于控制。激光弯曲成形可实现自动化，可对复杂零件进行快速原型制造，复杂形状的激光可对板材和管材等成形，板材进行校正等这是常规火焰成形难以实现的，在汽车、机械、电子、建筑行业有广泛的应用前景。

图 5-16 所示为激光弯曲成形示意图。激光弯曲热成形的参数包括激光功率、激光成形速度、成形能量阈值以及成形材料的热物理参数（如热膨胀系数、热导率等）和材料的伸长率等。

W. Przetakiewicz 等人研究了管状零件的激光弯曲成形。图 5-17 所示为管状零件弯曲成形应用实例。图 5-18 所示为耐酸钢管状零件激光弯曲成形后的显微组织结构和硬度分布。图 5-19 所示为板零件激光弯曲成形后的显微组织结构和硬度测量。图 5-20 所示为低碳钢管零件激光弯曲成形后的显微组织结构及硬度测量。

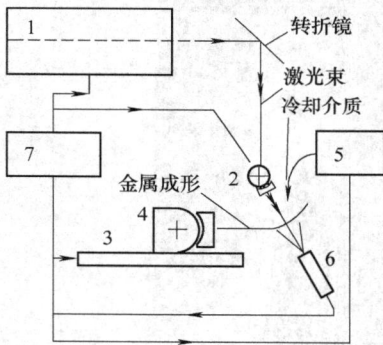

图 5-16 激光弯曲成形示意图
1—高功率激光器 2—可调光学系统
3、4—管状件的旋转夹紧装置 5—冷
却系统 6—控制温度和成形的仪器
7—计算机

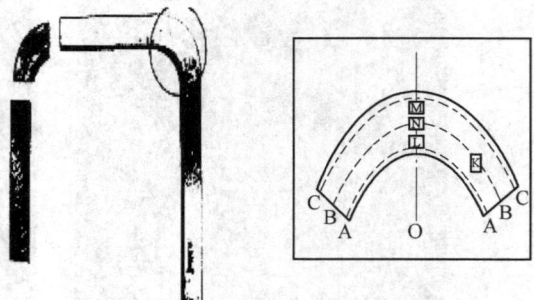

图 5-17 管状零件弯曲成形应用

5.1.6 其他新的激光快速成形工艺及材料

随着激光快速成形技术的发展，人们还在不断地提高激光快速成形制品的精度，扩大成形材料的使用范围，探索新的成形工艺方法。目前，除了上面提到的分层制造（SFF）成形技术（包括 SL、SLS、FDM、DSCP 等）外，还开发出了材料去除成形（MRP）和材料增加成形（MAP）技术。

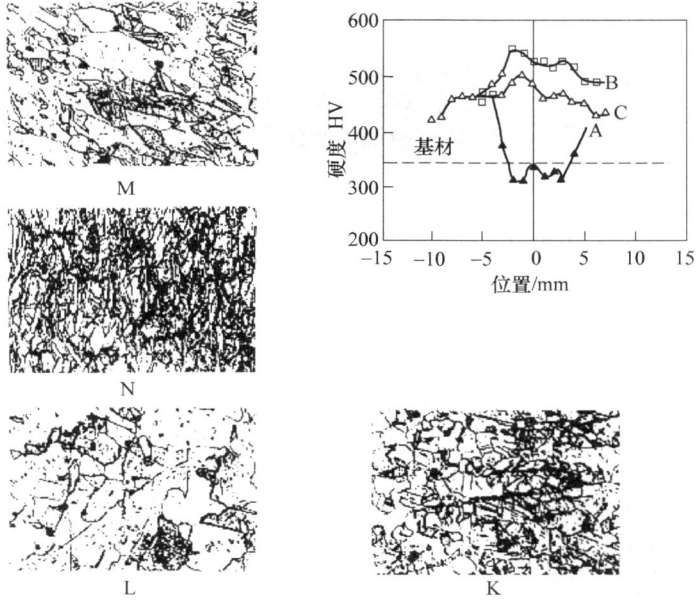

图 5-18　耐酸钢管状零件激光弯曲成形后的显微组织结构和硬度分布

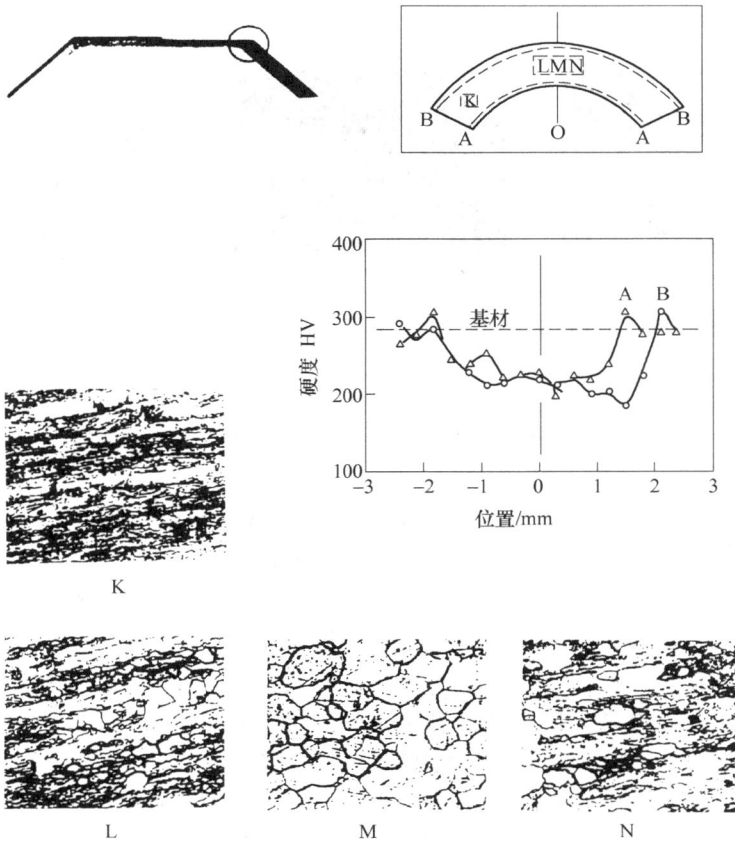

图 5-19　板零件激光弯曲成形后的显微组织结构和硬度测量

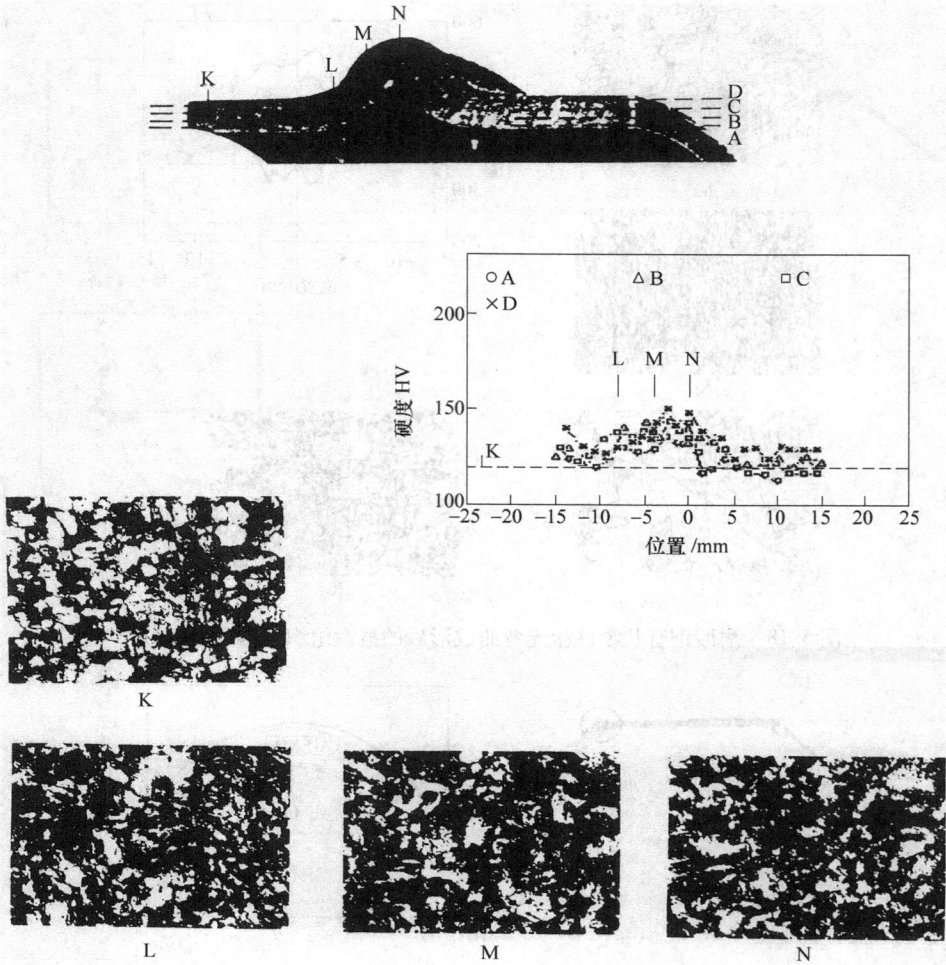

图 5-20　低碳钢管零件激光弯曲成形后的显微组织结构及硬度测量

图 5-21 所示为材料去除成形和材料增加成形技术集成示意图，其原理是：激光将熔融材料堆积在成形部分，经过铣削得到零件。

原型材料性能要满足：①利于快速精确地加工原型；②用 RP 系统直接制造功能件的材料性能要接近制件最终用途对强度、刚度、耐潮性、热稳性等的要求；③利于快速制模的后续处理。例如美国 3D Systems 公司早期采用聚丙烯酸作为原型材料，性能较差，后来用环氧树脂代替聚丙烯酸，制件强度大为提高。目前已经开发出塑料带、不锈钢和陶瓷带，可适用于标准的 LOM 激光快速成形工艺。

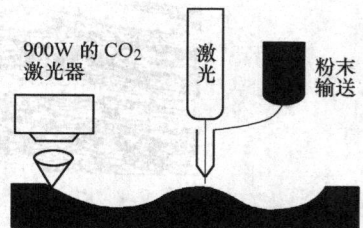

图 5-21　材料去除成形和材料增加成形技术集成

在 SLS 激光快速成形技术中，原先仅选择如树脂、石蜡、聚碳酸酯、尼龙等材料。后逐步采用光致硬化塑料、热固性塑料、热塑性塑料等。在光敏树脂中添加陶瓷粉粒材料可制造特殊功能件。后来发展到金属粉末（或陶瓷粉末）的激光选区烧结直接制模，此种材料具有高强度和热稳定性好等优点。在近几年成形技术的迅猛发展中，材料种类也在不断发展。

当今工业上应用的激光快速制模机主要采用各种不同的感光树脂或者易烧结塑料制造塑料模。采用金属粉或陶瓷粉直接制作金属模还处于开发阶段。

成形工艺和新材料的开发也在不断发展。例如美国航空材料公司开发出一种钛构件的激光成形材料。这种材料的成形工艺与 SLS 工艺类似，所不同的是，它可以制成致密度高的零件，而且无需热压等静压。采用工业纯钛、Ti-6Al-4V 和 Ti-6Al-2Sn 制成的钛成形件具有很好的力学性能。Dickten 公司正在研制另一种新的成形材料，用它做的零件不需要焙烧。又如日本 GMET 公司通过在光敏树脂粉中加陶瓷粉，可制作特殊功能件或快速直接制模。因此，在不久的将来会有更多的新工艺和新成形材料出现。

5.2　激光快速成形系统软件与设备

5.2.1　激光快速成形系统软件

在计算机中构建三维模型是激光快速成形技术的重要组成部分，也是激光快速制模的第一步。计算机三维 CAD 模型的质量直接影响激光快速成形过程的速度和质量。目前有多种用于三维造型的 CAD 软件，其使用情况如表 5-3 所示。

表 5-3　快速成形领域 CAD 软件使用一览表（1996 年）

软 件 名 称	所占比例（%）
Pro/Engineer	62
AutoCAD	35
I-DEAS	18
Unigraphics	17
CATIA	17
CADKEY	17
Computer Vision	14
EUCLID	7
Intergraph	2

Pro/Engineer 采用了全联的数据结构，如果对局部的数据作了改动，那么软件系统可以对与被改动数据关联的其他数据作出相应的改动，使文件的可修改性大大增强，减少了很多烦琐的工作，而且 Pro/Engineer 强大的实体造型（Solid Modelling）和表面造型（Suface Modelling）功能使得相当复杂的模型也可以相对容易地制作出来。

AutoCAD 是在微机系统上使用的 CAD 软件，是机械行业应用最为广泛、功能比较齐全的绘图软件。新版本的 AutoCAD 也有较强的三维造型功能，但是在 AutoCAD 中建立的三维模型输出的 STL 文件一般存在较多缺陷，鉴于此种情况，AutoCAD 在快速成形系统中的使用日渐减少。

另外，在软件开发中，有些软件适合作图形变换，如 Solid View、Magies View、STL View，可对 STL 的描述体进行图形变换；有些软件适合切片，可提高快速成形系统的制作速度，并减小阶梯效应；有些软件针对 STL 产生的一系列弊端将大文件分成小文件，通过对物体的原始 CAD 或 STEP 文件进行几何分析，自动优化工艺参数。

值得提出的是，近几年开发出来的 Windows^{XP}具有良好的用户界面，易于操作，使上述软件的功能得到进一步完善，必将在激光快速成形系统中得到越来越多的应用。

5.2.2 用于快速成形制模的激光器

在激光快速成形制模机的开发早期，主要采用的是 He-Cd 激光器和 Ar 离子激光器，但这些激光器输出功率小，效率低，且运行价位高。例如 Ar 离子激光器的安装费（包括冷凝器和红外装置）和激光器运行费较高，这使得激光快速成形设备的系统费用增加。1995 年，德国已开发出三倍频固体 Nd：YAG 激光器，提高了激光器输出功率，延长了激光器的使用寿命，降低了激光器的运行费用。

不同类型的激光快速成形设备系统，所要求的激光器类型也不相同。在激光立体光刻（SL）制模中，为了解决树脂的聚合问题，需要激光波长在 350nm 左右且光束发散角小的激光器，故此类型激光制模机大多采用 He-Cd 激光器、Ar 离子激光器。He-Cd 激光器输出功率为几十毫瓦，Ar 离子激光器输出功率可达 300mW，而三倍频 Nd：YAG 激光器多以脉冲工作方式运行，脉冲重复频率在 10kHz 左右，脉冲功率为几瓦。图 5-22 所示为三倍频固体 Nd：YAG 激光器工作原理图。

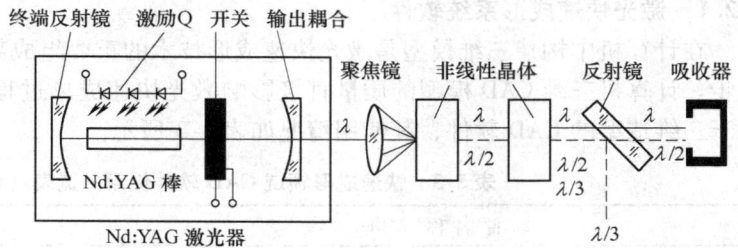

图 5-22　三倍频固体激光器（以 Nd：YAG 为例）工作原理图

在选择性激光烧结（SLS）法中，尤其是在以金属或陶瓷粉末为成形原料时，由于 SLS 法中的分解能力和加工精度主要取决于激光器的光束质量（激光器的输出功率和光束质量至关重要），为了满足 SLS 法高功率和高光束质量的要求，通常采用输出基模 TEM$_{00}$ 和低阶模的 CO$_2$ 激光器。

近年来，激光快速制模机除采用上述几种常用激光器类型外，还采用了一些新类型激光器，例如 Nd：YAG 激光器和半导体二极管泵浦 Nd：YAG 激光器；这些激光器将有助于提高激光器的输出功率和脉冲重复频率，但如何压缩三倍频固体 Nd：YAG 激光快速成形系统中 YAG 激光的发散角将是研究的重要问题。

5.2.3 激光快速成形设备

20 世纪 90 年代初，美国 3D Systems 公司推出了世界首台商品化激光快速成形设备。目前激光快速成形技术经过近几年的迅速发展，美国、日本、德国等许多国家均有激光快速成形设备出售。

美国 3D Systems 公司推出了 SLA—500/40、SLA—250/50 和 SLA—350 型激光快速成形设备，其中新推出的 SLA—350 型制作速度快，并采用了 Zephyr 再涂层技术，而且最上面的待成形树脂的涂布供给采用了真空吸附式的刮板结构。

Helisys 公司推出的 LOM—2030H 型激光快速成形制模机专门设计了新的 x-y 定位系统，采用运动功能增强的控制软件，使 x-y 轴运动精度更高；在 z 轴中采用了精确的线性编码器，并配有实时反馈的红外传感器，可使系统精确控制激光扫描温度。该设备的成形件尺寸可达 812mm × 558mm × 508mm。

　　DTM 公司的 Sinterstation 2500 型激光快速成形设备的原型材料适用范围较宽（如聚碳酸酯、尼龙、存真塑料、铜-聚酰胺和 Rapidsteel 2.0 不锈钢粉料等）。该设备从 z 轴方向到零件外轮廓边缘都能保持良好的聚焦状态，可大大提高零件的制作精度。该设备在汽车和航空制造业中具有广阔的应用前景。

　　SPI 公司推出的喷墨式立体激光打印设备在立体打印过程中具有分层高度可变化功能，即在不同位置可选择不同的分层厚度得到最佳的粗糙度，设备的原型件制作精度可达 0.1mm。

　　日本的 CMET 公司推出的 SOUP 系列光敏树脂立体激光光刻设备是日本激光快速成形设备的主导产品，该设备的光刻范围大，可达 $1000mm \times 800mm \times 500mm$。

　　德国的 EOS 公司新近开发的选择性激光烧结（SLS）系统有 EOSINTP、EOSINTM 和 EOSINTS 三种。EOSINTP 型主要用于制造熔模铸造中的消失模和塑料原型制品。EOSINTM 型主要用于制造金属注塑模，它能采用金属粉末进行激光直接烧结，不需任何粘结材料，也不需要预热，因此制品收缩小，可以得到较高的面型精度。EOSINTS 型设备主要用于制作模具，采用了浇口流道系统和空芯的设计思路，不需要再设计拔模斜度，并具有减少模具中型芯块的数量等优点。

5.3　激光快速成形制作零件（或模具）的典型实例

　　激光快速成形技术具有广泛的应用领域，表 5-4 列出了激光快速成形技术的应用范围。

表 5-4　激光快速成形技术应用范围

行　业	应　用
制造业	新产品开发、快速制模、微型机械、结构复杂件
建筑业	房屋桥梁设计、古建筑修复
医疗业	骨科仿形、牙科、整容、手术方案预演或教学实习
航空航天业	军工产品造型设计、功能验证、特殊性能零件
其他	首饰、灯饰、考古、三维地图等

　　图 5-23 所示为采用激光快速成形法制作的红外制导仪中观测镜壳体的精铸熔模，整个制作周期为 12 天。

　　图 5-24 所示为采用分层制造（SFF）激光快速制模法制作的电话机外壳模，采用传统制模法需要数月之久，而采用激光快速成形制模只需几天。

　　图 5-25 所出为采用选择性激光烧结（SLS）法制作的、以聚酰胺为原料的挖掘机机柄模型。

　　图 5-26 所出为采用激光直接烧结法制成的砂型和由此浇铸成的曲轴毛坯，此种方法还可用于航空、汽车等行业中模具的制作。

图 5-23　观测镜壳体的精铸熔模

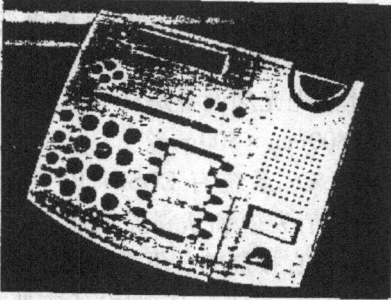

图 5-24 电话机外壳模

图 5-25 聚酰胺挖掘机机柄模型

图 5-26 激光直接烧结法制成的砂型和
由此浇铸成的曲轴毛坯

习　题

1. 分别叙述 SL、SLS 和 LOM 三种快速成形技术所采用的激光器类型及所使用的材料。

2. 说明什么是激光立体光刻制模的面型精度，采用什么措施提高激光立体光刻制模的面型精度。

3. 金属粉末选择性激光烧结工艺在粉末选择性烧结方法中有什么优越性？目前该工艺主要出现的问题是什么？

4. 激光直接成形方法有什么优点？常采用何种激光器和什么送粉方式？

5. 编写一种激光快速成形方法的应用软件程序（实训题）。

第6章 激光烧结合成陶瓷

6.1 激光烧结合成陶瓷工艺

6.1.1 激光烧结合成陶瓷概述

陶瓷是由无机化合物粉料经高温烧结而成,以多晶聚集体为基本结构的固体物质。功能陶瓷则是特指利用材料的电、磁、光、声、热等直接性能或其耦合效应来实现某种使用功能的一类新型陶瓷。陶瓷烧结中,粉末压制品或多晶混合物需在高温条件下经过复杂的物理 – 化学过程,达到密度增大和气孔率降低的致密化目的。致密度是影响功能陶瓷物理性能的重要因素,如介电陶瓷致密度的提高有利于增强其介电常数,而对于透明陶瓷,致密度更是影响其透光性的重要因素。常规陶瓷固相烧结的传质过程仅通过固态的表面、界面或体内扩散来完成,不涉及气态或液态传质。对于具有很大晶格能和稳定结构状态的高熔点陶瓷,质点迁移需要较高的激活能才能进行,因此高熔点陶瓷的致密烧结往往具有较大的难度。

传统的陶瓷烧结方法有热压烧结、等静压烧结、反应烧结等,但自 20 世纪 80 年代初日本学者奥富卫开创大功率 CO_2 激光非平衡态下合成陶瓷的新方法以来,该方法由于有烧结周期短、可避免外来杂质引入、可获得平衡相图中没有的新相等诸多优点而受到了广泛而深入的研究。激光烧结陶瓷技术中的辐照件一般是由粉末压制而成的陶瓷素坯,表面缺陷和粗糙程度远大于金属材料,因而对相应波长的激光具有较高的吸收率。当激光照射到陶瓷素坯表面时,高效的能量吸收使得表层温度快速升高,引起表面熵的迅速增加。捕获了大量光子能量的微观粒子以较快的速度被激发到高能态,粒子能量的增加加剧了热运动的程度,热运动的不平衡又通过粒子间的相互碰撞产生能量交换,热能主要通过高温向低温的热扩散实现新的平衡。大多数陶瓷材料在可见和红外波段内都有较长的光子平均自由程,尤其是在 $T > 1000℃$ 的高温条件下,从而保证了较高的能量传递效率和足够的烧结动力。ZrO_2、HfO_2 和 YzO_3 是典型的高熔点陶瓷,熔点高于 2000℃。1984 年,日本学者 Okutomi 等用大功率 CO_2 激光烧结得到的高密度(ZrO_2-HfO_2-Y_2O_3)三元系结构陶瓷,硬度可以达到 180MPa。采用激光束取代常规陶瓷烧结技术中的宽带加热源,能源利用率高,尤其适用于高熔点材料的制备和改性。烧结效果既取决于激光的功率密度、光强分布、辐照时间等激光工艺参数,也取决于被辐照材料的物理性能,如材料对激光的吸收系数、热导率、比热容以及材料的相变温度、熔化温度和密度等。

普通的钨酸铝陶瓷为白色绝缘体,在激光烧结 Al_2O_3-WO_3 陶瓷的研究中发现,随着加热温度的提高,陶瓷体由黑色转变为淡黄色,阻值由半导体逐渐增大成为绝缘体,呈现出线性变化的阻温关系。

激光烧结陶瓷结构及相的特殊变化会引起陶瓷物理性能的改变,从而成为获得具有特殊物理性能新材料的有效途径。由于陶瓷是一个宏观的体材概念,因此,如介电陶瓷性能的测量对其平面尺寸和厚度比有大于 5:1 的要求。

在激光烧结陶瓷的试验过程中,一般首先将原料粉末与一定浓度的甲基纤维素水溶液粘结剂混合成坯料，然后采用压模将坯料压制成片状或柱状素坯，素坯仅为粉粒粘结体，必须经过高温烧结才能成为致密的多晶结构体。激光烧结按照事先制定的功率调节程序，按照程序辐照放置在试样夹具上的素坯，完成陶瓷的烧结。

激光烧结系统主要包括一台CO_2激光器，配有可带动辐照件高速旋转工作台的烧结室，用以实时监测激光烧结过程中陶瓷表面温度的红外测温仪等，烧结系统基本架构图如图6-1所示。

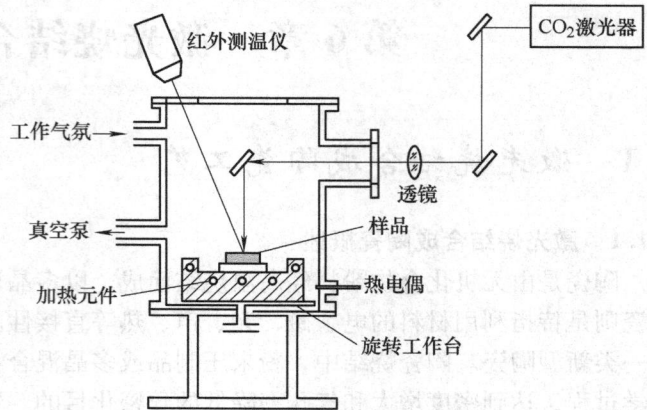

大多数氧化物陶瓷对CO_2激光的吸收率要高于YAG激光。当YAG激光以$898W/cm^2$功率密度照射Ta_2O_5基陶瓷表面超过10s后，会因反射强烈造成光路中保护镜的损裂，一般氧化物陶瓷对CO_2激光的吸收可达80%以上，CO_2激光成为激光烧结陶瓷技术中所采用的主要加热源。

图6-1 激光烧结陶瓷系统结构图

6.1.2 激光烧结陶瓷的非平衡性

激光烧结陶瓷是一种快速的非平衡过程。功能陶瓷大多具有多晶型，而且各种晶相只有在一定条件下才能存在。快速的热处理过程可以使陶瓷中的某些非平衡相在烧结过程中得以保留。采用激光作为辐照加热源，其瞬时开关的易控性为陶瓷烧结的快速升温和降温提供了保障条件。激光辐照可以使烧结温度迅速达到2000℃以上，为陶瓷体从低温相向高温相的转变提供足够的烧结动力。当温度变化过快时，在相变温度前后会由于无法满足转变条件而出现明显的热滞。特别是在激光烧结的快速降温阶段，陶瓷中某种高温稳定结构就会以一种介稳的高自由能方式，长期地保存下来。

Al_2O_3存在α和γ两种相。α-Al_2O_3在所有温度下都是稳定的，γ-Al_2O_3在高温下不稳定，当温度达到$1000 \sim 1600$℃时，γ-Al_2O_3会不可逆地转变为α-Al_2O_3。但是含锂的铝硅酸盐和铝磷酸盐熔体经快速冷却可得到致密的明显结晶的γ-Al_2O_3。多晶型的Ta_2O_5，其结构稳定性与制备工艺的不同密切相关。通常认为至少存在低温相（L-Ta_2O_5）和高温相（H-Ta_2O_5）两种不同的晶相。但是由于高温相必须经历几个相变过程才能稳定，通常采用纯原料无法得到可供室温下分析高温结构相的合适单晶。激光烧结技术为得到具有高温相的Ta_2O_5陶瓷提供了途径。

6.1.3 激光烧结合成陶瓷的工艺参数选择

激光烧结陶瓷过程中，需要严格控制陶瓷在激光辐照下发生的大面积熔化或气化，否则不但会耗费过多的激光能量，还会严重影响陶瓷的成形，增加后期加工处理的复杂性。一般陶瓷烧结的激光输出功率密度上限范围为$10^3 \sim 10^4 W/cm^2$。

由于陶瓷材料烧结过程的最大限度是可能出现部分液相传质的烧熔，而不允许出现气化和等离子体等物理现象，对于较大面积（$>1cm^2$）的陶瓷烧结，需要采用快速扫描方式。若采用激光束与辐照件之间无相对运动的定位辐照，即使通过扩束等办法调节或控制激光光斑大小，使之与陶瓷素坯直径相等，也会出现点状烧蚀坑、熔凝块或裂纹等非常粗糙不平的表面形貌，而且瓷件较易裂损。这是因为陶瓷素坯在制备过程中不可避免地会出现诸如气孔、杂质等缺陷，而激光辐照的陶瓷表面热均匀性的强弱与这些缺陷的分布关系颇大。光斑越大，光斑内所包含缺陷的几率就越大，对温度场均匀分布的影响也就越大，导致激光能量沉积差异明显。同时大尺寸的光斑辐照不仅会加重试样表面热效应的不均匀性，而且还需要提高激光的输出功率。因此，陶瓷的激光烧结需要在合适的扫描方式和扫描速率下，配合合适的光斑直径，以达到陶瓷烧结所需要的温度场要求。在氧化物陶瓷的激光烧结中，工作台带动辐照件的环形旋转速率需要接近或高于 800mm/s；对于直径为 8 ~ 12mm 的陶瓷素坯，一般光斑半径调节为 $r \approx 2.5 \sim 3$mm，可以得到表面形貌较好的烧成瓷件。

　　在激光功率密度一定的条件下，激光辐照陶瓷表面的升温具有饱和性，经过一定时间的辐射，陶瓷表面的温度趋于稳定。图 6-2 所示为激光辐照 Ta_2O_5 陶瓷的表面温度变化，由图可以看出，在 $v = 800$mm/s、光斑半径 $r = 3$mm 的条件下，当激光辐射 30 ~ 50s 后，陶瓷表面的温度趋于稳定，直至熔融为止。类似的情况也出现在 $BaTiO_3$ 的陶瓷烧结中。这种温度饱和性，为陶瓷烧结过程中的保温阶段提供了条件。

　　确定激光烧结的工艺参数，主要从四个方面考虑，即烧结保温的初期阶段、烧结保温阶段、降温阶段以及后期的热处理。

　　激光辐照加热易造成瓷件局部温差过大，胀缩不一所引起的变形、开裂甚至于炸裂。试验中一般

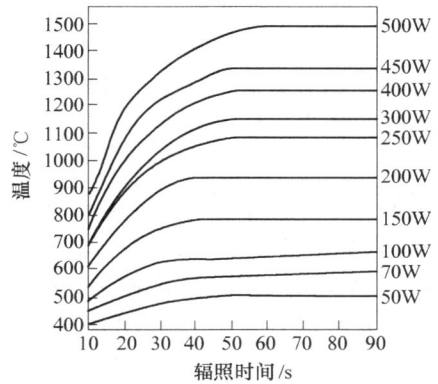

图 6-2　激光辐照 Ta_2O_5 陶瓷表面温度变化

通过前期对陶瓷的综合热分析，基本确定其相变温度，以此有效地控制烧结中因素坯成分多晶转变等引起的体积效应。同时在激光烧结的初期阶段应进行低功率激光辐照预热，以利于陶瓷素坯中物理吸附水的挥发、有机胶合剂的燃烧、气态物质的释放、结晶水的丧失等。此外，低功率激光辐照预热还可避免因素坯表层和体内温度梯度过大，造成表层烧结速度大于体内的烧结速度，致使瓷件体内的大量气孔因表面在数秒内已烧结致密而无法排出导致炸裂的现象。一般而言，辐照预热的激光功率密度约为 $0.1kW/cm^2$，时间略长于后一阶段的最高烧结保温时间，为 90 ~ 120s。

　　采用连续匀速增大功率方式时，功率调节速率与瓷件的大小和厚薄存在很大关系，对于直径为 8 ~ 10mm 的片状陶瓷素坯，可在 30 ~ 60s 的时间内匀速提高激光功率值，至最高烧结保温值。对于某些陶瓷，突然瞬时增大功率方式可能会带来特殊的功能效应。如调节激光功率密度使 $BaTiO_3$ 的辐照温度由 500 ~ 600℃，突然升温至 1100 ~ 1200℃，往往可以获得具有优异阻温特性的正温度系数热敏电阻瓷。

　　结晶能力比较强的陶瓷，其烧成温区（最高烧结温度相应的激光功率可调范围）都比较窄，诸如 $BaTiO_3$ 的烧成温区为 0.65 ~ 0.75kW/cm^2，Ta_2O_5 基陶瓷的烧成温区为 1.5 ~ 2.2kW/cm^2。当激光烧结功率低于烧成温区时，陶瓷素坯只在表面层（厚度）出现局部晶化现象，瓷体内部仍处于生烧状态，试样用手即可掰碎。超出烧成温区，就可能出现大量粗晶，致使瓷件物理性能劣化，过度超出则无法得到成瓷。如果烧结功率接近 500W，陶瓷辐

照件会因严重熔化而坍塌，甚至在几秒的时间内出现气化。

陶瓷经过高功率密度的激光烧结保温过程后，需要经历连续降低激光功率至10W后的静置冷却过程。根据冷却速度快慢的要求，这一过程主要有保温结束后的气氛冷却、液体介质冷却及无机粉末介质冷却等几种方式。

对激光烧结陶瓷进行后期热处理，可有效改善其功能特性。经过550℃的退火处理以消除残余应力的Ta_2O_5陶瓷，其介电损耗明显降低。激光熔烧所制备的蓝宝石，经过氧化或还原的后期热处理，可以达到稳定色度的目的。

激光烧结陶瓷技术的关键工艺是要有一个合适的温度场。首先要保证烧结时陶瓷径向温度场的基本均衡稳定，即横向温度梯度尽可能小，这要求辐射在材料表面的光强分布应尽量一致；同时陶瓷轴向需具有合适的温度梯度，以利于陶瓷烧结中固-液界面的匀速推进，保证陶瓷体的整体烧成质量。

激光烧结中为了获得径向均匀温度场，通常采用一些激光均束法，如非球面均束法、光波导法及带式积分镜法等，但各有利弊。

激光烧结时，柱状或片状陶瓷的轴向一般与激光入射方向一致。激光本身是一种方向性极强的辐照源，通过加热和热传导，能够在试样内形成与激光入射方向一致的温度场梯度分布，当试样从加热状态迅速冷却时，凝固结晶会从试样底部温度最低处以固态衬底界面为核心成核长大。

6.1.4 激光烧结陶瓷的显微结构特征

激光烧结的陶瓷，具有晶粒取向生长的显著特性。虽然是多晶，但在晶粒生长时，激光束的定向辐照会诱导陶瓷中的晶粒沿某一晶向取向生长。快速凝固过程中，在正的温度梯度下固液界面前沿液体几乎没有过冷，界面以平面方式向前推进，从而获得一种侧向生长受到抑制的超细柱状晶或片状晶组织，如图6-3和图6-4所示。

图6-3中的晶粒横向尺寸（垂直于激光入射方向）急剧缩小，平均由几十微米降低为几微米。这种稠密有序的晶界结构可以有效地遏制降温过程中内应力的积累，抑制晶粒之间或晶粒之内裂纹的产生，增加晶粒径向周期场的中断或转续。激光烧结可使陶瓷的纵向凝固温度梯度达到1000K/cm以上，是一种典型的超高梯度定向凝固，是以柱状晶的形式生长的。普通陶瓷中随机取向的等轴晶会转变为沿激光入射方向紧密排列的柱状晶或片状晶，这种结构上的有序排列导致陶瓷在物理性能上具有类似于单晶的各向异性，成为一种制备织构取向陶瓷的有效方法。

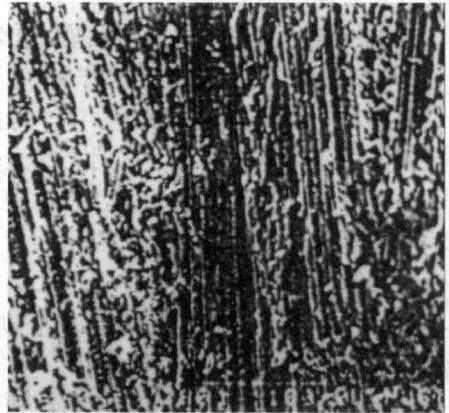

图6-3 柱状晶结构

激光高能的热作用会导致陶瓷烧结过程中固、液相传质并存。图6-4所示为采用40W激光辐照烧结$BaTiO_3$陶瓷片层（层厚20μm）30s后的显微结构，此时温度显示为1250℃，低于$BaTiO_3$的熔点。

显微结构中所出现的片状结构反应了材料在激光辐照的快速加热过程中，由于对激光能量的快速吸收和表面能的快速释放，素坯颗粒的表面温度迅速提高出现局域熔化，产生液相。由液相所引起的表面张力作用会使颗粒更加拉近，通过粘性流动和塑性流动两种传质机

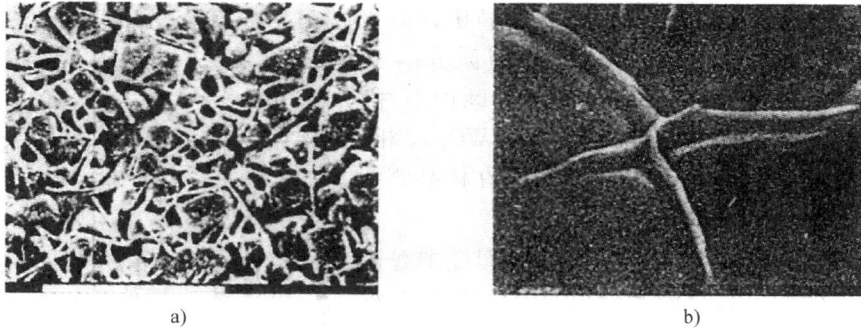

图 6-4 激光辐照烧结 $BaTiO_3$ 陶瓷片层的显微结构

a）激光烧结 $BaTiO_3$ 陶瓷的片层结构 b）片状结构的局部放大

理促进体系自由能的降低，达到陶瓷烧结的高致密化。此外，随着晶界在温度梯度诱导之下的迁移延伸，晶界上的物质不断向气孔扩散填充，导致晶界气孔的快速消除。仅有极少量迁移速率显著低于晶界迁移速率的气孔被包裹到晶粒内部残留下来。因此，激光烧结陶瓷中气孔率极低，晶界较薄且清晰平滑。

6.2 激光烧结陶瓷的应用

6.2.1 激光合成新型钨酸铝陶瓷

华中理工大学激光技术国家重点实验室在 20 世纪 90 年代开始研究采用大功率 CO_2 激光烧结 Al_2O_3 陶瓷，采用激光烧结 Al_2O_3-WO_3 合成了 Al_2O_3-WO_3 系负温度系数（NTC）热敏陶瓷材料，该材料在一定温区及组成下阻温关系呈线性变化，其导电相为铝钨青铜 Al_xWO_3。

激光合成使用 $5kWCO_2$ 激光器，光斑直径约 $15mm$，激光功率输出历经连续上升、保持、切断过程，一个烧结周期在 $30s$ 内完成。

激光合成 $10\% \sim 90\%$（物质的量分数）WO_3 材料的性质列于表 6-1，其中也有常规方法合成的 $50\%WO_3$ 样品的结果。

表 6-1 合成 Al_2O_3-WO_3 系材料的结果

组成（物质的量分数）	烧结方式	颜 色	相 结 构	298K 时电阻率/$\Omega \cdot cm$
Al_2O_3-10%WO_3	激光	黑	Al_2O_3，$Al_2(WO_4)_3$	$>10^9$
Al_2O_3-20%WO_3	激光	黑	Al_2O_3，$Al_2(WO_4)_3$	$10^8 \sim 10^9$
Al_2O_3-30%WO_3	激光	黑	Al_2O_3，$Al_2(WO_4)_3$	$\approx 10^5$
Al_2O_3-40%WO_3	激光	黑	Al_2O_3，$Al_2(WO_4)_3$	$\approx 10^4$
Al_2O_3-50%WO_3	激光	黑	Al_2O_3，$Al_2(WO_4)_3$	$\approx 10^3$
Al_2O_3-60%WO_3	激光	黑	Al_2O_3，$Al_2(WO_4)_3$	$\approx 10^2$
Al_2O_3-70%WO_3	激光	淡绿	Al_2O_3，$Al_2(WO_4)_3$	$\approx 10^1$
Al_2O_3-80%WO_3	激光	绿	$Al_2(WO_4)_3$，WO_3	$\approx 10^7$
Al_2O_3-90%WO_3	激光	淡黄	$Al_2(WO_4)_3$，WO_3	$\approx 10^3$
Al_2O_3-50%WO_3	常规	白	Al_2O_3，$Al_2(WO_4)_3$	$>10^9$

激光合成 Al_2O_3-10% ~ 20% WO_3 样品中，由于 Al_2O_3 含量高，陶瓷体内部生长形态与激光合成 Al_2O_3 陶瓷相类似。图 6-5 所示为试样的断面照片，EDAX 分析表明，其中白色晶粒为 Al_2（WO_4）$_3$ 相，内部 Al_2O_3 晶粒形如链状排列，其特点是在样品侧面形成具有周期性流纹状沟槽。

在激光合成 Al_2O_3-30% ~ 70% WO_3 陶瓷中普遍形成胞状组织结构，这是激光合成 Al_2O_3 - WO_3 系材料微观结构的最突出特征。图 6-6 所示为 Al_2O_3-50% WO_3 样品的 SEM 照片，激光辐照过程中，样品近表面 1 ~ 2mm 区域已被熔融，试样熔体在未熔基体及衬台的热传递下进行结晶凝固，由于钨酸铝作为溶质

图 6-5 试样的断面照片

在 Al_2O_3 中的分凝系数小于 1，随着晶体生长，在固液界面前沿发生了"三维分凝"，在一定冷却条件下，试样上半部形成胞状结构。

图 6-6a 为激光合成 Al_2O_3-50% WO_3 的胞状组织，图 6-6b 为该试样的表面照片，可看到试样表面生成棱面体，这种棱面体为柱状晶，柱状晶之间为溶质所富集，从而形成了胞状结构。Al_2O_3-60% ~ 70% WO_3 试样与 50% WO_3 试样略有不同，其表面棱面体的生成不是四角棱柱而是六角棱柱（图 6-6b）。它们都是以柱状晶的形式生长的（图 6-6c），并且具有树枝

a)

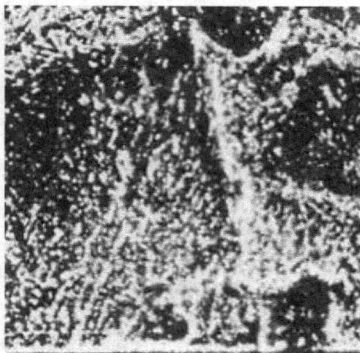

b)

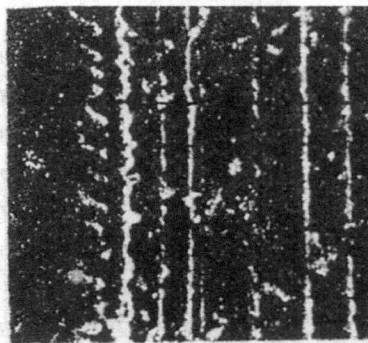

c)

图 6-6 Al_2O_3-50% WO_3 样品的 SEM 照片

晶的二次臂萌芽，这些柱状晶镶嵌在约 $10\mu m$ 厚近层状排列的共晶体中，呈现出亚共晶生长的特征。

　　图 6-7 所示为 Al_2O_3-80% ~90% WO_3 样品的 SEM 照片。从图 6-7 中可看到试样表面横向生长的针状晶，这些针状晶多以枝晶存在，有时可看到生长良好的透明晶体。激光合成的 Al_2O_3-WO_3 材料普遍具有 NTC 特性，图 6-8 所示为 Al_2O_3-50% WO_3 的阻温特性曲线，其线性变化温度范围为 20~180℃。不同的原料配比及不同的激光合成工艺，其线性变化的温区范围有所不同。当 WO_3 含量较低时，线性温区偏向高温区，电阻随温度变化较大，线性区间热敏电阻温度系数较大，对于 Al_2O_3-WO_3 系列热敏电阻，线性温度系数为 0.2% ~0.8%／℃。当温度系数较小时，线性温区间较宽，阻温特性测量表明，激光合成 Al_2O_3-50% WO_3 的线性温区范围最大。

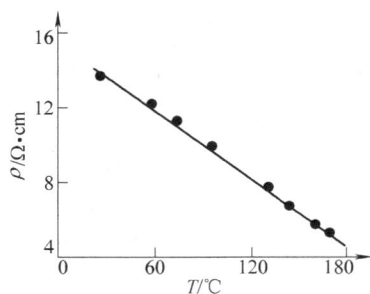

图 6-7　Al_2O_3-80% ~90% WO_3 样品的 SEM 照片　　　图 6-8　Al_2O_3-50% WO_3 的阻温特性曲线

　　由于 WO_3 的熔点低，挥发性强，常规方法烧结 Al_2O_3-WO_3 系陶瓷时需在样品表面加 Al_2O_3 粉封装层后进行烧结，成瓷后去掉包封料得到瓷样品，为白色绝缘体，激光合成样品为黑色，其导电机理通过精确的 X 射线粉末照相进行了分析。

　　激光合成 50% WO_3 样品粉末照相结果经内标校正后样品得到 140 条衍射线，通过 $Al_2(WO_4)_3$ X 射线衍射谱的计算从中区分出 130 条属于 $Al_2(WO_4)_3$ 的谱线。将剩余谱线与 ASTM 卡对照得出：样品中除含有 $Al_2(WO_4)_3$ 及 Al_2O_3 外，还含有 Al_xWO_3 及 WO_3。

　　对实验各物相谱线分别进行最小二乘法优化，得到激光合成 $Al_2(WO_4)_3$ 晶胞参数为 $a_0 = 9.158(8) \times 10^{-10} m$，$b_0 = 12.625(4) \times 10^{-10} m$，$c_0 = 9.077(3) \times 10^{-10} m$，正交 Al_xWO_3 的晶胞参数为 $a_0 = 10.871(6) \times 10^{-10} m$，$b_0 = 15.152(8) \times 10^{-10} m$，$c_0 = 10.778(6) \times 10^{-10} m$。

　　由于 Al_xWO_3 的生长必须有金属钨或一定化学计量比的低价氧化钨存在，因此反应过程中 WO_3 部分被还原，其生成机理为 WO_3 在低氧分压下进行多光子吸收离解失氧得到低价钨氧化物

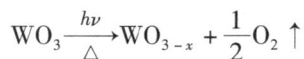

$$WO_3 \xrightarrow[\triangle]{h\nu} WO_{3-x} + \frac{1}{2}O_2 \uparrow$$

　　在氮气气氛烧结炉中合成的 50% WO_3 样品同样为黑色的 NTC 热敏陶瓷，电阻率约为 $10\Omega \cdot cm$，这一事实有力地证实了上述结论。

　　化学式为 M_xWO_3 的一类非化学计量组成化合物称为钨青铜，Al_xWO_3 是其中的一种，称

为铝钨青铜。激光合成样品中的 Al_xWO_3 为类钙钛矿结构钨青铜，由于 Al_xWO_3 的生成，样品呈黑色，表面有釉的光泽。钨青铜的导电性使它们成为半导体并具有 NTC 热敏性质，尽管 WO_3 也是半导体，但其室温电阻率约为 $10^5\Omega\cdot cm$，远大于激光合成材料的室温电阻率（约为 $10\Omega\cdot cm$）。并且在 50% WO_3 样品中 WO_3 为非过量反应物，故在激光合成材料电导性上起支配作用的是 Al_xWO_3，这是在激光合成的非平衡态下生成的 Al_2O_3-WO_3 平衡相图中没有的一个非平衡相，它在 Al_2O_3 晶体形成过程中作为分凝相保留在胞状结构或柱状晶界之中。

6.2.2 激光烧结 Ta_2O_5 基陶瓷

激光烧结技术在制备高介电常数 Ta_2O_5 基陶瓷方面取得了突破性成果，对其所制备介电陶瓷介电常数增强机理的分析有助于将该技术应用于制备其他新型功能陶瓷的开发和推广。

针对 Si 基 MOS 集成电路高速低耗以及更高集成度的未来发展趋势，采用合适的新型高介电常数材料（高 κ 材料）取代现行的 SiO_2 介质，是解决硅基介质减薄导致器件失效和提高 DRAM 电荷存储性能的一个重要途径。熔点接近 1900℃ 的 Ta_2O_5 具有较高的介电常数、较低的介质损耗及良好的热稳定性和化学稳定性，是微电子技术中一种极具应用潜力的新型高 κ 材料。提高介电陶瓷介电常数的传统方法是离子掺杂，目前通过 Ti 的掺杂，常温下 Ta_2O_5 陶瓷的介电常数已从 36 提高到 126（1MHz）。多晶型的 Ta_2O_5，其结构稳定性与制备工艺的不同密切相关。通常认为至少存在低温相（L-Ta_2O_5）和高温相（H-Ta_2O_5）两种不同的晶相。但是由于高温相必须经历几个相变过程才能稳定，通常采用纯原料无法得到可供室温下分析高温结构的合适单晶。激光烧结技术为得到具有高温相的 Ta_2O_5 陶瓷提供了途径。图 6-9 所示为常规炉烧与激光烧结 Ta_2O_5 陶瓷的金相照片。6-10 所示为常规炉烧与激光烧结 Ta_2O_5 陶瓷典型试样的断口 SEM 照片。

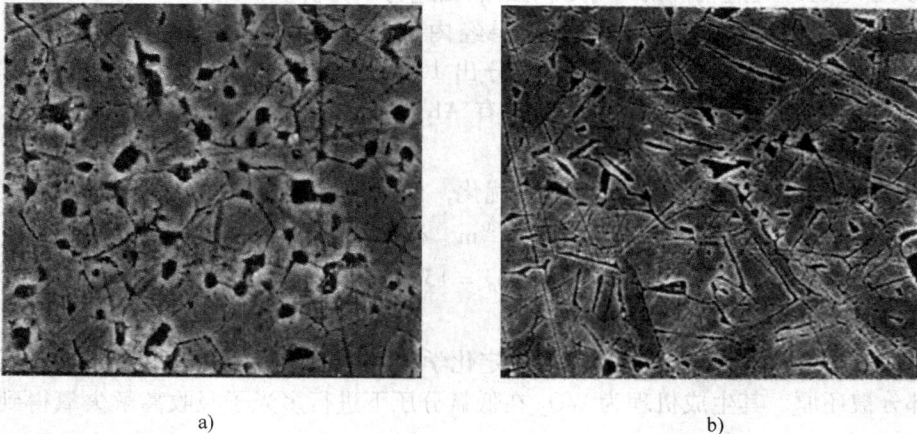

a)　　　　　　　　　　　　　　　　　　b)

图 6-9 常规炉烧与激光烧结 Ta_2O_5 陶瓷的金相照片

a) 常规炉烧 Ta_2O_5 陶瓷　b) 激光烧结 Ta_2O 陶瓷

图 6-11 所示为普通烧结（FS）与激光烧结（LS）Ta_2O_5 陶瓷的粉末 XRD 谱。普通烧结为正交晶系的 Ta_2O_5 低温相（Lorn-Ta_2O_5），而在激光烧结的陶瓷试样中获得了以（101）、

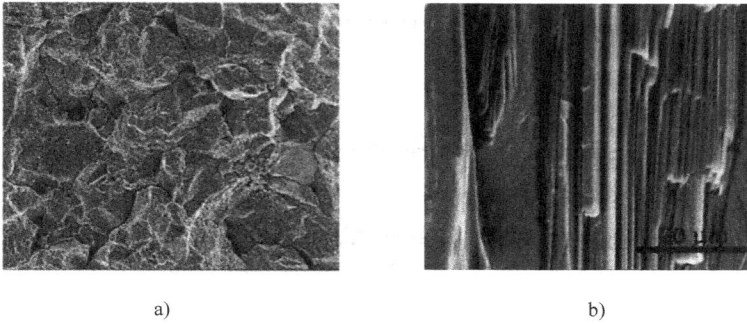

a)　　　　　　　　　　　　　　　　　b)

图 6-10　常规炉烧与激光烧结 Ta_2O_5 陶瓷典型试样的断口 SEM 照片

a) 常规炉烧 Ta_2O_5 陶瓷　b) 激光烧结 Ta_2O_2 陶瓷

（$00\overline{12}$）等为衍射特征峰的高温单斜相（H_{mon}-Ta_2O_5）。

　　图 6-12 所示为两种烧结方法所制备（Ta_2O_5）$_{1-x}$（TiO_2）$_x$ 陶瓷试样的介电性能比较。采用激光烧结技术，已成功制备出介电常数明显增强的（Ta_2O_5）$_{1-x}$（TiO_2）$_x$ 陶瓷，如图6-12所示。图 6-13 中表示出了激光烧结 Ta_2O_5 陶瓷介电性能的温度特性（测试频率：1MHz；温度测试范围：$-60\sim100$℃）。在整个测试温度范围内，激光快速烧结 Ta_2O_5 陶瓷的介电常数远远高于普通烧结陶瓷，且保持较稳定的温度特性，介质损耗在 20℃ 以后开始出现伴随温度提高的缓慢增加。

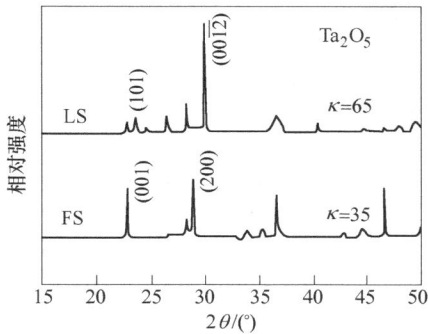

图 6-11　普通烧结（FS）与激光烧结（LS）Ta_2O_5 陶瓷的粉末 XRD 谱

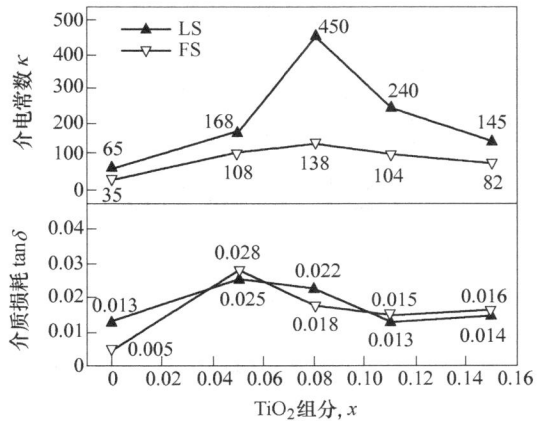

图 6-12　两种烧结方法所制备（Ta_2O_5）$_{1-x}$（TiO_2）$_x$ 陶瓷试样的介电性能比较

　　图 6-13 所示为两种烧结方法 Ta_2O_5 陶瓷介电性能的温度特性比较。（Ta_2O_5）$_{0.92}$（TiO_2）$_{0.08}$ 陶瓷典型试样的激光烧结工艺条件如表6-2所示。整个激光烧结过程所需最长时间为300~400s，远远低于普通电炉烧结陶瓷所需的最少几十分钟长则十几小时的烧结时间。

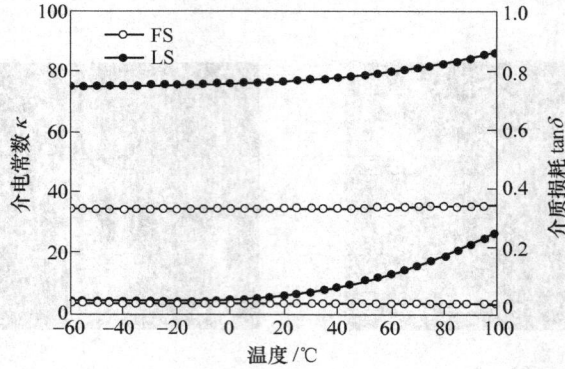

图 6-13 两种烧结方法 Ta_2O_5 陶瓷介电性能的温度特性比较（1MHz）

表 6-2 $(Ta_2O_5)_{0.92}$ $(TiO_2)_{0.08}$ 陶瓷典型试样的激光烧结工艺条件

试　样	预热时间/s	升温时间/s	烧结功率密度/(kW/cm^2)	烧结保温时间/s	降温时间/s	κ	$\tan\delta$
A	50	10	2.037	90	90	450	0.0224
B	50	10	1.528	90	60	442	0.0238

采用激光烧结技术所制备 Ta_2O_5 基陶瓷介电常数的大幅度提高是稳定可靠的。

图 6-14 所示为两种烧结方法所制备的 Ta_2O_5 陶瓷和 $(Ta_2O_5)_{0.92}$ $(TiO_2)_{0.08}$ 陶瓷的粉末 XRD 谱（图中 LS 代表激光烧结陶瓷，FS 代表普通烧结陶瓷）。

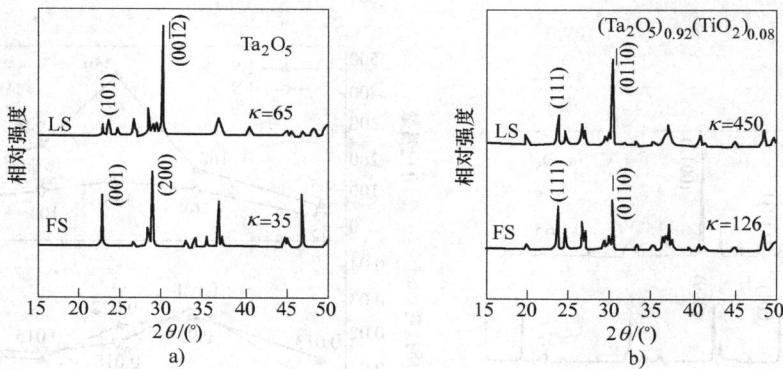

图 6-14 两种烧结方法所制备的 Ta_2O_5 陶瓷和 $(Ta_2O_5)_{0.92}$ $(TiO_2)_{0.08}$ 陶瓷的粉末 XRD 谱

a) Ta_2O_5 陶瓷　b) $(Ta_2O_5)_{0.92}$ $(TiO_2)_{0.05}$ 陶瓷

从图 6-14a 可以看出，不同烧结方法所制备的 Ta_2O_5 陶瓷具有不同的相结构。普通烧结 Ta_2O_5 陶瓷的粉末 XRD 谱具有许多弱衍射峰，为多相混合，主晶相以（200）、（001）等为主要特征峰，呈正交晶系的 Ta_2O_5 低温相（L_{ort}-Ta_2O_5）。晶格常数 $a = 6.198$，$b = 40.290$，$c = 3.888$。激光快速烧结 Ta_2O_5 陶瓷的相结构伴随着（001）、（200）及（$\overline{1}110$）等低温相（L-Ta_2O_5）特征峰的消失，出现了（101）、（$00\overline{1}2$）等新的衍射特征峰，说明激光烧结 Ta_2O_5 陶瓷的相结构为高温单斜相（H_{mon}-Ta_2O_5）。晶格常数 $a = 3.784$，$b = 3.802$，$c =$

35.82，$\beta = 91.00$，这是完全不同于普通烧结陶瓷的结晶相。与纯 Ta_2O_5 陶瓷不同的是，无论是采用普通烧结方法还是激光烧结方法，所制备 $(Ta_2O_5)_{0.92}$ $(TiO_2)_{0.08}$ 陶瓷的主晶相均为 H_{mon}-$TiTa_{18}O_{47}$ 高温固溶相。但二者之间存在着一定差异，具体表现为：①一些强衍射峰的峰位有微小差异；②衍射峰的相对峰强不同，说明晶格结构存在差异。其他组分 $(Ta_2O_5)_{1-x}$ $(TiO_2)_x$ 陶瓷的粉末 XRD 谱也反映出相似的特征。

激光烧结陶瓷无论是纯 Ta_2O_5 陶瓷还是掺杂的 $(Ta_2O_5)_{1-x}$ $(TiO_2)_x$ 陶瓷，均使陶瓷中的 H-Ta_2O_5 高温相在室温下得以保留，可以说，这种高温相 (H-Ta_2O_5) 即为该种陶瓷的高介电相。

6.2.3　激光熔凝快离子导体

快离子导体又称为固体电解质，稳定 ZrO_2 是一种最重要的高温快离子导体，其熔点为 2680℃，一般应用在高温环境中（800℃以上），因为它具有很大的晶格能和稳定的结构状态，因而特别难于烧结，常规方法烧结需要几小时至几十小时，周期长，过程难控制。ZrO_2 对 CO_2 激光的吸收率在 90% 以上，千瓦级的 CO_2 激光束聚焦后作用在陶瓷样品表面能够在很短时间内使其表面达到熔化状态，随着激光的继续作用，样品内部同时发生热传导和对流传质，固-液界面向底部运动，直至样品全部熔化，并在平行于激光入射方向形成温度场的梯度分布，激光停止作用后，样品即开始沿此方向结晶，并凝固、成形，在表面张力作用下形成一定形状的块状样品。

激光熔凝快离子导体具有以下几方面的优点：

1）可通过改变激光功率方便地调控熔凝过程中样品的升温和降温，即可在较大范围内调控加热过程，并可以得到很高的升、降温速率，较易得到细晶和微晶结构，控制和防止双重结构的形成，从而改善电学特性。

2）可以克服常规烧结时为改善烧结特性而加入烧结助剂带来的一些缺点。

3）整个熔凝过程只需几分钟便可完成，烧结周期短。

对 8%（物质的量分数）CaO 稳定 ZrO_2（CSZ）和 8%（物质的量分数）MgO 稳定 ZrO_2（MSZ）样品利用 CO_2 激光在空气气氛中进行了熔凝，最高激光功率 1.8kW，激光熔凝样品经历升温、保温、降温过程，一个周期约 5min。

图 6-15 所示为样品纵剖面的 SEM 照片，放大倍数分别为 100 倍和 200 倍，可以看到明显的柱状胞晶结构，晶体生长方向基本与激光入射方向一致。由于激光是一种方向性极强的辐射源，通过加热和热传导，在样品内形成了与激光入射方向一致的温度场梯度分布。而在垂直于激光入射方向的温度梯度较小，在激光熔凝的降温阶段，样品从熔化状态迅速冷却下来，并从样品底部开始凝固结晶。由于样品底部温度最低，所以在固-液界面处以固态衬底界面为核心成核，然后沿平行于激光入射方向逐渐向熔区生长。这种结晶过程是一种外延性的长大，由于激光熔凝过程容易控制，降温速率快，晶粒来不及长大就凝固了，因而可细化晶粒。

图 6-16 所示为样品的 X 射线衍射分析结果，表面激光熔凝的样品为全立方相（体心立方）。由于 ZrO_2 在低温下的单斜相是无法形成氧离子空位的，形成立方相是稳定 ZrO_2 实现离子导电的必要条件，因此 XRD 测试结果说明激光熔凝样品为全立方相，控制了第二相的生成。

图 6-17 所示为激光熔凝稳定 ZrO_2 样品的断面、表面及晶界区的能谱图，测试结果表

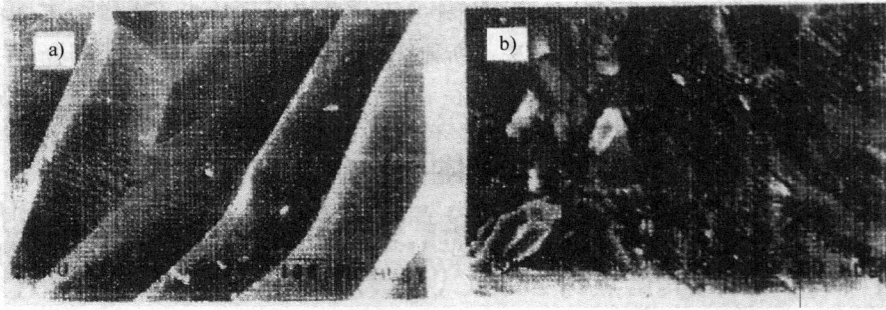

图 6-15 样品纵剖面的 SEM 照片

明，快离子导体的组成成分（锆、氧、钙、镁）在表面与内部的分布相近，变化不大，只是表面的溶质含量略低于内部，而杂质成分（硅、氯、钾等）出现了偏析，它们主要集中在表面和晶界区相对强度。

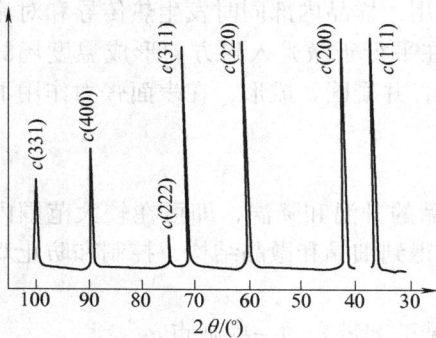

图 6-16 样品的 X 射线衍射分析

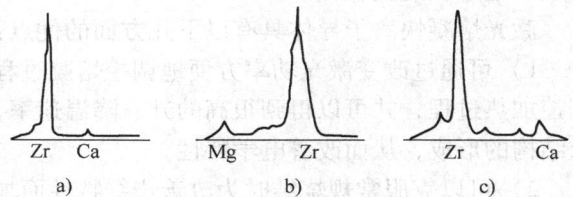

图 6-17 激光熔凝稳定 ZrO_2 样品的断面、表面及晶界区的能谱图

由于在激光熔凝过程中样品表面的温度高于内部，杂质元素从低温区向高温区扩散，而使杂质元素向表面移动。另外，溶质元素在表面发生选择性蒸发后使其含量略低于内部。在结晶过程中由于晶界面上的吸附及晶粒之间的相分离而使杂质偏析于晶界区，这一点将影响作为快离子导体陶瓷的电学性能，因此必须通过控制降温速率以减少晶界区的杂质浓度。

CSZ 和 MSZ 均为高温型的 NTC 材料，表 6-3 为在 200 ~ 1000℃ 范围内测量的样品电导率的典型结果。

表 6-3 激光熔凝的 CSZ 和 MSZ 的电导率

$T/℃$		200	400	600	800	1000
$\sigma/\Omega^{-1}\cdot cm^{-1}$	CSZ	7.0×10^{-9}	2.0×10^{-5}	1.0×10^{-3}	9.4×10^{-3}	1.7×10^{-2}
	MSZ	2.3×10^{-11}	4.5×10^{-7}	1.6×10^{-4}	6.2×10^{-3}	1.8×10^{-2}

罗瑞（F. J. Rohr）用常规炉内烧结方法制备的 $(ZrO_2)_{0.85}(CaO)_{0.15}$ 快离子导体的电导率在 800℃ 时为 $4 \times 10^{-3}\Omega^{-1}\cdot cm^{-1}$，1000℃ 时为 $2 \times 10^{-2}\Omega^{-1}\cdot cm^{-1}$，与表 6-3 的结果比较已初步说明用大功率 CO_2 激光熔凝 ZrO_2 高温快离子导体是可行的，具有一定的发展潜力。

习　题

1. 简述激光烧结合成陶瓷的机理，并说明为什么激光合成陶瓷具有非平衡性。
2. 为什么在激光烧结陶瓷时常需要预烧和后期热处理？
3. 激光烧结合成陶瓷具有什么明显的显微结构特性？
4. 简述激光烧结合成 Al_2O_3 - WO_3 和 Ta_2O_5 陶瓷的特点。
5. 激光烧结合成 Al_2O_3 - WO_3 和 Ta_2O_5 陶瓷取决哪些主要工艺参数？

第7章 准分子激光微加工

目前常规的激光加工（激光打孔、切割、焊接、表面热处理等）大多使用 CO_2 激光器和 Nd：YAG 激光器。准分子激光在较长一段时期，仅停留在实验室阶段，随着激光加工技术的发展，短波长准分子紫外激光器越来越显示出在工业激光微加工中的应用前景。

7.1 准分子激光与材料相互作用

7.1.1 准分子激光加工特点

短波长准分子紫外激光器与其他类型激光器比较，其特点是波长短（从 193 ~ 351nm），加工材料过程中的低热效应以及激光微加工穿透深度小，激光可在几个微米深度范围进行表面热处理。准分子激光首次在微电子工业中应用是在聚合物薄层上打微孔。

由于准分子激光波长短，利用准分子激光融化快速凝固的特点，可利用它对材料进行表面热处理，利用光化学原理可进行材料的去除（包括微加工、激光刻蚀等），而且利用准分子激光处理预沉积涂层可改善其涂层的连接质量。此外还可利用准分子激光对工件清洗、抛光。

利用准分子激光熔化和退火可改善不锈钢的耐蚀性。通过准分子激光快速固化可以用来在 Fe-B 合金表面形成非晶结构，提高材料的力学和化学性能。利用准分子激光加热材料产生等离子体，对材料形成很大的冲击压力，故可利用准分子激光对 Al-Si 合金进行冲击强化处理。

7.1.2 准分子激光作用材料的光热过程

短波长的紫外准分子激光与材料的相互作用过程与常规 CO_2 激光、Nd：YAG 激光与材料的相互作用过程有显著的不同，且准分子激光与材料相互作用过程很复杂。准分子激光作用材料，与材料吸收层的电子相互作用使材料产生离化，打断材料的分子键，能将材料内的电子从低能级激发到高能级，导致材料的迅速加热而不产生塑性变形。

准分子激光作用材料表面，使材料表面在极短时间内升至极高的温度，而对材料产生烧蚀去除，其主要作用机理是光化学过程。由于准分子激光具有很高的光子能量，在激光辐射区内，材料吸收的光子流量超过阈值后发生光解，并打断材料的分子（或原子）的化学键，当断键数量不断增加，碎片达到一定浓度时，被烧蚀材料次表层的温度和压力急剧升高并发生微爆炸，使得碎片离开基体，导致材料产生烧蚀去除。

Brannon 等人从光化学过程在激光吸收和光烧蚀的理论基础上得到了激光烧蚀速率的公式

$$\delta_e = \frac{1}{\alpha} \ln\left(\frac{F}{F_{th}}\right) \tag{7-1}$$

式中，δ_e 是激光烧蚀速率；α 是材料的吸收系数；F 是激光烧蚀能量密度；F_{th} 是激光烧蚀阈值能量密度。

式（7-1）表明，激光烧蚀过程是建立在激光脉冲作用材料之后才发生的，而且是在与激光照射材料的时间无关的假设基础上。

Sutclifle 等人在此基础上考虑到烧蚀过程与材料被辐照的时间及烧蚀阈值能量因素后，得到一个新的理论模型。在这个模型中将被烧蚀的基片分成 $10^3 \sim 10^4$ 个连续层，将激光脉冲也以 20ps 为单位进行分解，然后计算出每一个时间段 t_1 内传递到基体中的脉冲能量，并利用比尔法则计算 x_j 处每层吸收的光子流量

$$\prod (x, t) = I (x, t)(\alpha\lambda/hc) \tag{7-2}$$

有效光子浓度为

$$\rho (t_k, x_j) = \sum_{j=1}^{k} \theta \left[\prod (t_1, x_j) - \prod_{th} \right] \Delta t_1 \tag{7-3}$$

当光子流量超过阈值流量 Π_{th} 时，则可发生聚合物的有效分解。当吸收的有效光子浓度超过阈值光子浓度 ρ_{th} 就可以发生烧蚀，对于给定的材料，Π_{th} 和 ρ_{th} 均为常数。根据这个理论，如果激光辐射的能量在激光烧蚀阈值之下，则材料吸收的能量都转变成热能，这时，激光与材料相互作用主要表现为热效应机理。这个理论模型与激光辐照聚合物实验结果吻合，但与高能量烧蚀的烧蚀速率有误差，有待进一步完善。

许多学者研究结果表明，准分子激光作用材料时，光热过程还是起主导作用。材料由于吸收紫外光光子能量产生振动和激励，导致温度急剧升高，并使材料产生蒸发微爆炸，使材料产生烧蚀去除。这时激光对材料的迅速加热，使材料气化并产生等离子体（见图 7-1）。

在等离子体形成阈值之下，材料的微粗糙度降低，而宏观粗糙度并未发生改变。当达到形成的临界值之后，即采用另一个缺陷密度改性模型。在这个临界值之下，材料产生重新晶化，当达到临界值之上时，则缺陷密度再一次增加。从另一个角度出发，准分子激光作用材料，由于迅速的热作用，使材料产生热烧蚀。D. Couto 等人推导出的热烧蚀速率如下

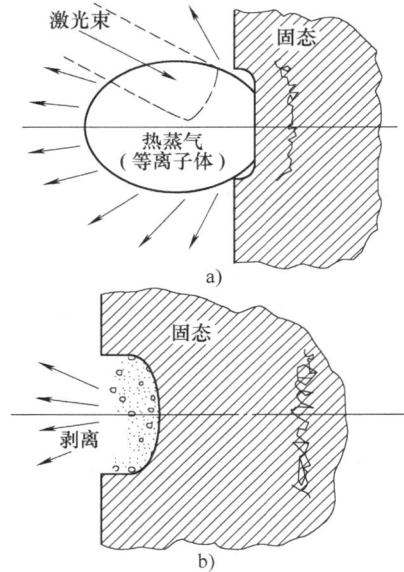

图 7-1　准分子激光作用示意图

$$d = k_0 e^{-E/RT} \tag{7-4}$$

式中，d 是热烧蚀速率；k_0 是 Arrhenious 指数因子；E 是激活能；R 是气体常数；T 是激光作用区温度。

根据一维热传导方程得到激光烧蚀速率与入射激光能量的关系为

$$\ln d = \ln k_0 - \frac{E_0^* \ln (F/F'_{th})}{\alpha_{eff} (F - F'_{th})} \tag{7-5}$$

式中，$E_0^* \propto E c_p/R$；F 是入射激光能量密度；F'_{th} 是阈值能量密度；α_{eff} 是材料有效吸收系数。

这个模型在较大入射能量密度范围（$0 \sim 11 J/cm^2$）对几种混合聚合物的准分子激光作用实验值有较好的吻合。

V. Srinivasan 等人在综合了光热作用过程和光化学过程的基础上，建立了一个新的激光烧蚀模型。在这个模型中，既考虑到激光热作用，又考虑到激光化学过程，认为入射激光能量刚刚超过烧蚀阈值能量时，是光化学过程起主导作用，随着入射激光能量的增加，光热作用开始增强，在两种机理的共同作用下，随着入射激光能量更进一步提高，这时光化学作用过程又重新起主导作用。

7.1.3　单光子吸收过程

单光子吸收的理论模型主要是从激光辐射传播及材料对光子吸收的角度出发得到的，在这个模型中并没有考虑到激光烧蚀的光热过程和光化学过程。该理论认为当材料内吸收的光子浓度与材料的发色团浓度相等时，即可达到材料的烧蚀阈值，并得到了单光子吸收以及考虑激光烧蚀过程中形成的等离子体对激光的吸收影响下的激光烧蚀速率。

7.1.4　流体动力学过程

准分子激光作用材料，有的学者从流体力学角度研究了蒸汽羽的形成及变化过程，对于强吸收（$\alpha \propto 10^5 \mathrm{cm}^{-1}$）的聚合物，可得到激光烧蚀速率与激光能量的关系服从 $d \propto F \ln (F_0/F)$（F_0 是与材料的脉宽有关的常数）的规律。对于弱吸收聚合物（$\alpha \propto 10^2 \sim 10^3 \mathrm{cm}^{-1}$），两者关系满足 $d \propto F^{1/3}$。当考虑到等离子体羽辉吸收后，可得到 $d \propto F^{1/3} \tau^{2/3}$（$\tau$ 为激光脉宽）的对应关系。

7.2　准分子微加工技术

7.2.1　打孔、切割

紫外准分子激光在集成电路板上的应用主要是在聚合物和铜的层布式电路板上打小孔，切割柔性电路，制作检测、修复集成电路。与传统的 CO_2 激光打孔相比，CO_2 激光打孔直径为 $75 \sim 150 \mu m$，且小孔容易错位，而准分子激光打孔，可以打出小于 $25 \mu m$ 的小孔，同时 CO_2 激光不能穿透一些高反射率的表面（如铜），而紫外激光能在多种材料上打孔、切割和焊接。图 7-2 所示为准分子激光在铜上打出 $18 \mu m$ 的小孔，图 7-3 所示为准分子激光在多层 PI 膜/环氧树脂粘结剂上打 $100 \mu m$ 不通孔的截面图。

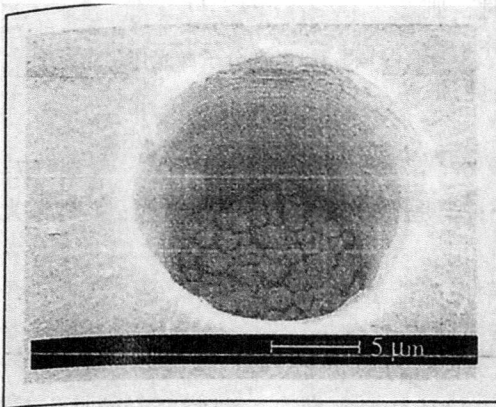

图 7-2　准分子激光在铜上打出 $18 \mu m$ 的小孔

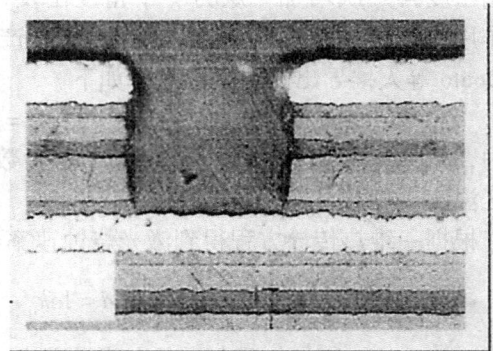

图 7-3　准分子激光在多层 PI 膜/环氧树脂
粘结剂上打 $100 \mu m$ 不通孔的截面图

7.2.2　准分子激光表面处理

准分子激光能被用来进行各种类型表面处理，包括固态相变处理、重熔处理、蒸发处理、非晶化处理以及薄膜的剥离沉积及合金化。

1. 固态相变处理

准分子激光辐射钢的表面，由于迅速加热和快速凝固，可使钢的组织结构发生改变，实现钢的固态相变。通过激光与材料相互作用，可以在钢表面得到几微米深的马氏体组织结构，从而使材料表面产生相变，达到激光强化处理，提高表面耐磨和耐蚀性能。同时可利用准分子激光进行表面退火处理，使之在微电学领域得到应用。

2. 重熔处理

准分子紫外激光辐照材料表面，可使材料表面产生重熔。利用激光对材料表面重熔，可实现激光清洗。由于准分子加热速度快，凝固速度高，利用激光快速重熔处理，可实现激光非晶化处理。同时利用准分子激光可合成高耐磨和高腐蚀阻抗的纳米晶材料。

3. 蒸发处理

当激光作用材料达到一个临界值后，使材料蒸发，于是在材料表面产生一个蒸气羽，随着激光强度的进一步增加，激光与蒸气的相互作用更进一步增强，随即产生等离子体。激光等离子体内包括离子、电子、分子及分子簇等。然后激光等离子体对后继入射激光产生强烈吸收而屏蔽激光，同时通过等离子体又将激光能量耦合给材料。随着入射激光强度进一步增加，等离子体向外膨胀、扩展，并使等离子体不稳定，使材料表面产生冲击波，导致材料表面产生很多波纹状的烧蚀坑，使材料表面粗糙度增加。对于一个更强的激光束入射，等离子体膨胀扩展到材料作用区之外。根据准分子激光对材料的烧蚀去除机理，可利用准分子激光进行直写、打标、清洗等激光应用。

4. 非晶化

利用准分子激光的高强度、短脉冲和极好的聚焦特性以及凝固等特性可在材料表面获得非晶结构。

材料表面的非晶结构类似玻璃结构，它具有极好的机械耐磨性和高耐蚀性能。例如利用准分子激光在 Fe- B 合金材料表面实现非晶化处理。

5. 薄膜沉积

利用准分子激光通过对薄膜成分的靶材剥离，可在各种不同基片材料表面沉积结构薄膜和多种功能薄膜，例如热电薄膜、铁电薄膜、光电薄膜及超导薄膜等。

6. 合金化

将准分子激光能流密度超过 $100mJ/mm^2$，可在材料表面实现合金化。例如准分子激光在不锈钢表面进行合金化处理。

7.3　准分子激光表面处理

7.3.1　结构钢和工具钢的准分子激光表面改性

以 42CD4 钢（结构钢）和 Z160CDV12 钢（工具钢）为例，在 42CD4 钢情况，准分子每个脉冲能量密度为 $3.4J/cm^2$，钢表面粗糙度值略为增加。图 7-4a 中的显微结构观察表明钢表面未出现明显的重熔现象和烧蚀，这时表面粗糙度值增加是因激光作用钢表面产生氧化造成的。

当每个脉冲能量密度为 6.8J/cm² 时，在钢表面小区域内表面粗糙度值增加，显微观察到钢表面有几个微米深的重熔和蒸发。而对于 10.2J/cm² 的脉冲能量，由于在熔化材料内形成陷坑而使表面粗糙度值增加。当每个脉冲能量密度提高到 12.8J/cm² 时，钢表面粗糙度值反而减小，这是由于高能量密度使钢表面形成等离子体而吸收部分入射激光（屏蔽效应）所致。当采用高重复频率时，上述现象会更明显。

图 7-4b 所示为 Z160CDV12 工具钢的陷坑界面照片。在工具钢的激光处理中，观察到上述的同样现象，但是整个激光作用的脉冲能量密度值要低些。这是因为在工具钢中碳的含量高，形成高碳马氏体，从而降低了熔点温度，加速了材料的蒸发。

100μm

a)

50μm

b)

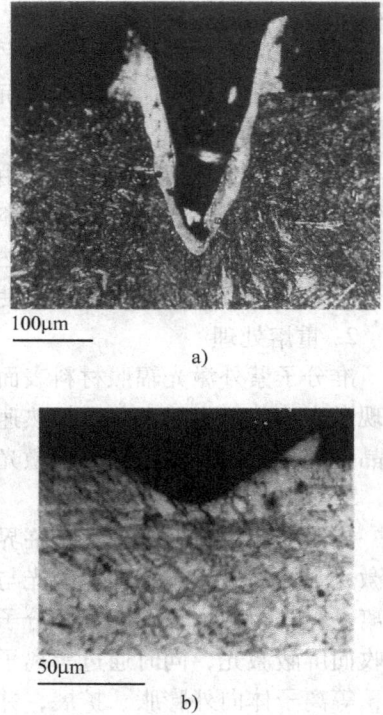

图 7-4　准分子激光辐射烧蚀坑形貌
a) 42CD4 钢　b) Z160CDV12 钢

7.3.2　准分子激光处理不锈钢

关于 AISI 304 不锈钢的准分子激光处理，经激光处理后提高了材料的耐蚀性能。

激光处理参数为：每个脉冲能量为 130～250mJ；矩形光斑尺寸为 0.1cm²；脉冲能量密度为 1.3～2.5J/cm²；激光处理速度为 0～3mm/s；准分子激光频率为 1Hz。采用俄歇电光谱检测结果表明：激光处理区的氧化层内含铬量增加，而镍的含量相对减少。电化学研究已经证明这点。

7.3.3　球墨铸铁的准分子激光表面改性

准分子激光处理球墨铸铁，激光能从石墨球中有选择地去除铁素体层。激光处理参数优化（包括激光频率、能量密度及脉冲数等）的依据是在不破坏材料表面粗糙度的情况下分解石墨球。当激光辐照能量密度增加，开始是形成等离子体，然后是产生材料烧蚀，导致表面粗糙度值增加。采用 19～31J/cm² 的能量密度可得到好的处理效果。在激光频率和脉冲能量密度不变的情况下，随着激光脉冲数的增加，热效应变得更为重要。

1）对于脉冲数少的情况，激光处理的材料表面非常平滑。在石墨球的周围是许多小圆形波纹状。但熔化区中心并没有发现很大的表面粗糙度值。

2）采用较多的激光脉冲数，石墨球分解得比较好，中心熔化区比较平滑。在分解了的石墨周围呈现出烧蚀陷坑，这是因为熔物中心的金属熔体喷射出来造成的，它是由等离子体冲击波引起的。

3）对于更多的激光脉冲数，整个表面的球体周围的陷坑消失了，而在接近半个表面处呈现凸缘斑点。采用许多脉冲数，出现一些陷坑，使整个表面变得非常粗糙。

激光频率似乎对激光处理影响不大。扫描电镜观察表明，最佳的激光处理参数在两个区域：第一个区域是采用 31J/cm²，2 个脉冲，频率 10Hz（见图 7-5）；第二个区域是 19J/cm²，5 个脉冲，10Hz（见图 7-6）。

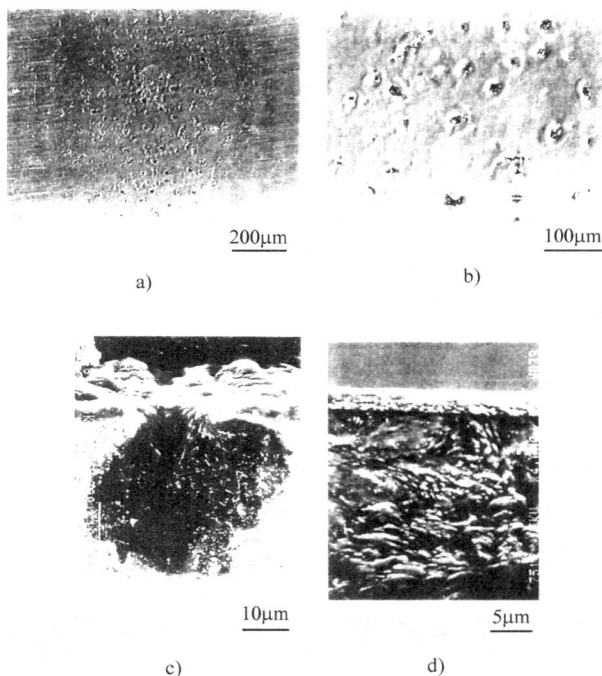

200μm

a)

100μm

b)

10μm

c)

5μm

d)

图 7-5　第一最佳区域

7.3.4　准分子激光处理铝合金

文献［63］报道高强度准分子激光辐照铝及铝合金对表面粗糙度的影响。决定表面形貌的激光参数主要是激光能量密度和激光脉冲数（脉宽≈22ns）。在采用 2.7J/cm² 能量密度时，表面观察到熔化现象。当激光能量密度增至 3.6J/cm² 时，熔化区呈现出复杂的地形结构。

7.3.5　镍基合金的准分子激光微加工

文献［63］报道了准分子激光对 In100 和 In718 镍基合金的微加工。图 7-7 所示为激光能量密度和激光频率对每个脉冲剥离材料的百分比的影响。从图 7-7 中看到，当激光能量密度达到 1kJ/cm² 时，材料表面出现氧化和脱脂。激光能量密度达到 3kJ/cm² 时引起熔

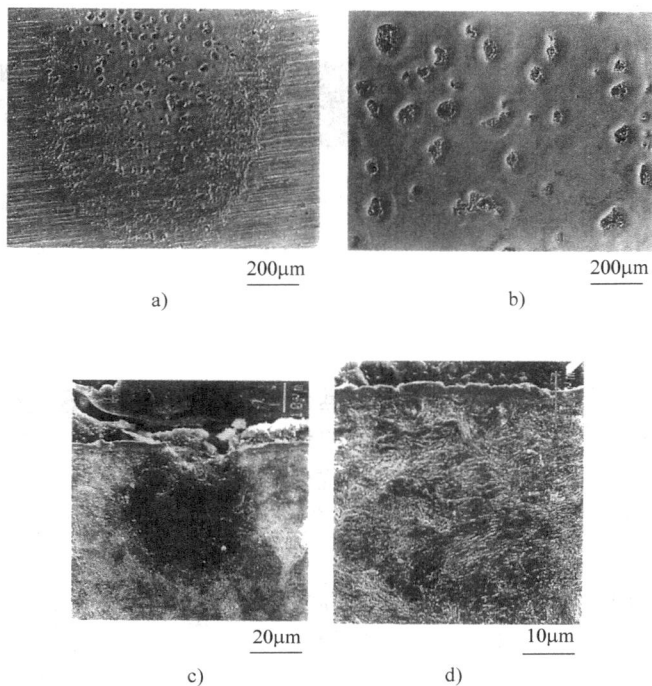

200μm

a)

200μm

b)

20μm

c)

10μm

d)

图 7-6　第二最佳区域

a) 处理表面的低倍形貌　b) a) 的放大形貌　c) 熔化区和初始铁素体—珠光体形貌　d) c) 的放大后形貌

化材料的重新固化，这时没有出现材料的去除。对于 In100，镍基合金激光能量密度大于 $5kJ/cm^2$ 时，材料呈现出较低的剥离去除（20% ~ 40%），而对于 In718 镍基合金，则出现较低的重新固化。

图 7-8 所示为激光脉冲数对表面改性的影响。当脉冲数 $N = 100$，激光脉冲能量密度为 $5.1kJ/cm^2$，频率为 100Hz 时，材料表面只出现轻微的熔化，随着激光脉冲数的增加，由于激光产生的冲击波，使中心区的表面改性层变得深些，并且有部分熔体材料喷射出来（见图 7-8b、c）。当采用的激光能量密度增加（见图 7-8d、e）时，熔化材料的百分比提高，在陷坑周围熔化材料又重新固化，并导致表面粗糙度值的降低。

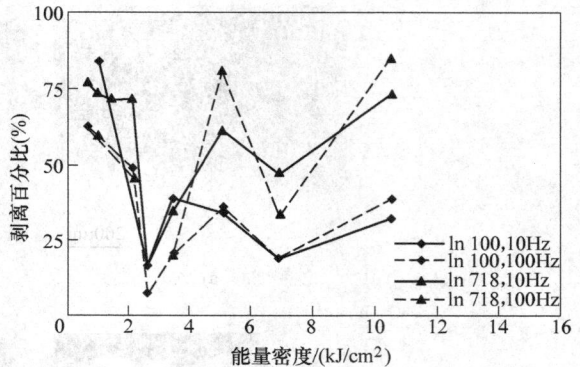

图 7-7　激光能量密度和激光频率对每个脉冲剥离材料的百分比的影响

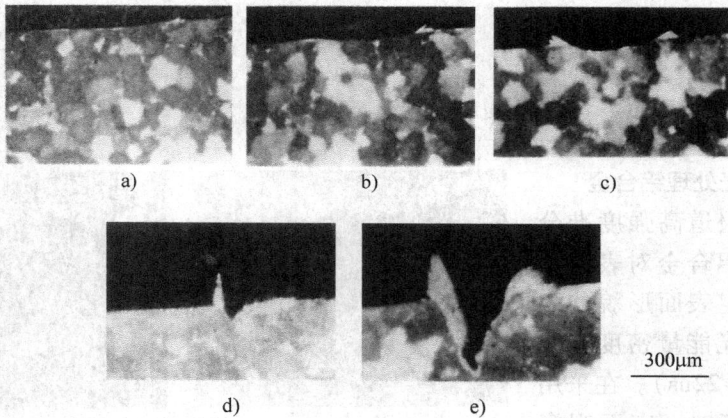

图 7-8　激光脉冲数对表面改性的影响

图 7-9 所示为 In718 镍基合金激光脉冲数对表面改性的影响。从图 7-9 中可看到，陷坑外面和周围的熔化材料重新固化，从而增加了表面粗糙度值。

EDS 检测表明，上述两种合金材料经激光处理后，材料的成分并没有改变。采用较低的脉冲

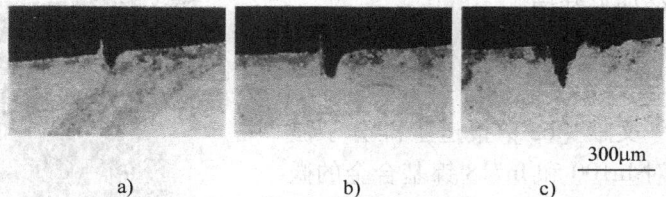

图 7-9　In718 镍基合金激光脉冲数对表面改性的影响
a) 脉冲数 200　b) 脉冲数 500　c) 脉冲数 1000

数对激光处理的陷坑上面的硬度影响较大，而当采用更多的激光脉冲数时，硬度影响反而不大，这是因为局部基体的激光退火引起 γ 固溶体重新溶解的缘故。

7.3.6　Ti6Al4V 热轧钛基合金的准分子激光微加工

采用准分子激光对热轧 Ti6Al4V 钛基合金进行微加工，当采用 $1kJ/cm^2$ 的激光脉冲能量密度时，材料表面出现氧化和脱脂，紧接着表面材料有轻微的氧化（见图 7-10a），在材料表面有宽 $230\mu m$、深 $2\mu m$ 的激光改性层。当激光能量密度上升到 $2kJ/cm^2$ 时，剥离去除占主要，并形成一个清晰的半圆形坑（见图 7-10b）。陷坑宽 $160\mu m$，深 $20\mu m$，呈现出明显的机械变形。当继续增加脉冲能量密度到 $10.2kJ/cm^2$ 时，出现宽 $160\mu m$、深 $60\mu m$ 的矩形陷坑（见图 7-10c），在这些陷坑处的熔化材料重新固化。

图 7-11 所示为激光脉冲数和激光频率对材料剥离去除的影响。

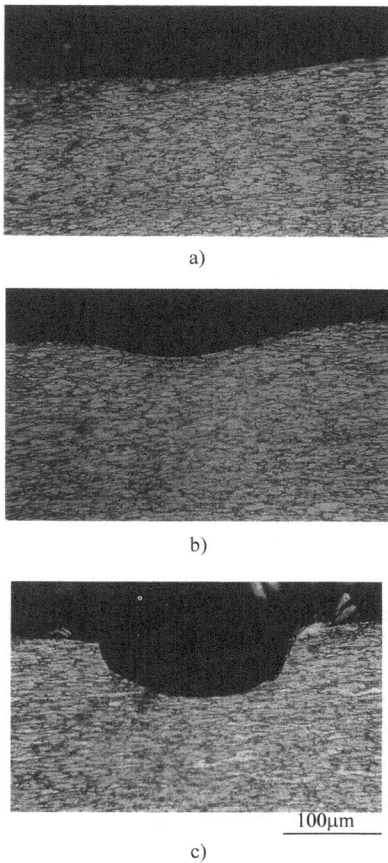

图 7-10　不同参数下的准分子
激光表面改性的形貌

a）$0.68kJ/cm^2$　b）$2.1kJ/cm^2$　c）$10.2kJ/cm^2$

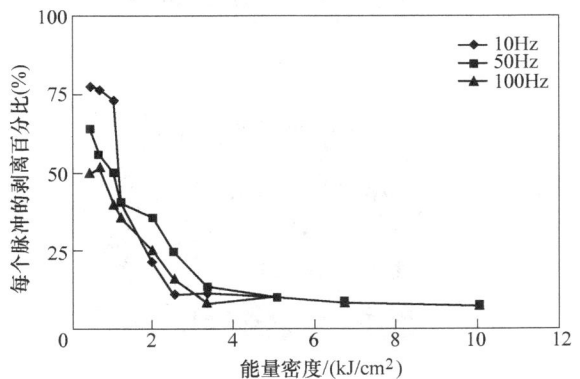

图 7-11　激光脉冲数和激光频率
对材料剥离去除的影响

对于激光能量密度为 $2.5kJ/cm^2$ 的情况，当采用 10Hz 的激光频率时，剥离材料的百分比从 75% 减至 12%；频率为 50Hz 时，从 62% 减至 24%；频率为 100Hz 时，从 50% 减至 16%。轧制硬化的 Ti6Al4V 钛合金经准分子激光处理后存在大量的残余应力的点和线缺陷。研究发现，采用 10Hz 频率的激光处理 Ti6Al4V 钛基合金，有较好的应力释放。随着激光频率的增加（50Hz，100Hz）引起激光冲击波，限制了应力释放和剥离去除速率的提高。

7.3.7　准分子激光处理镀锰钢板

由于镀锰钢板常存在裂纹和气孔等缺陷，镀锰层与钢基体结合不太牢等原因，研究准分子激光对镀锰钢板的表面处理，能达到减少裂纹等缺陷和提高镀锰层与钢的结合强度以及减少改性区破坏的目的。

采用最佳的激光处理参数：激光功率密度为 150MW/cm²，频率 100Hz，激光脉冲数为 100。图 7-12 所示为准分子激光处理镀锰钢板的截面扫描电镜图。

激光加热钢板涂层表面至熔点温度以下，产生固态界面扩散过程，并且使涂层原子和基体原子相互发生反应，导致在激光处理区形成几个扩散区（见图 7-12d）。从图中可看到，涂层与基体实现了冶金结合，从而改善了涂层的机械结合强度和摩擦性能。激光处理深度为 $35\mu m$，整个激光处理区域分成三个区（L_1、L_2 和 L_3 区）。在第一个区域（L_1），深度约 $10\mu m$，这个区域的主要成分与原来涂层成分相同，通过能谱仪（EDS）在 L_1 区和 L_2 区的交界处检测到铁的质量分数为 2%，如图 7-12a 所示。这是激光处理中的固态扩散引起的。第二个区域（L_2）是白亮层，深度约为 $11\mu m$，EDS 检测表明锰的质量分数达到 1.0%，如图 7-12b 所示。第三个区域（L_3）呈现黑色区，深度为 $14\mu m$，在 L_2 与 L_3 交界区检测到少许锰的扩散痕迹，锰的质量分数为 0.8%，而其余的部分均是铁。

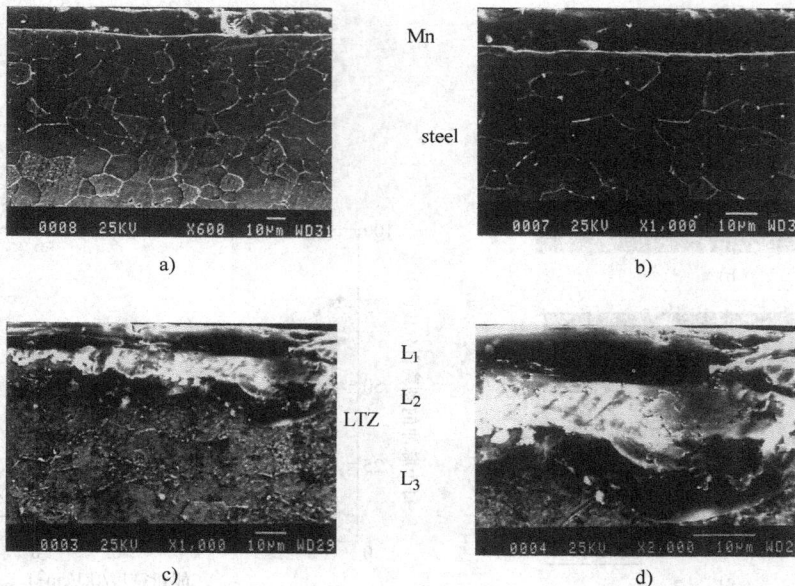

图 7-12　准分子激光处理镀锰钢板的截面扫描电镜图

a）预沉积　b）a 区的放大　c）采用优化的准分子激光处理参数的 SEM 形貌　d）c 区的放大

图 7-13 所示为准分子激光处理区 XRD 分析。从图中看到，在预沉积的镀锰钢板的涂层区呈现 α-Mn 相结构（bcc）和 α-Fe 相（从基体扩散来的），如图 7-13a 所示。激光处理与未处理区的组织结构的重要差别是：在激光处理区出现 β-Mn 相结构（复杂立方结构），如图 7-13b 所示。

综上所述，可得出如下结论：

准分子紫外激光与固态材料相互作用包含复杂现象和处理材料的表面特征，这些变化特

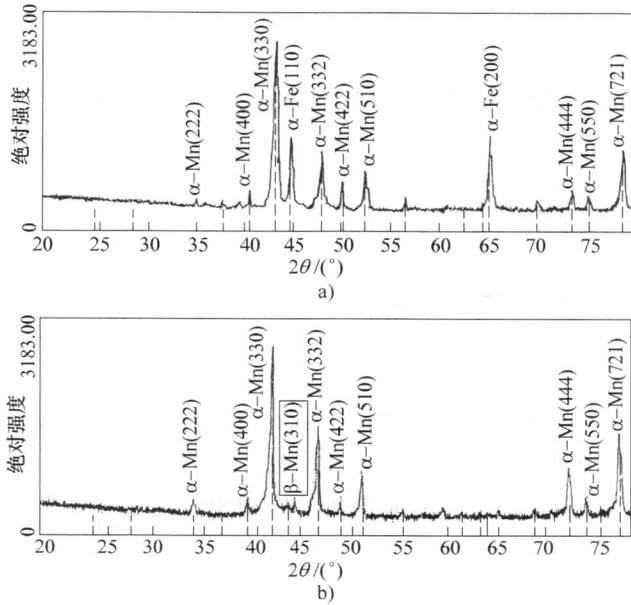

图 7-13　准分子激光处理区 XRD 分析

征取决于激光处理工艺参数（例如波长、脉冲能量密度、激光频率、脉冲数等）。准分子激光可用于各种材料的微加工和激光抛光，这些材料加工采用常规方法通常难以进行。

激光处理微加工后的陷坑形状、剥离去除材料的比例以及表面粗糙度和显微硬度等都取决于激光处理参数（如脉冲能量密度、频率、脉冲数等）。

习　　题

1. 叙述准分子激光加工的特点以及准分子激光作用材料的光热过程。
2. 准分子激光表面处理与通常 CO_2 激光表面处理有何异同？
3. 试分析准分子激光烧蚀去除加工的简单机理。
4. 根据准分子激光的特点，说明它可应用到什么地方。

第8章 激光制备薄膜

8.1 激光制膜原理与过程

8.1.1 激光等离子体法制膜的简单机理

激光制膜法的基础是利用激光辐照介质（靶体），然后从介质中分离出物质并沉淀到基片的物理过程。当激光的辐射功率密度足够高时，到达不透明介质（靶体）表面的激光辐射加热并剥离靶体，产生粒子喷射，形成的等离子体直达基片表面凝结为薄膜。图8-1所示为激光等离子体制膜法装置的示意图。

图8-1中1是制膜所用的激光器，目前主要是准分子激光器（如 XeCl、KrF 等）、脉冲 Nd：YAG 激光器（包括倍频 YAG 激光器）和微米级脉冲 CO_2 激光器。对于某些薄膜（如 SiO_2）的制备，可采用连续 CO_2 激光器，但与常规热源制膜相比，没有什么明显的优越性。图8-1中3是激光透射窗，既能密封真空，又能有效地将激光能量引入真空室。不同类型的激光器，其透射窗的材料不同。对于准分子激光器和 YAG 激光器，主要采用石英窗口。图8-1中12是真空室，制膜时其真空度应尽可能高（一般在 $1.33 \times 10^{-4} \sim 1.33 \times 10^{-5}Pa$ 以上），以保证制膜的纯度。图8-1中5是靶体，激光制膜时，由于激光能熔化和蒸发任何物质（包括难熔物质），故激光制膜范围大。图8-1中7是基片，根据不同需要，可以是玻璃、硅片或其他基片。

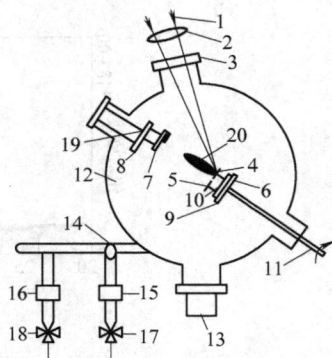

图8-1 激光等离子体制膜
法装置示意图

1—XeCl 激光束 2—聚焦透镜 3—XeCl
窗口 4—靶体1 5—靶体2 6—靶体支架 7—基片 8—加热器 9—热电偶1 10—热电偶2 11—靶体转动轴 12—真空室 13—抽真空系统
14—总阀门 15—流量计1 16—流量计2 17—N_2（或 NH_3）阀门
18—其他气源阀门 19—直流电源
20—等离子体

8.1.2 激光制膜过程

如图8-1所示，激光等离子体制膜法的制膜过程，大体上可分为四个阶段。第一阶段，激光照射靶体，靶体表面被加热、熔化、蒸发、电离，产生等离子体。其具体过程是，在脉冲激光作用的初始阶段，激光对靶体加热，部分靶材物质被熔化和蒸发；随着激光作用的加强，靶材的温度急剧升高，强激光使靶材蒸气电离程度不断加强，继而对激光辐射的吸收增加；然后出现热击穿，靶材蒸气完全电离，形成等离子体。第二阶段，靶材物质以蒸气和等离子体形式垂直飞向对面的基片。第三阶段，等离子体与基片相互作用。第四阶段，靶材物质在基片上凝聚，形成薄膜（详细过程下面将要提到）。

激光制膜具有工艺简单、制膜速度快、膜层具有很好的保成分性、膜层厚度可控（可达原子数量级）以及制膜范围宽（包括难熔物质薄膜和化学纯复合膜）等优点。

8.1.3　激光辐射与靶材相互作用

1. 等离子体的产生

当以 $10^6 \sim 10^7 \text{W/cm}^2$ 功率密度（脉宽 $10^{-3} \sim 10^{-6} \text{s}$）的脉冲激光辐射靶材时，激光会被靶材表面部分反射，部分吸收。被吸收的激光能量使靶材局部温度升高，继而靶材表面熔化、蒸发，形成月牙坑。由于紫外激光波长短，且靶材对紫外激光具有较高的吸收系数，故靶面升温层很浅，表面温度因蒸发潜热的影响而保持在气化点，且次表面温度高于表面。次表面过热会产生爆炸和喷射物质。在激光开始作用时，靶材表面以大立体角呈锥形蒸发。随着月牙坑的形成，蒸发物质变成了一束窄流。除蒸发外，从月牙坑喷射出的熔化物呈微细弥散液滴状和大雨点状。当激光作用足够强时，会使靶蒸气电离增加，对激光辐射的吸收增加，随后出现热击穿，靶材蒸气完全电离形成等离子体。等离子体强烈吸收入射到靶材表面的激光辐射，只有部分激光辐射到达靶材表面，而大部分激光辐射能量用来加热等离子体。当激光脉冲结束时，只有靶材次表层（厚度约 $0.1\mu\text{m}$）被蒸发，在辐射区上等离子体浓度增加并形成等离子体云，温度达 1900K，能量约在 10eV，继而等离子体垂直（沿法线方向）向基片发射和扩展。与此同时，由于蒸气力和静电场的作用，离子动能增加。在距靶材某距离处，等离子体密度急剧降低，最后等离子体消失，离子碰撞停止。

在这里值得注意的是，如果激光功率密度不高（例如激光器以自由振荡模式运转），则激光辐射靶材时只能产生蒸气和微细弥散的液滴，这时落到基片上的大液相粒子会使薄膜质量下降。另一方面，在高功率密度激光的作用下，靶材次表面的过热实际上会造成气相的成核，温度继而会升高使气泡膨胀。当气泡压力超过表面物质压力时，会产生微爆炸。这种微爆炸虽使发射的等离子体具有保成分性的特点，但也会对薄膜沉淀产生不利的影响。

正如前述，在高功率密度激光作用下，靶材物质一部分由于激光等离子体和热蒸发向空中发射，另一部分由于靶材次表面的微爆炸向外喷射。蒸发部分的气化温度在 1900K 左右，爆炸部分为过热液气混合物，温度在 2050K 以上。被剥离出的靶材物质本身具有一定的电离度，即等离子体中包含离子、原子、分子、原子团等。其电离度可由 Saha 公式计算

$$\frac{n_i n_e}{n_A} = \frac{2z_i}{z_A}\left(\frac{2\pi m_e k_0 T}{h^3}\right)^{3/2} \exp\left(-\frac{E_i}{k_0 T}\right) \tag{8-1}$$

式中，n_i、n_e 分别是离子、电子密度；n_A 是中性粒子密度；z_i、z_A 分别是离子和中性粒子的配分函数；k_0 是玻耳兹曼常数；h 是普朗克常数；E_i 是电离能。

激光等离子体会对入射激光产生强烈的吸收作用。其吸收机制包括两个方面。等离子体吸收的一方面是：等离子体中的电子通过与离子、中性粒子碰撞，产生自由-自由跃迁的逆韧致辐射吸收。其吸收系数可表示为

$$\alpha_P = 3.69 \times 10^8 \left(z^3 n_i^2/T^{0.5}\nu^3\right)\left[1 - \exp\left(-\frac{h\nu}{k_0 T}\right)\right] \tag{8-2}$$

式中，z 是离子的平均电离阶数，对一次电离，$z = 1$；ν 是入射激光频率，$\lambda = 308\mu\text{m}$ 时，$\nu = 9.74 \times 10^{14}\text{s}^{-1}$。可见初始电离度越高，吸收系数越大。等离子体吸收的另一方面是：刚爆炸出的液气混合物对激光的吸收。这部分过热物质在刚刚喷出还来不及完全分解膨胀时，在靶面附近具有接近固体材料的高密度（$10^{19} \sim 10^{20} \text{cm}^{-3}$）物质，会对入射激光产生类似固体的较强吸收。初始等离子体通过吸收激光能量，碰撞进一步加剧，电离度提高，温度上升至 10^4K 左右，然后进入激光作用的膨胀阶段。

由于刚从靶面发射出的初始等离子体区电离度并不高，很多原子团和液态物质还未分解为原子、分子，更谈不上跃迁到激发态，故等离子体的产生相对激光脉冲有一个延迟。

2. 等离子体的空间输运

激光等离子体在空间输运的过程决定了等离子体中各种粒子在空间的分布及运动规律，等离子体的输运直接与激光沉淀薄膜的均匀性和膜成分分布相关。前面已经了解到激光等离子体产生的过程。由于等离子体在空间具有明显的各向异性分布，导致沉淀的膜厚呈 $\cos^n\theta$ 分布，其中 θ 为观测点至靶面中心的连线与靶面法线之间的夹角。由于等离子体运动的复杂性，当其空间分布改变时，各种方法所沉淀的膜厚分布将不再具有重复性。为了研究等离子体的空间分布，G. Vlmer 等人曾用质谱方法对 XeCl 准分子激光剥离聚合物所产生的等离子体进行了研究，发现中性粒子和负离子具有 $\cos\theta$ 的角分布，而正离子具有 $\cos4\theta$ 的角分布。R. K. Singn 等人用流体模型对激光剥离超导靶所产生的等离子体的空间运动进行了描述。文献 [69] 中也对等离子体中的激发态粒子的空间分布进行了直接测量，并由等离子体径向分布拟合得到等离子体的角分布。

图 8-2 所示为等离子体空间分布的测量系统。准分子激光器 1 输出的激光经聚焦透镜 2 聚焦到 $YBa_2Cu_3O_{2-x}$ 超导靶 3 表面，光谱信号经测量透镜成像于光纤头平面，并经测量光纤 6 导至 OSA 多色仪 7 狭缝平面。当测量透镜中心至等离子体轴线之间的物距和测量透镜中心至光纤头之间的像距调好以后，即可通过二维移动测量激光等离子体轴平面上发射光谱强度的轴向和径向分布。

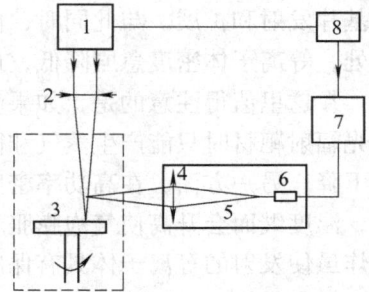

图 8-2 等离子体空间分布的测量系统

1—准分子激光器 2—聚焦透镜 3—超导靶 4—测宽透镜 5—三维移动平台 6—测量光纤 7—多色仪 8—光电隔离放大

光谱测量采用 OSA WP-4 型光学光谱分析仪，其一次摄谱范围为 70nm，分辨率为 0.14nm/道。

对等离子体的诊断和测量技术除了上述光谱测量技术外，还有高速摄影技术（在第 3 章中已提到）和光学干涉测量技术，以及质谱分析和电荷收集技术等。对于激光等离子体的实际测量要根据不同的测量目的来选定不同的诊断与测量技术。

8.1.4 激光等离子体与基片相互作用

激光与靶材作用所产生的等离子体与基片相互作用，在激光薄膜沉淀中起重要作用。在高能（$E > 10eV$）离子作用下，固体受到了各种不同的辐射或损伤，其中之一是原子的溅射。类似情况也发生在激光等离子体与基片相互作用中。激光等离子体与基片碰撞时，从基片表面溅射出的原子达 $5 \times 10^{14} cm^{-3}$，形成粒子的逆流。文献 [70] 中研究了落入基片的粒子流和溅射粒子的逆流之间的相互作用。激光等离子体与基片相互作用过程，开始时激光等离子体向基片输入高能离子，其中一部分基片表面的原子溅射出来。由于输入粒子流和表面溅射出来的原子相互作用，形成了一个高温和高粒子密度的对撞区，阻碍落入的粒子流直接射向基片（见图 8-3）。这个对撞区称为热化区（它凝聚粒子源，其凝聚速度随时间上升）。一旦粒子的凝聚速度超过其飞溅速度，热化区就会消散。热化区消散后，薄膜的增长只能靠等离子体发射的粒子流，这时粒子动能已降到 10eV，薄膜的凝聚作用和缺陷形成平行发展，直到输入离子的能量小于缺陷形成的阈值为止。如果等离子体密度低或寿命短，则只能形成热化区，入射粒子流将不会受激励，薄膜的生长完全取决于它的特性。这时，薄膜的生长只能靠能量较低的粒子，因此薄膜的生长速度很小，甚至可能在基片上得不到薄膜，而只得到刻蚀。

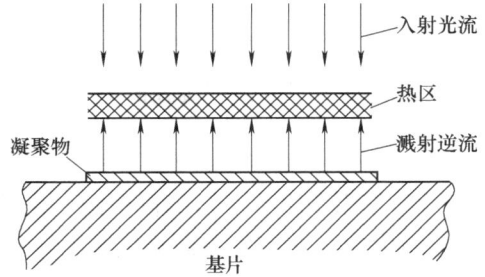

图 8-3　激光离子体与基片相互作用图

这里可以根据常规薄膜生长机理建立一个蒸气原子的物理模型。当蒸气原子被输送到基片表面时，迅速与基片晶体达到热平衡，蒸气原子被基片吸附并滞留。这时原子具有一定的迁移率和寿命。蒸气与原子基片碰撞形成新的晶核，或附在原有的晶核上。另一方面，在基片平面（二维）形成晶核的条件是：等离子体（包括原子、离子等）射向基片的速度大于基片表面形成的逆粒子流的速度。

当激光剥落靶材时，产生的等离子体（包含离子、电子、原子、原子团等）被输运到基片表面。由于大量到达基片表面的活性粒子不停碰撞基片表面，基片表面原子四极矩之间力的作用将在短时间内使物质粒子失去垂直表面向外的动量，被物理吸附于基片表面。物理吸附是非稳定的，远未达到热平衡状态，被吸附物质粒子（或称原子、原子团）由于基片的热激发和自身平行于基片表面的动能而在表面迁徙。迁徙过程中有可能摆脱吸附而重新成为气相，也有可能与另外的吸附粒子相遇而成为居留寿命增加的原子团，从而加强吸附作用。如果这个原子团满足一定的能量关系，就会增加它在表面上的居留时间，并有可能与其他的原子集结成更大的原子团，即成核。成核以后的原子团并不是稳定的，还存在离解几率；只有在一定条件（满足一定的能量关系）下，核才不会再离解。这种核会随外来原子的加入而不断地长大，从不稳定核向稳定核转变，转变时的核被称为临界核。

通过上述分析，原子团在基片表面的成核过程可以根据微滴理论来描述。微滴理论把附着在基片表面的原子团看作微小的凝聚滴，通过分析微滴生长过程中自由能的变化，来简述新核的形成。

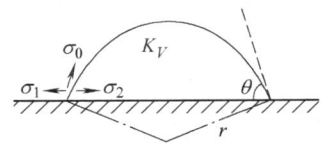

图 8-4　基片表面的球帽形微滴

如图 8-4 所示，假设在基片表面的球帽形微滴——原子团中表面力平衡，当向这个原子团加入新的原子时，表面和体积的能量都会发生改变，吉布斯自由能改变量为

$$\Delta G_0 = \sigma_1 2\pi r^2 \left(1 - \cos\theta\right) + \left(\sigma_1 - \sigma_2\right) \pi r^2 \sin^2\theta \tag{8-3}$$

式中，r 是曲率半径；θ 是原子团与基片的接触角；σ_0（见图 8-4）是原子团与真空之间的单位面积表面能；σ_1 是原子团与基片单位面积之间的自由能；$2\pi r^2 \left(1 - \cos\theta\right)$ 是原子团与真空的界面面积；$\pi r^2 \sin^2\theta$ 是原子团与基片表面的界面面积。在平衡状态下，基片表面与真空之间的单位面积的自由能为

$$\sigma_2 = \sigma_1 + \sigma_0 \cos\theta \tag{8-4}$$

故有

$$\sigma_1 - \sigma_2 = -\sigma_0 \cos\theta \tag{8-5}$$

将式（8-5）代入式（8-3），则有

$$\Delta G_0 = \sigma_0 \cdot 4\pi r^2 f\left(\theta\right) \tag{8-6}$$

其中
$$f(\theta) = \frac{2 - 3\cos\theta + \cos^2\theta}{4} \tag{8-7}$$

由于生成的原子团的体积为 $4\pi r^3 f(\theta)/3$，故体积自由能改变为
$$\Delta G_V = K_V \frac{4\pi r^2 f(\theta)}{3} \tag{8-8}$$

式中，K_V 是原子团单位体积自由能。设基片温度为 T，对于基片表面等离子体，所考虑原子的分压为 p_1，对应的平衡蒸气压为 p_e，原子体积为 V，则
$$K_V = -\frac{kT}{V}\ln(p/p_e) \tag{8-9}$$

式中，k 是玻耳兹曼常数；p/p_e 是饱和度。

那么，原子团的总自由能为
$$G = 4\pi f(\theta)\left(\sigma_0 r^3 + \frac{1}{3}K_V r^3\right) \tag{8-10}$$

对 G 求极值，令 $\dfrac{dG}{dr} = 0$，则原子团的最大自由能为
$$G^* = \frac{16\pi f(\theta)\sigma_0^{-3}}{3K_V^2} = \frac{16\pi V^3 f(\theta)\sigma_0^{-3}}{3k^2 T^2\left[\ln\left(\dfrac{p}{p_e}\right)\right]^2} \tag{8-11}$$

此时，对应的原子团即为临界核，临界核的半径为
$$r^* = -\frac{2\sigma_0}{K_V} = \frac{2V\sigma_0}{kT\ln\left(\dfrac{p}{p_e}\right)} \tag{8-12}$$

G 与 r 之间的关系如图 8-5 所示。由图可知，由于体积自由能为负值，表面自由能为正值，总的吉布斯自由能有一正的极大值 G^*，G^* 即为表面成核势垒。当 $r < r^*$ 时，成核是不稳定的，有很高的离解几率；但如果核的总自由能达到成核势垒，即 $r > r^*$ 时，核稳定趋向于长大，且随半径的增加能量减少。

当临界核形成的条件得到满足时，临界核的浓度可表示为
$$n^* = n_0 \exp\left(-\frac{G^*}{kT}\right) \tag{8-13}$$

式中，n_0 是基片表面吸附态密度。

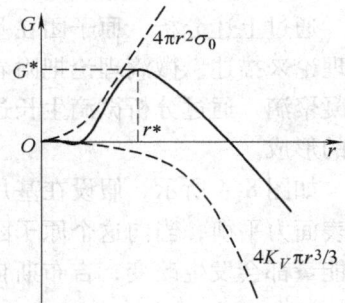

图 8-5 自由能 G 与原子团半径 r 的关系

成核速率正比于临界核速率，可表示为
$$J = z \cdot n^*(\omega_1 \cdot 2\pi r^* \sin\theta + \omega_2 \pi r^{*2}\sin^2\theta) \tag{8-14}$$

式中，z 是 Zeldovich 常数，表示实际态与平衡态的偏离，约为 10^{-2} 的数量级；ω_1 是基片表面核周围原子经扩散加入临界核的速率；ω_2 是气相原子直接加入临界核的速率；$2\pi r^* \sin\theta$ 是临界核的周围长度；$\pi r^{*2}\sin^2\theta$ 是临界核在垂直于等离子体运动方向的投影面积。原子经扩散加入临界核的速率可用下式表示
$$\omega_1 = na\nu_0 \exp\left(\frac{E_d}{kT}\right) \tag{8-15}$$

式中，n 是基片表面的原子密度；a 是原子每次迁移的平均距离；v_0 是原子的振动频率；E_d 是原子的迁移势垒，即扩散激活能。由于原子在基片表面的迁移是从一个势垒到另一个势垒的跳跃，ω_2 可用晶格常数大致表示为

$$\omega_2 = \rho_1 v \exp\left(-\frac{E_k}{kT}\right) \tag{8-16}$$

式中，ρ_1 是等离子体中原子的浓度；v 是原子定向速度；E_k 是射入基片核时的势垒。将式（8-13）、式（8-15）和式（8-16）代入式（8-14）得

$$J = 2\pi r^* z n_0 n a v_0 \exp\left[-\frac{(G^* + E_d)}{kT}\right]\sin\theta$$
$$+ \pi r^{*2} \cdot z n_0 \rho v \exp\left[-\frac{(G^* + E_k)}{kT}\right]\sin^2\theta \tag{8-17}$$

　　在薄膜的沉积过程中，临界核的成核速率实际上也决定了薄膜的生长速率。随着临界核的不断长大，形成了一个个孤立的小岛；小岛进一步扩大，邻近小岛彼此接触并凝聚结合成较大的岛；岛的密度不断增加，一些小岛连接成断续的网状结构；网络的中间包含许多沟道，在这些位置会形成新的临界核，即发生二次成核过程；核的长大会与网络连接，填充沟道；沉积过程的延长，将不断地重复这一过程，直到最终形成薄膜。

　　激光沉积薄膜时，成膜速度 v_k 尽管受到表面过热的限制，但允许的极限成膜速度为 $v_k = 10^5\,\text{nm/s}$，比其他方法高几个数量级。另一方面，激光沉积薄膜与粒子能谱有关。快速粒子可能产生薄膜缺陷，故在激光制膜中，外延式生长薄膜尤为重要。为了减少快速粒子造成的薄膜缺陷，可在基片上建立一个结晶补充中心网。

8.2　影响激光制膜的几种因素

　　在脉冲激光制膜过程中，影响薄膜质量和生长速度的因素很多，主要有激光波长、激光能量密度、辅助气压、基片温度等。

　　要合理控制输运到薄膜表面的蒸气密度和温度、靶面的粒子发射率、粒子能量、环境气压及基片温度等，以尽量实现薄膜的外延生长，还要消除激光等离子体中的液态颗粒，使到达基片表面的均为离子、原子和分子。在等离子体产生的过程中，激光辐射作用区内的激光等离子体主要是离子、原子和分子；但靶材次表面过热产生的微爆炸产物则为过热的液气态混合物。当这部分物质喷射入空中时，由于压强突然降低，它们会急剧膨胀和分解；同时还会吸收激光能量，加剧碰撞和分解。如果这些颗粒在等离子体飞行过程中碰撞和分解不充分，就会形成液滴颗粒，沉淀到薄膜中，影响薄膜的质量。

8.2.1　激光波长与运转方式

　　目前在激光制膜系统中，主要采用的是脉冲准分子激光器（如 XeCl、KrF）、纳秒级 Nd：YAG 激光器、脉冲红宝石激光器及微秒级脉冲 CO_2 激光器等。由于准分子紫外激光器波长短，对材料的吸收率高，故在激光等离子体制膜中大多采用脉冲准分子激光器，此外二倍频、四倍频的 Nd：YAG 激光器也常被采用。脉冲红宝石激光器和脉冲 Nd：YAG 激光器适用于制备金属薄膜。在有些薄膜（如半导体膜和绝缘体膜）及在膜层较厚的激光制膜技术中经常采用微秒级脉冲 CO_2 激光器。

激光器的运转方式对激光制备薄膜有影响。当采用自由振荡模式运转的脉冲激光器时，脉冲为尖峰结构，每个尖峰脉冲宽为 10^{-6} s，加热靶表面，并引起蒸发。尖峰之间的时间间隔内，蒸发强度减弱，这时可认为靶材在激光作用下的蒸发是脉动的，且实际上是一个无惯性过程。在大多数中等强度功率密度以下的情况下，蒸气在其轴垂直靶面上以火焰形式大角度喷出，喷出物中主要为蒸气和液态颗粒（粒子半径处于 $5 \times 10^{-2} \sim 5 \times 10^{-4}$ μm 范围内）。

如果采用的是调 Q 脉冲（脉冲宽为 10^{-8} s）激光器，在靶表面能获得 $10^9 \sim 10^{10}$ W/cm^2 的高功率密度，这时激光会在靶表面产生一系列效应，如前面提到的产生激光等离子体及其屏蔽效应并改变蒸发特性。等离子体制膜采用的就是这种方法。

8.2.2 激光能量密度

激光能量密度是激光制备薄膜过程中一个非常重要的参数，它与产生的等离子体的特性密切相关，同时对薄膜生长的影响也比较大。随着激光能量密度的提高，薄膜的生长速度迅速增加。当脉冲能量提高时，靶体表面吸收了更多能量，剥离加深，使等离子体密度、到达基片表面的原子的密度及基片表面吸收原子的频率增大，导致成核速度增大，从而提高了薄膜的生长速度。但如果采用的激光能量密度较低，则只能产生热蒸发，而不能产生等离子体的输运，这样落到基片表面上的大液态颗粒会使薄膜质量下降。如果激光能量密度过高，会带来两方面的不利：一方面是等离子体的飞行速度太高，造成高能粒子与基片碰撞加剧，产生的逆粒子流太强，这样容易在基片表面上形成空位式缺陷；另一方面激光能量密度太高，会使靶材升温加剧，温差变大，表面爆炸力增大，导致靶材次表面产生的微爆炸增强，使爆炸出的大颗粒成分所占比例加大，蒸发部分比例减少，这时由微爆炸产生的液态颗粒同样会使薄膜质量下降。综上所述，在激光制备薄膜时，选择合适的激光能量密度非常重要。最佳的激光能量密度范围因靶材而异，一般由实验确定。例如在脉冲激光溅射沉积制备 YBa_2CuO_{7-x} 超导薄膜时，采用 2J/cm^2 的能量密度比较合适。而在脉冲激光制备 AlN 薄膜时，实验得到的最佳能量密度为 1J/cm^2。

8.2.3 激光脉冲频率

增加激光脉冲频率，会相应提高入射到基片表面的原子密度，使成核速率上升，从而使薄膜生产速率上升（且近似线性关系）。但过高的激光脉冲频率有损于薄膜结构，故在激光制膜中，也需找到一个最佳的激光脉冲频率。在采用 XeCl 准分子激光制备 AlN 薄膜时，5Hz 的脉冲频率较合适。

8.2.4 辅助气压

在激光沉积薄膜时的气体压强和激光能量密度，在某种意义上，正好起着相反的作用。随着辅助气压的增加，薄膜生长速率下降。因为辅助气压增大，真空室内气体密度也会增大，从靶材表面向外飞行的等离子体和气体分子碰撞的几率也相应地增大。这种碰撞可能使一部分原子无法达到基片表面，从而降低入射到基片表面的原子密度。同时，碰撞也会使入射原子的速率下降，这两方面的影响均会使临界核的成核速率降低，并导致薄膜生长速率的下降。

8.2.5 基片温度

一般来说，基片温度对薄膜的生长影响不是太明显，但由式（8-17）可知，随着基片温度的升高，将导致基片表面吸附态等离子体密度的增大和原子振动频率的提高。虽然温度的升高会引起临界半径 r^* 的减小，但由于临界势垒 G^* 随着 T_2 减小，故总的效果是导致薄膜成核速率的提高。另外，基片温度的提高也会导致基片表面浸润性的改善，θ 减小，从而也会引起 G^* 的下降。故基片温度的增大，会促使薄膜的生长速率提高。但要看到，基片的温度对薄膜生长速率的影响是有限的，尤其在脉冲激光反应式沉积（LCVD）制膜过程中，激光沉积时化学反应放出大量的化学能，这种化学能相对于基片的本身温度而言，能极大地提高附着原子的振动频率，致使薄膜的生长速率与基片的关系不是那么明显。但基片本身的状况对薄膜的成核速率有很大影响，如基片表面与真空、基片表面与原子团的相互作用，表面台阶、缺陷及杂质等。

　　综上所述，为了保证激光制膜质量，提高薄膜生长速率，除了合理选择上述参数（入射激光波长、能量密度、脉冲频率、辅助气压、基片温度等）外，还可采取改进制靶工艺、提高靶材的吸收系数和热导率、提高激光入射区周围靶材的温度（例如采用 CO_2 激光预热靶体）使靶材发射物易分解以及在激光等离子体飞行路径上施加磁场等措施。另外，为了保证激光制备的薄膜的均匀性，A. Sajiadi 等人采用了激光扫描方法，类似于陀螺运动，即使等离子体在基片表面作一圆形扫描。M. F. Davis 等人也采用了激光扫描方法。S. R. Foliy 等人采用了基片偏轴转动的方法。文献中也采用了聚焦透镜偏轴转动的方法，使激光束在靶面作圆形扫描。最近还有人提出了偏轴沉积方法，该方法有垂直放置和背向平行放置两种。

8.3　激光制膜工艺方法

　　激光制膜（或称镀膜、沉积薄膜）得到的薄膜种类较多，根据膜层性质可分为激光制备结构薄膜和激光制备功能薄膜。结构薄膜主要是以提高其力学性能（如耐磨、耐蚀及抗氧化等）为目的，例如 TiN 薄膜和类金刚石薄膜。功能薄膜的种类更多，典型的有提高电学特性的电介质薄膜，提高光学特性的光学薄膜、发光薄膜，提高磁学特性的铁电薄膜等。

　　根据激光制备薄膜过程中的动力学特征可分为激光熔化和蒸发镀膜（低激光能量密度）以及激光等离子体制膜（高激光能量密度）等。而根据激光制备薄膜所采用的工艺又分为激光物理气相沉积薄膜（LPVD）和激光化学气相沉积薄膜（LCVD）。

　　表 8-1 列出了激光制备薄膜方法的实例。

表 8-1　激光制备薄膜方法的实例

方　　法	材　　料	沉积速率/$(10^{-10}\,\text{m/s})$	参 考 文 献
蒸发	SiO_2	150	Hass and Ramsey（1969）
	SiO_2	5.6	
	MgF_2	$16 \sim 25$	
	Cr，W，Ti，C	$15^5 \sim 10^6$	Schwarz and Tourtellotte（1969）
	ZnS	30	Cali et . al.（1976）
	ZnSe	$4 \sim 6$	
	GaAs	5	
电镀	Au，Ni，Cu	5×10^4	Von Gutfeld et . al.（1979）
化学气相沉积	Si	850	Baranauskas et. al.（1980）
光沉积	Al，Cd，Sn，I	13	Deutsch et. al.（1979）

正如前述，激光制备薄膜化学稳定性很好，膜厚可控，且一个脉冲所制得的膜层厚度可接近分子厚度（1～2nm）数量级。激光辐射加热靶材速度快，能使靶材中化合物元素之间的成分保持不变，即激光制膜具有"保成分性"。另外，激光等离子体所含的快速离子能降低薄膜外延生长的温度，可以制备超单晶膜及复合膜。

8.3.1　激光物理气相沉积薄膜

激光物理气相沉积法主要是利用蒸发机理制膜，通过此种方法可制备非金属膜，也可以制备金属膜（包括难熔金属膜），制膜速度可达 10^{-5}～10^{-4}m/s。1968 年，Groh 等人曾采用 CW CO_2 激光镀非金属膜。因为非金属材料（如半导体和绝缘体）对 10.6μm 波长的 CO_2 激光具有很高的吸收率。1969 年，Hass 和 Ramsoy 采用了 60W 的连续 CO_2 激光器镀 SiO_2 膜，镀膜速度为 15nm/s。1972 年，Hess 和 M. Hcosky 等人采用 20W 连续 Nd：YAG 激光器镀金属铂膜，镀膜速度为 0.02nm/s。激光还能镀 SiO_2、MgF_2 等非金属膜。Hass 和 Ramsoy 于 1969 年还采用激光在 Al 镜表面镀上了 MgF_2 膜，以提高其对 121.6nm 波长的反射率。

Kliwer 于 1973 年采用脉冲钕玻璃激光器蒸镀 Zn/Cu 复合膜，并研究了激光强度和激光运转方式（低重复频率、调 Q 和连续运转）对激光镀膜速率及膜层中 Zn 和 Cu 之比的影响。对于高温氧化物（如 ZrO_2、Al_2O_3、BeO、SiO_2 等），宜采用粒子能量小于或接近靶材分子离解能（结合能）的工作模式进行。这时可采用脉宽在 10^{-3}s 左右，脉冲激光强度在 10^5W/cm^2 左右的脉冲激光器。获得的较高的瞬时生长速率就能得到超薄和大厚度的膜层。

采用脉冲激光可镀各种化合物的混合膜层，例如用激光蒸发 SiC（33%，质量分数）、SiO_2（27%）、Al_2O_3（27%）和 TiO_2（13%）压制的混合粉末，可获得具有良好光学、电学和力学性能的薄层。用脉冲激光蒸发质量比从 10:1 到 1:1 的 CdO 和 SiO_2 的压制粉和合金混合粉末，均能获得透明的导电薄膜。激光制膜的基片温度在 20～350℃ 范围，膜层在 2～15μm 范围内透明，膜层电阻 R 在 15～100kΩ 范围。

可采用激光镀金属合金膜和化合物膜。例如用激光制 AuGe 膜作为 GaAs 欧姆接触点，在锗上镀 Sn +4%（质量分数）As 膜可以制造隧道二极管。激光镀半导体膜时，通常要求粒子能量等于靶材的结合能，采用脉冲激光（脉宽为 10^{-3}s，脉冲激光强度为 10^8～10^9W/cm^2）。镀膜与传统外延生长方法相比，外延生长的温度大大降低，并能得到异质外延生长结果的新组合。采用激光制膜法可以得到结构良好、表面原子稳定和载流子迁移率高的半导体膜。

采用调 Q 激光工作模式及激光等离子体制膜方法可以制备单晶膜，还可以制备量子尺寸的半导体膜（如 InSb、PbTe、PbS、PbSe 等）、半金属膜（Bi、Bi_{1-x}、Sb_x）及宽半导体超单晶膜，还可以形成超晶格型结构。此外，采用激光外延生长法也可制备 InSb- CdTe、Bi- CdTe 等异质结构膜。激光还可用来制备梯度薄膜。

8.3.2　激光化学气相沉积薄膜

激光化学气相沉积制膜法与激光物理气相沉积制膜法的主要区别在于：激光物理气相沉积时，得到的薄膜成分与靶材成分一致，且薄膜材料从靶材到基片的输运主要靠激光辐射靶材所产生的蒸气（低激光强度）或激光等离子体（高激光强度）物质粒子在基片表面沉积、运动、聚合和生长，最后在基片表面沉积成膜；而在激光化学气相沉积制膜法中，不仅有激光与靶材相互作用所产生的高压蒸气或激光等离子体的输运过程，以及物质粒子在基片表面沉积成膜的物理过程，而且还有化学反应过程，即在真空室内还充有一定压强的气体，与靶材物质发生化学反应，最终基片上薄膜的成分有时并不完全是靶材的成分（有时是靶材成分，但沉积薄膜过程中也存在化学反应），可能还有化学反应后的化合物。

为了加速气体的化学反应，往往在沉积薄膜过程中还要产生气体放电过程。激光化学气相沉积方法自 1973 年问世以来已有迅速发展，目前这种方法的应用领域也越来越广泛。以气体放电脉冲激光反应式沉积 AlN 薄膜（靶材为 Al 靶）为例加以说明。

AlN 薄膜的主要成膜过程可分为以下几个阶段：

1）激光脉冲与 Al 靶材相互作用，产生垂直靶面向外的 Al 等离子体。

2）等离子体在真空室内被输运到基片表面。

3）由于气体放电，导致运动的电子碰撞气体分子（N_2），并使其产生大量的活性粒子 N^+ 和 N_2，频繁撞击等离子体中的 Al^{3+} 和基片表面。

4）Al 和 N_2 的活性粒子在基片表面（及其附近）反应生成 AlN，并发生气-固相界面反应，在基片表面随机成核，最后沉积在基片表面生成 AlN 薄膜。

8.4　激光定域制膜

激光定域制膜是一种用来直接在各种基片上形成组件布局的特殊的制膜方法。它是激光制膜的一种特例，因为它既能沉积薄膜，又能进行光刻技术特有的薄膜布局。

在获取较大尺寸（大于 $3\mu m$）的薄膜组件时，激光定域制膜法与激光激励液相和气相沉积方法相比：所获薄膜化学纯度高，而且适用面广，工艺简单，无需真空室，能在正常空气介质中或惰性气体环境中获得定域薄膜涂层。

8.4.1　激光定域制膜机理及物理模型

激光定域制膜实质上是将施主基片的薄膜物质选择性迁移到靠近施主或距施主基片不远的受主基片上的过程，如图 8-6 所示。人们常将激光定域制膜法按物质运动方向分为正方向和反方向激光定域制膜两种。

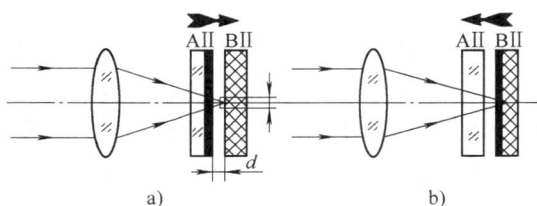

图 8-6　激光定域制膜
a）正向　b）反向
AⅡ—受主材料　BⅡ—施主材料

激光束辐射施主膜表面时，膜层照射区被加热、熔化和蒸发，然后薄膜材料以熔体或蒸气形式迁移到受主基片上，最后凝聚固化成薄膜。

1. 薄膜的脱落机理

根据激光作用的不同动力学原理，施主膜材料由施主基片迁移到受主基片，可以是前面已提到的激光等离子体，也可以是蒸气、熔体，甚至是固态碎屑。同样，激光定域制膜的物理机理也不同于一般的激光制膜，详细的激光定域制膜机理请参考相关资料，在这里主要讨论蒸发式激光定域制膜的物理模型。

当激光辐照施主基片的薄膜，对薄膜进行局部加热时，正常环境压力下，在薄膜材料开始达到沸点之前，薄膜即会自行脱落，这时不能使受主基片的薄膜具有良好的粘附力。通常会在薄膜和施主之间形成空腔，形成剩余压力阈值前的爆发机理。

当薄膜的粘附力较弱时，一般会出现薄膜脱落的爆发机理，如图 8-7 所示。如果施主基片材料不耐热，蒸发（或分解）温度低，则薄膜表层会产生气化，并因表层蒸发（或分解）产物的压力作用，使薄膜损坏。气化所产生的压力可按下式估算

$$p_c = p_{or}\frac{T}{T_b}\exp\left[\frac{L_b\mu}{\rho R_T b}\left(1 - \frac{T_m}{T}\right)\right]$$（8-18）

式中，L_b 是气化潜热；μ、ρ 分别是施主材料的分子量和密度；R_T 是气体常数；p_{or} 为温度在 T_b 时气化产物产生的压力；T_b 是气化温度；T 是加工时施主基片与薄膜的温度。

假定 $p_c = p_{th}$（$T < T_m$）$> p$ 时，气化产物的压力可使固体薄膜脱落。这里，T_m 为薄膜材料的熔点，p 为薄膜对施主基片的附着力，使薄膜脱落施主基片的阈值压力 $p_{th} \approx 200 \sim 300Pa$。而对于耐热的施主材料，由于施主基片表面缺陷处吸附的气体热解吸，在薄膜-施主基片界面可能

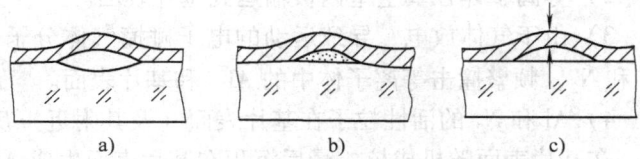

图 8-7 薄膜脱落的爆发机理
a）施主基片物质的气化 b）施主基片缺陷处吸附气体的热解吸
c）薄膜向闭合腔蒸发

产生剩余压力。当腔内的蒸气压力 $p_{th} > p$ 时，薄膜沿缺陷界面剥落，此时压力值可按下式求出

$$p_A \approx \frac{kT}{\sigma\Gamma}$$（8-19）

式中，k 是玻耳兹曼常数；Γ 是缺陷尺寸；σ 是吸附气体分子截面。当 $\Gamma \approx 1\mu m$ 时，则有 $p_{th} \approx 10^6 Pa$。

如果在薄膜和受主基片相距 δ（$\delta > (0.1 \sim 0.5)\, r_0$，$r_0$ 为照射区半径）时激光定域制膜，则薄膜会由于自身向施主基片界面上的闭合腔内蒸发而脱落。由于存在反向蒸气流，闭合腔内的蒸气压力比薄膜自由表面的蒸气输出压力高 1 倍。在激光定域制膜的阈值模型中，当激光辐射对流密度不足以使薄膜自由面蒸发时，如果缺陷处尺寸 $\Gamma > \Gamma_c$（Γ_c 为某一临界值），则上述情况会导致内部爆发。当脉宽 $\tau \approx 10^{-8}s$，膜厚 $h_d \approx 100nm$ 时，缺陷的临界尺寸 $\Gamma_c \approx 100nm$。

爆发机理对总的破坏过程的影响取决于具有临界尺寸的缺陷总面积与激光辐照区面积之比。另一方面，薄膜脱落的热力机理可从以下几个方面加以解释：

1）薄膜因施主基片和薄膜的线性膨胀系数不同而产生的纵向膨胀而脱落。

2）薄膜在熔化前产生横向膨胀，其中心以某种加速度来回移动，如果惯性力超过薄膜对施主基片的粘附力，则薄膜可能脱落。

3）当施主基片表层受热时，热膨胀和弹力使施主基片的运动方向垂直其表面，导致薄膜从施主基片表面脱落。

2. 激光定域制膜的蒸发模式

在激光定域制膜的蒸发过程中，如果薄膜迟迟不脱落，当功率密度 $\approx 10^8 W/cm^2$ 时，薄膜温度先达到 T_D（正常压力下的沸点），然后超过 T_D。同时，薄膜内表面（紧靠施主基片）温度明显地超过外表面温度（原因是它们的蒸发速度和输出压力的速度各异），导致熔化的薄膜从施主基片脱落。在此阶段，熔化的薄膜从薄膜的两边向薄膜和基片之间的间隙进行蒸发，部分蒸气可能流出照射区范围，这时蒸气在照射区的基片上和照射范围以外冷凝。已熔

化的薄膜受基片反面压力下降的影响，由施主基片向受主基片迁移；同时，由于蒸发，薄膜的厚度和重量减少，结果当功率密度足够大时，薄膜完全蒸发或呈液相沉积于受主基片上。

当已熔化的薄膜与受主基片接触时，即与受主基片上冷凝的蒸气完全融合，在撞击受主基片的惯性力的作用下，液膜在某种程度上被压碎。受主基片表面上的薄膜因受到部分衰减的辐射作用（施主基片的冷凝层），以及脉冲过后某一段时间内保持薄膜过热的温度（高于沸点）而继续蒸发。剩余压力将薄膜紧压在受主基片的表面。在此压力作用下，熔体经冲击后继续被挤出照射区范围，并在其周边冷凝成焊道。在某些条件下，根据粘附力与表面张力的大小，以及开始偶然"损坏"（薄膜断裂）的大小，薄膜在表面张力的作用下，甚至没有蒸气输出压力的作用亦可发生滚转现象。

当薄膜流达到某一临界速度后具有不稳定的特征，进而导致薄膜断裂，形成液滴，并在冷却后与受主基片熔结成块。

薄膜在施主基片向受主基片运动过程中和沉积到受主基片之后、冷凝之前产生的蒸气，以及薄膜与基片间隙内的梯度压力作用，被挤出照射区范围。蒸气围绕施主基片和受主基片的照射区部分冷凝，此即实验中观察到的加工区周围形成光晕的原因。

8.4.2 激光定域制膜工艺及系统

图 8-8 所示为激光定域制膜工艺及系统示意图。

激光定域制膜所使用的施主材料种类很多，主要有金属（Cu、Al、Ag、Cr、Ti、Au、Pt、V、Co）、合金（如 Fe-Al、Fe-V、Fe-Al-Ni），硅金属合金（Ge/Se、PbS）层状金属结构（Cr-Cu-Cr）、高温超导结构等，施主薄膜厚度为数十纳米到两微米。

施主基片和受主基片材料优先采用石英和玻璃，也可采用 NaCl、硅、金属、MgO、硅晶玻璃和有 SiO_2 涂层的硅等。

为了改善沉积薄膜结构和增强薄膜对受主基片的粘附力，可以先对施主基片进行消光处理（微观凸起高值约为 $3\mu m$）。这样通过施主基片的

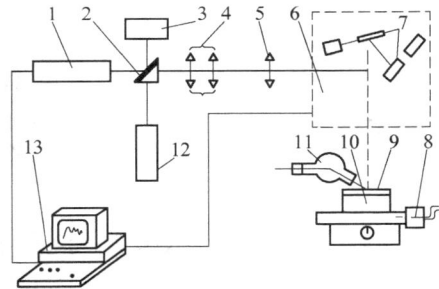

图 8-8　激光定域制膜工艺及系统示意图
1—激光器　2—分光板　3—功率计　4—望远系统　5—物镜　6—扫描系统　7—扫描镜　8—手动坐标台　9—施主基片　10—工作室　11—显微镜　12—氦氖激光器　13—计算机和放大器

辐射弥散，可减少沉积时的再蒸发，提高其均匀性，加强粘附力。另一方面，由于施主基片的微观凸起高度大大超过施主膜层的厚度，这会造成激光定域制膜过程中膜层的微滴不沿辐射方向移动，而是沿施主基片微观起伏面的法线移动，这就会导致它们之间的碰撞，从而提高沉积膜的均匀性。

在激光定域制膜研究中，常采用脉冲 Nd：YAG 激光器、氮分子激光器和红宝石激光器，脉宽在 $10^{-8} \sim 10^{-7}$s 左右；也有的研究人员采用 Ar^+ 和 Kr^+ 激光器，脉宽在 10^{-5}s 左右，使用的激光功率密度一般在 $10^7 \sim 10^9 W/cm^2$。

在激光定域制膜实验系统中，也有人采用聚焦透镜系统或光束轮廓成像法。

与前述制膜的工艺不同的是，激光定域制膜系统采用了计算机控制下的激光束扫描系统，这就使得人们可以根据计算机程序来进行激光定域制膜。

一台典型的激光定域制膜设备的主要参数如下：

激光辐射波长：$1.06\mu m$

最大平均功率：$7W$

脉冲重复率：$3\sim50Hz$

脉宽：$2\mu s$

在加工平面上的聚焦光斑尺寸：$120\sim150\mu m$

激光束移动速度：　　　　　　$0.5\sim8m/s$

对激光定域制膜的膜层进行显微照相，可以研究膜层的均匀性。可用光学显微镜和电子显微镜以及电子探针测量薄膜的表面形貌、膜层结构及膜厚，也可以用电子显微镜、X 衍射分析膜层的化学组成和形态的变化，还可采用四点探针法来检测薄膜的电学特性。

图 8-9 所示为对激光定域制膜显微照相后得到的照片，从照片中可看到"凝固的"飞溅轨迹，由激光辐射区中心呈扇状散射。可依据此照片建立液相沉积薄膜的动力学模型。

图 8-10 所示为在 SiO_2 基片上利用激光沉积的 Cd 膜。

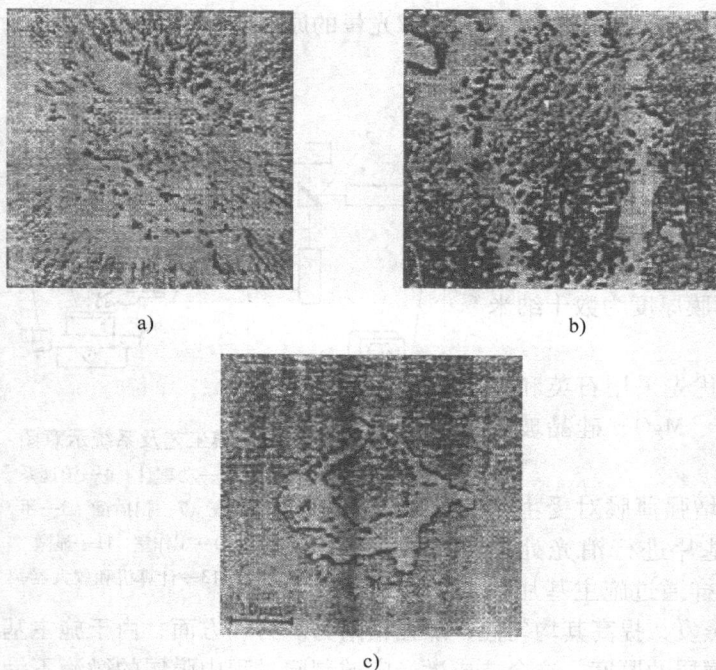

图 8-9　激光定域制膜的显微照相照片

a) $D=0.6\mu m$, $E=0.05mJ$　　b) $D=0.2\mu m$, $E=0.5mJ$

c) $D=0.2\mu m$, $E=0.05mJ$

D—照射区直径　　E—脉冲能量

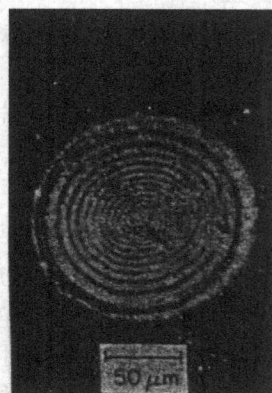

图 8-10　SiO_2 基片上利用激光沉积的 Cd 膜

8.5　脉冲激光制备薄膜实例

8.5.1　脉冲激光制备 AiN 薄膜实例

脉冲激光反应式气相沉积 AiN 薄膜试验装置如图 8-1 所示。研究证明，如果采用脉冲

XeCl 准分子激光，最佳工艺参数为：波长 $\lambda = 308\,nm$，脉冲宽度 $\tau = 28\,ns$，脉冲频率为 $5\,Hz$，脉冲能量密度在 $1J/cm^2$ 左右，脉冲峰值功率在 $10^8\,W$ 数量级，基片温度在 $200\,℃$，气压为 $1.33 \times 10^4\,Pa$，基片距靶材的距离为 $4\,cm$。为了增加气体分子、原子的活性粒子的电离化速度，可引入气体直流放电以增加 AiN 和 N 的反应能力。在上述最佳参数条件下，采用脉冲激光制膜可获得高质量的、膜层均匀的薄膜，而且薄膜的生长速率大于 $6\,nm/min$。

图 8-11 所示为脉冲激光制备的 AiN 薄膜的表面形貌。

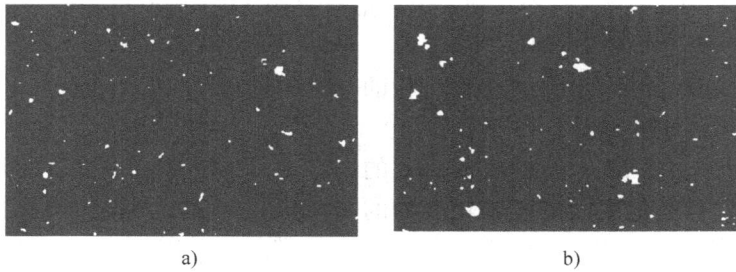

图 8-11　脉冲激光制备的 AiN 薄膜的表面形貌
a) $1.0J/cm^2$，$1.33 \times 10^4\,Pa$，$200℃$，$650V$，$4cm$，$5Hz$（$×5000$）
b) $2.0J/cm^2$，$1.33 \times 10^4\,Pa$，$200℃$，$650V$，$4cm$，$5Hz$（$×5000$）

对脉冲激光反应式沉积 AiN 薄膜进行 XRD 分析的结果如图 8-12 所示。对脉冲激光制备的 AiN 薄膜进行光电特性检测，结果表明脉冲激光制备的 AiN 薄膜具有良好的光学特性（在红外线区和紫外线区均有良好的透明性，薄膜的折射率为 2.05），并具有很好的电绝缘性（电阻率和耐压强度分别为 $2 \times 10^{13}\,\Omega \cdot cm$ 和 $3 \times 10^6\,V/cm$，薄膜的介电常数为 8.3）。此外，脉冲激光反应式沉积 AiN 膜还具有良好的抗氧化性、热稳定性（$200 \sim 500℃$ 范围）及化学稳定性。

8.5.2　激光制备 β-FeSi₂ 薄膜

1. FeSi 合金靶材的制备

用于脉冲激光制备 β-FeSi₂ 薄膜的 FeSi 合金靶材的制备，选用分析纯的硅粉和铁粉为原料，按标准 $1:1$ 的化学剂量比混合，通过球磨、预烧、再球磨、压片、烧结等工艺制备 FeSi 合金靶材。球磨在无水乙醇中进行，预烧和烧结在高纯 Ar 气氛下进行。

预烧后的硅铁粉末再经过球磨混合均匀后，压成圆形片，在 Ar 气氛下选择 $1170℃$ 作为靶材的烧结温度，烧结时间为 3h。

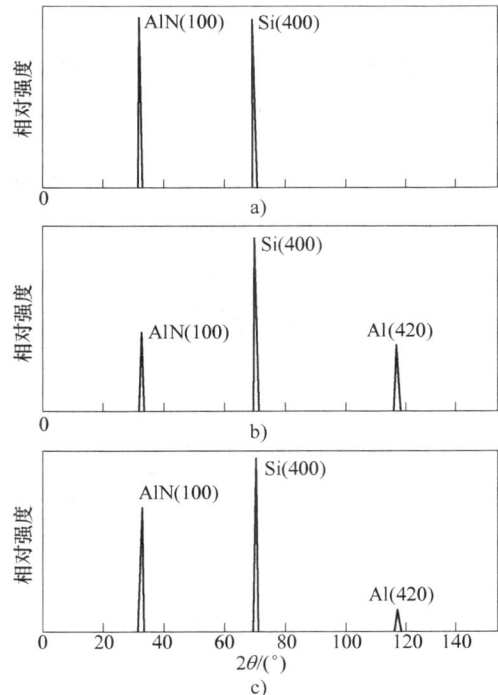

图 8-12　脉冲激光反应式沉积 AiN 薄膜的 XRD 分析
a) Si（100）基底，$1.0J/cm^2$，$1.33 \times 10^4\,Pa$，$200℃$，650，4cm，5Hz　b) Si（100）基底，$2.0J/cm^2$，$1.33 \times 10^4\,Pa$，$200℃$，650，4cm，5Hz　c) Si（100）基底，$1.0J/cm^2$，$1.33 \times 10^4\,Pa$，$200℃$，650，4cm，10Hz

2. KrF 准分子激光沉积 β-FeSi₂ 薄膜

KrF 准分子激光器，输出波长为 248nm，脉宽 248ns，重复频率 3Hz，最大输出单脉冲能量为 180mJ，作用在靶材的激光光斑为 $0.5mm \times 0.7mm$，相应激光能量密度为 $51.47J/cm^2$；最大的峰值功率密度在 $1.84 \times 10^9 W/cm^2$。采用 P 型 Si（111）和 Si（100）作为基片，激光沉积真空气压小于 $3 \times 10^{-4} Pa$，基片温度分别设定温度 450℃、500℃、600℃，温控精度可达 ±0.5℃，并以 10 次/min 的速度旋转基片，激光沉积时间为 60min。再对沉积的薄膜样品，经原位热处理 30min 后自然冷却到室温。最后采用 XRD 衍射仪和场扫描电镜对薄膜进行分析。

（1）薄膜的 XRD 分析　对不同温度沉积的 β-FeSi₂ 薄膜的 XRD 分析如图 8-13 所示。

从 XRD 分析中可看出，未见到 Si、Fe 的单质衍射峰，也没有其他中间的硅铁化合物的衍射峰，证明只存在 β-FeSi₂ 衍射峰。由于采用小角度掠射，衍射曲线中没有观察到 Si（111）基片的特征峰。图 8-13 的结果表明，基片温度在 450～600℃ 的范围内时，激光沉积的薄膜是单相 β-FeSi₂ 薄膜。在 Si（111）基片上沉积的 β-FeSi₂ 薄膜的合适温度在 500～550℃ 范围。而在 Si（100）基片上沉积的 β-FeSi₂ 薄膜的温度略比 Si（111）基片的沉积温度约高 50℃。

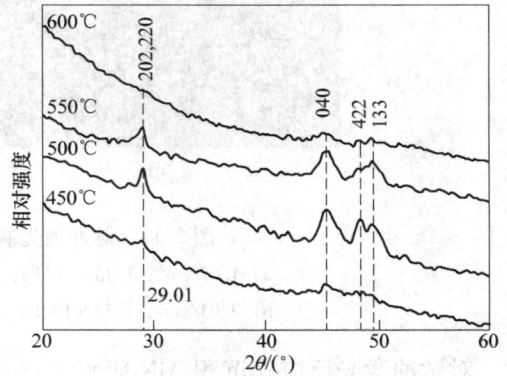

图 8-13　β-FeSi₂ 薄膜的 XRD 分析

（2）场扫描电镜（FSEM）分析　图 8-14 所示为准分子脉冲激光沉积在 Si（111）基片上的 β-FeSi₂ 薄膜的场扫描电镜照片。

图 8-14　准分子脉冲激光沉积在 Si（111）基片上的 β-FeSi₂ 薄膜的场扫描电镜照片
a）500℃　b）550℃

从图 8-14 中看到，样品表面的背景均为深灰色，薄膜表面均有大量的大小不一致的颗粒呈小岛状分布，大的颗粒有几十微米，小的颗粒有几微米，小岛之间的间距约 10μm。这些小岛呈水滴状，说明准分子激光沉积 β-FeSi₂ 薄膜过程中存在熔化过程，这些小岛状的沉积物是熔化的微滴溅射到基底上凝固后留在基底表面的。

在脉冲准分子激光沉积的薄膜过程中，微爆炸是微滴起源，在这一过程中，既有电离，也伴随着有熔化、气化等热过程，实验中难以消除这类微滴状的颗粒，故引入飞秒激光来沉积 β- $FeSi_2$ 薄膜。

（3）薄膜的组分分析　采用 EDX 分析了 500℃ 基片温度下飞秒激光沉积的 β- $FeSi_2$ 薄膜组分，如表 8-2 所示。

表 8-2　β- $FeSi_2$ 薄膜的各元素质量分数　　　　　　　　　（%）

元　　素	a 区	b 区	c 区	d 区
Si	85.11	100.00	89.12	70.18
Fe	14.89	<100.00	10.48	29.82

表 8-2 中 a、b、c、d 区域的示意图如图 8-15 所示。

EDX 测量结果表明深灰色区为 Si 基片，明亮区域含有靶材中才有的 Fe 元素，对照图 8-14 可以判断明亮区域是 β- $FeSi_2$ 薄膜或晶粒。EDX 的测量结果中 Si 与 Fe 的原子比大于 2，这是由衬底的 Si 元素引起的，没有检测到 O 元素的特征峰，说明沉积物中氧含量低。

采用钛宝石飞秒脉冲激光器，输出波长 800nm，脉宽 50ns，重复频率 1000Hz，最大单脉冲输出能量 2mJ。采用 $FeSi_2$ 合金作为靶材，靶材中 Fe：Si = 1：2，误差小于

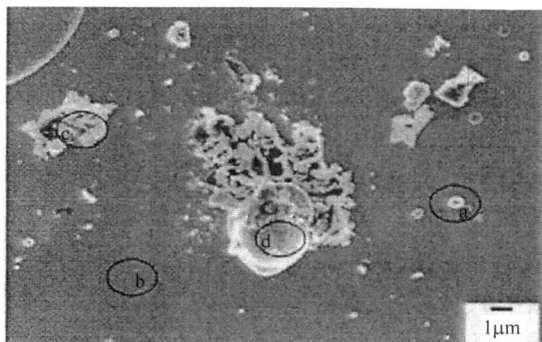

图 8-15　EDX 测试区域示意图

1‰；沉积中作用靶材的单脉冲能量为 0.5mJ。作用到靶表面的激光光斑约为 0.5mm×0.7mm，相应的能量密度为 1.45J/cm^2；激光束与靶面成 45°角，平均沉积速度为 15nm/min。

采用 P 型 Si（111）和 Si（100）作为基片，真空气压小于 $4.0×10^{-3}$Pa，基片表明温度保持在设定温度 ±0.5℃，以 10r/min 的速度旋转基片，沉积时间为 20min，对飞秒脉冲激光沉积 β- $FeSi_2$ 薄膜样品分别作 XRD 和 FSEM 分析。

（4）不同沉积温度下的 β- $FeSi_2$ 薄膜的 XRD 分析　不同沉积温度下的 β- $FeSi_2$ 薄膜的 XRD 分析结果如图 8-16 所示。

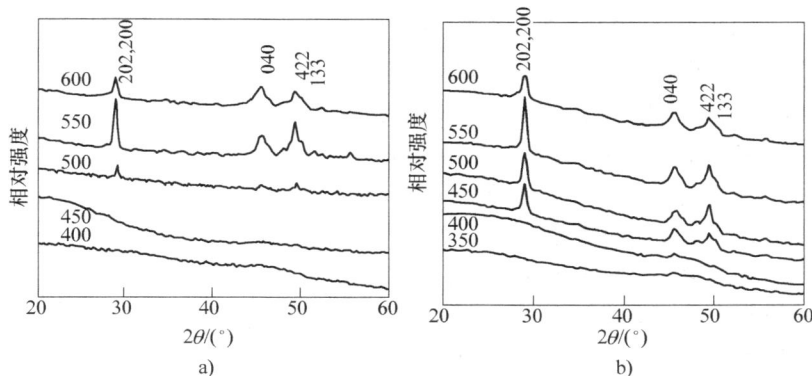

图 8-16　不同沉积温度下的薄膜样品 XRD 图
a）Si（100）　b）Si（111）

从图 8-16 中可见，全部样品的 X 衍射图中最强的峰是（202）、（220）的 β-FeSi$_2$ 衍射峰。此外，也可近似清晰看到 β-FeSi$_2$ 的（331）、（040）和（422）峰，上述结果与准分子脉冲沉积的 β-FeSi$_2$ 薄膜类似。

（5）不同退火时间的 β-FeSi$_2$ 薄膜的 XRD 分析　图 8-17 所示为不同退火时间的 β-FeSi$_2$ 薄膜的 XRD 分析图。

从图 8-16 和图 8-17 中看到最强的衍射峰仍是（202）和（220）β-FeSi$_2$ 峰。没有发现 Si 和 Fe 的单质衍射峰，也没有发现其他中间相的硅铁化合物的衍射峰。说明采用飞秒激光可沉积出单相 β-FeSi$_2$ 薄膜。

图 8-18 所示为 β-FeSi$_2$ 薄膜的 SPM 形貌。从图中可看到 β-FeSi$_2$/Si（100）表面有三种形状的晶粒：方形、梯形和一些小于 30nm 的更小颗粒，对应于图中 1、2、3。在图 8-18b 中可看到两种形状的晶粒，用 4 和 5 标明。这一结果表明薄膜的晶粒生长方向与 Si 衬底一致。

（6）飞秒脉冲激光沉积（fsPLD）和纳秒脉冲激光沉积（nsPLD）方法的比较　为了便于将飞秒激光沉积的 β-FeSi$_2$ 薄膜与前述的 KrF 准分子脉冲激光比较，两者采用相同的沉积工艺参数。图 8-19 所示为飞秒激光沉积 β-FeSi$_2$/Si（111）薄膜的 X 衍射图。从图中可看到 β-FeSi$_2$（202）、（220）、（040）、（133）和（422）衍射峰；均没有发现 Si 和 Fe 单质衍射峰和硅铁化合物相。说明基片温度在 400℃ 的低温下，采用飞秒激光沉积可获得单相 β-FeSi$_2$ 薄膜，比准分激光沉积制备的 β-FeSi$_2$ 薄膜要低 50～100℃。

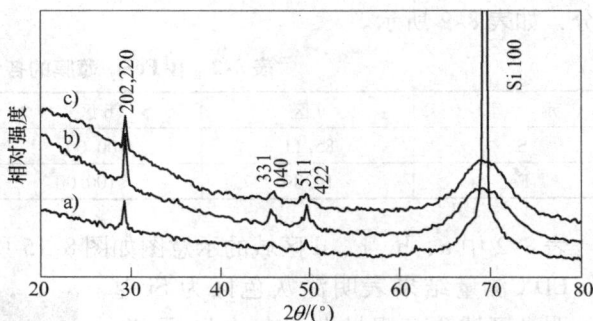

图 8-17　不同退火时间的 β-FeSi$_2$ 薄膜的 XRD 分析图

a）30min　b）300min　c）600min

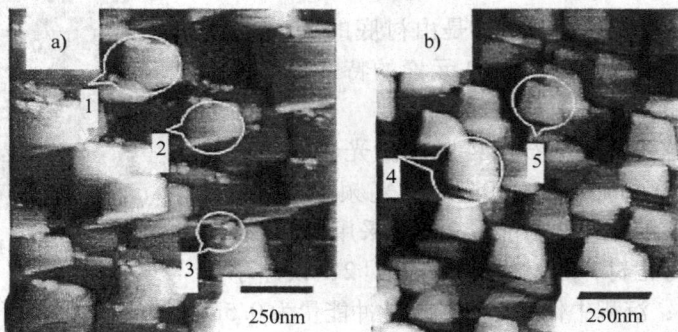

图 8-18　β-FeSi$_2$ 薄膜的 SPM 形貌

a）β-FeSi$_2$/Si（100）　b）β-FeSi$_2$/Si（111）

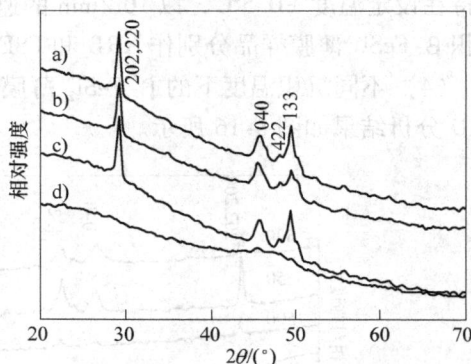

图 8-19　飞秒激光沉积 β-FeSi$_2$/Si（111）

薄膜的 X 衍射图

a）350℃　b）400℃　c）500℃　d）550℃

8.5.3　脉冲激光制备类金刚石薄膜

Dablerth. M 等人采用脉冲 KrF 激光沉积 SrTiO$_3$（STO）和 LaTiO$_3$（LTO）等介电薄膜时，所用激光能量密度为 1.6J/cm^2，气压在 6.65～79.8Pa，基片温度为 760～875℃，所得到的激光沉积薄膜的介电常数与生长温度的关系如图 8-20 所示。

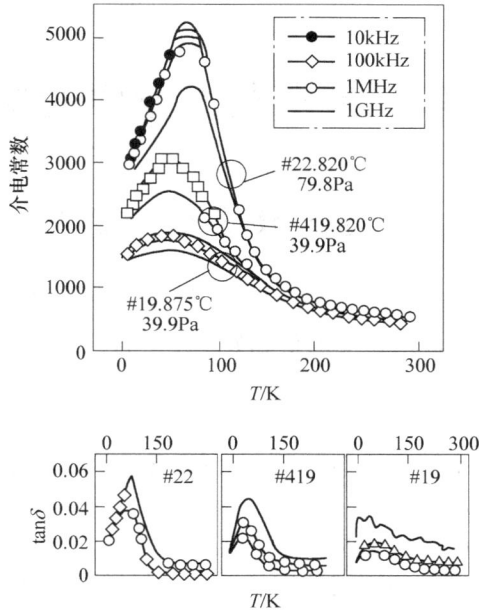

图 8-20　激光沉积薄膜介电常数与生长温度的关系

Minoru Tachiki 等人通过采用外加磁场的方法来增加等离子体的发射强度和粒子密度，使激光沉积薄膜的速率得到了进一步提高。

利用准分子制膜技术制备纳米薄膜材料具有很好的发展前景。"纳米材料"是指颗粒直径在 1 ~ 100nm 之间的材料。当材料颗粒小到如此量级时，由于表面效应、小尺寸效应和量子效应，材料的特性会发生很多变化，如反射率和熔点下降，硬度增高及延展性增强等。应用激光技术可制备纳米材料。准分子激光对材料有很强的消融作用，如铝材在强激光照射下可产生等离子体，注入氧气之后，即可生成 Al_2O_3 微粒，直径可达 3 ~ 7nm，每小时可生产 10mg。近年来，国内外已有人利用准分子激光制备碳纳米管。

习　　题

1. 简单叙述激光制备薄膜的机理和过程，并说明激光制膜具有什么特点。
2. 哪些工艺参数影响激光制膜的质量？应采取何种措施提高激光制备大面积薄膜的均匀性？
3. 试叙述 LPVD 和 LCVD 制膜方法，并说明它们有何异同。
4. 说明激光制备薄膜时可采用什么类型靶材，并简述激光等离子体与基片相互作用的过程。
5. 试简述准分子激光和飞秒激光制备薄膜的异同。

第9章 激光在工业中的应用

9.1 脉冲激光加工在微电子技术中的应用

脉冲激光加工（包括激光打孔、切割（划线）、焊接等）在微电子技术中的应用很广，例如用脉冲激光在混合集成电路的微晶玻璃和硅基片上打孔，这些孔主要用来安装线路中的分离组件。

在采用脉冲激光对硅片和半导体组件进行划线时，由于激光蒸发、切割、划线要求较大的单位能量密度，因此必须采用脉冲小于 $10\mu m$ 的短脉冲系列激光器对半导体划线。

9.1.1 集成电路引线脉冲激光焊接

脉冲激光在电子工业中的应用主要是微型电路（包括 IC 电路）组件的引线焊接和密封焊接，利用脉冲激光可以焊接各种不同的电子组件，如印制电路板中的引线连接、IC 电路中的引线焊接（包括引线与硅接触点的焊接）。由于激光焊接属于真正的熔化焊接，并且焊速快，热影响区小，故在进行印制电路板和 IC 电路焊接时，可以减小热冲击，而且对电路管芯无影响，从而保证了集成电路等产品的质量。例如美国阿波罗激光公司已采用一台输出功率为 150W 的 Nd：YAG 脉冲激光器进行印制电路板引出线的焊接。图 9-1 为脉冲激光焊接集成电路扁平引线的示意图，即采用脉冲红宝石激光将半径为 0.025mm 的铝丝或金丝的梁式引线与管内硅片的接触点焊在一起。

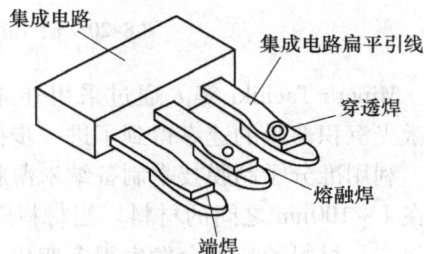

图 9-1 脉冲激光焊接集成电路扁平引线

在上述激光焊接的应用中，为了同时焊接 IC 电路或印制电路板的多根引线，可以采用具有分光功能的特殊光学系统（如柱面透镜），一次照射在各个引线上，同时进行多点焊接。

采用脉宽为 3ms、脉冲能量为 6J 的脉冲红宝石激光焊接晶体三极管中镍导线与镍合金基质接触点，接触点的焊接强度至少与直径为 $2.5\mu m$ 的导线的强度一样。这种方法在工业上有广泛的应用。采用激光焊接还可以避免金属与玻璃连接处附近龟裂。

9.1.2 欧姆接触

金属与半导体高欧姆接触的常规工艺比较困难。用激光方法制造半导体与合金的欧姆接触，其优点在于激光辐射是局部加热半导体，不会破坏器件中 P-N 结的性质；另一个优点是不需要在半导体表面做任何预先的准备工作。

激光制造欧姆接触的工艺规程通常是在半导体表面涂镀一层合适的金属（或合金）粉末或薄膜，激光聚焦于半导体表面，同时熔化合金层和半导体部分表面，此时，在金属-半导体界面获得欧姆接触。例如有些资料中介绍了采用 1.5J 脉冲钕玻璃激光器（脉宽 1ms）将直径为 $50\mu m$ 的金属细导线直接焊到半导体上以实现欧姆接触的方法。同时，激光方法也可用于制造肖特基势垒、隧道二极管的 P-N 结和其他组件的合金欧姆接触。

有些资料介绍了采用脉宽为 98 ~ 140ns 的脉冲 YAG 激光在 n-Si 片表面熔化 100nm 厚的铝膜以实现合金 P-N 结的方法。

9.1.3　脉冲激光密封焊接

脉冲激光焊接的热影响区小，而且有可选择性，因而可实现微电子器件的密封焊接。脉冲激光密封焊接现已成功应用于集成电路和其他微电子器件壳体的密封，例如航空研究（Air Research）公司已采用输出能量为 6J、重复率为 1Hz 的脉冲红宝石激光器对热敏电阻进行精密的密封焊接（壳体材料为不锈钢），焊接后对热敏电阻损伤小，密封性高。据报道，可采用 1 ~ 3J 的脉冲 YAG 激光对微电子封盖（材料为可伐合金）进行密封焊接（采用焦距 $f = 43$mm 的透镜，得到的激光光斑半径为 50μm）。当重叠度为 50% ~ 80% 时，一块面积为 25.4mm × 25.4mm 的封盖只需 40s 即可焊成。

在国内，华中科技大学与 706 厂、878 厂研制的重复脉冲 YAG 激光焊接机能对集成电路的可伐合金封盖进行密封焊接，焊接后气密性提高了几个数量级。

脉冲激光焊接中要注意的是密封缝焊中的气泡问题，因为这会影响到焊缝的气密性。焊缝中的气泡数量与被焊件已镀有的保护膜（如镀镍、铜和金等）的膜层厚度成正比。最好镀金膜。当被焊件镀的是镍膜时，在脉冲激光缝焊之前，最好将其在 450℃ 温度下退火一个小时，这样焊缝内的气泡可减小至零。为了保证激光密封焊的质量，要求被焊件各边的弯边高度不得小于 0.2mm，弯边高度差不得大于 0.5mm，对接空隙不得超过 0.05mm。配合最好采用紧密配合，为装配方便，管套均做成斜锥形。采用脉冲 Nd：YAG 激光能对显像管电子枪进行焊接。图 9-2 所示为几种激光密封焊接的微型器件的壳体结构。

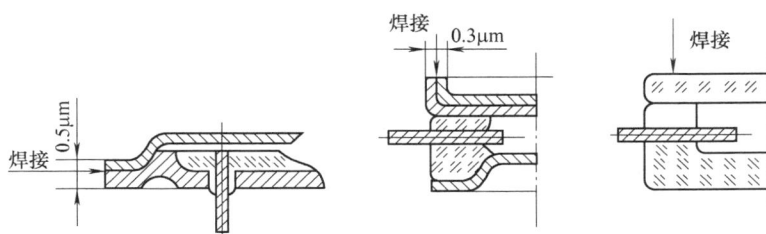

图 9-2　微型器件的壳件结构

图 9-3 所示为 CO_2 脉冲激光对铝微波电路盒进行真空密封焊接的焊缝形貌。图 9-4 所示为锂电池的脉冲激光密封焊接。采用脉冲 Nd：YAG 激光可实施对锂电池密封焊接，采用峰值功率 6kW，平均功率 200 ~ 300W，脉宽 0.2ms，采用脉冲前沿强度高的波形焊接，可获良好的焊接效果。

传感器或温控器的弹性薄壁波纹片的激光焊接，在上述焊接中，由于焊缝小，热敏感灵敏，采用传统焊接方法难以解决，电弧焊容易焊缝宽，热影响区大，等离子焊稳定性差，影响因素多。而采用激光焊接则效果好。石英振荡器外壳采用激光封装焊接，能得到很好的气密性。图 9-5 所示为石英振荡器外壳的激光封装焊。微型继电器的激光焊接如图 9-6 所示。

图 9-3　激光密封铝微波电路盒　　　　　图 9-4　锂电池激光密封焊接

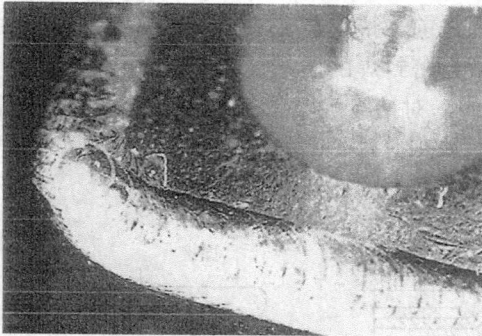

图 9-5　石英振荡器激光焊接　　　　　图 9-6　微型继电器的激光焊接

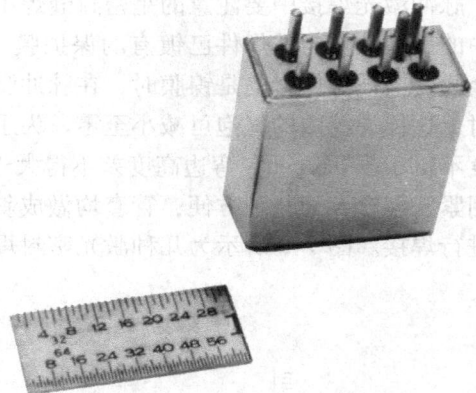

9.1.4　半导体的激光退火

在常规的半导体制备过程中，将硼、砷或磷等杂质原子注入到硅材料中形成 P-N 结。由于离子束被加热到上千电子伏后，才能注入到基片表面，如此高的能量往往使基片形成位错、层散及各种类型的点缺陷，离子注入后，在半导体的近表面区会产生严重的结构破坏，在微电子工业中应用它时必须加以克服。为了消除径向缺陷和使注入杂质电活化，通常需对半导体在一定温度下进行退火，但这种热退火并不能完全消除径向缺陷对晶格的破坏，而且还会带来许多不良的后果，例如某些电特性变坏、复合半导体基片离解、沉积的杂质脱落和不可控制的杂质污染半导体表面等。对离子注入半导体如 Si、GaAs、Ge 和 In 等进行激光退火能大大提高半导体的质量。

激光退火是激光技术在半导体工业中的一个重要应用，脉冲激光退火具有非平衡的性质，适合脉冲激光退火的半导体材料 Si 的掺杂浓度比常规热退火工艺高，例如 GaAs 的脉冲激光退火，其 Te 的掺杂浓度比常规热退火工艺高 10 倍。

1. 半导体的脉冲激光退火

有关半导体的激光退火处理研究是在 1976～1980 年期间进行的。根据激光工作方式不同，可将激光退火工艺分为脉冲激光退火和连续激光退火。脉冲激光退火可分为单脉冲激光退火（脉宽在纳秒级和毫秒级）和高重复率的、高速扫描的 Q 开关激光退火。表 9-1 列出了半导体激光退火所用的激光器（仅供参考）。从表 9-1 可以看出，对掺杂 Si 的半导体的激光退火大多采用脉冲调 Q 开关激光器。表 9-2 列出了激光退火的参数。

表 9-1　半导体激光退火所用的激光器

材　料	激 光 器	参 考 文 献
B：Si	Q 开关红宝石	Narayan et. al . （1978 年）
As：Si	Q 开关红宝石 连续 Ar 离子	White et . al . （1979 年） Auston et. al. （1978 年）
P：Si	Q 开关红宝石	White et. al. （1978 年）
Ga：Si	Q 开关 YAG	Bean et. al. （1979 年）
Sb：Si	Q 开关红宝石	White et. al. （1979 年）
Te：Si	Q 开关红宝石	Foti et. al. （1978 年）
P：Ge	Q 开关红宝石	Foti et. al. （1978 年）
In：$Pb_{0.8}Sn_{0.2}Te$	TEA CO_2	Bean et. al. （1979 年）
Bi：ZnTe Si：GaAs	Q 开关红宝石	Bahir et. al. （1980 年）
N：GaAs Te：GaAs	连续 Ar 离子	Makita et. al. （1979 年）
N：GaAsP	连续 CO_2	Takai and Ryssel （1979 年）
Si：GaP	锁模 Nd：YAG	Murakami et. al. （1979 年）
N：SiC	TEA CO_2	Makarov et. al. （1979 年）

表 9-2　激光退火的参数

	可调谐连续 Ar/Kr	脉冲红宝石激光器	脉冲 YAG 激光器	重复率 Q-S YAG
波长/μm	可调谐	0.69	1.06/0.53	1.06/0.53
功率/W	20	1	10/1	20/2
空间模式	TEM_{00}	多模	多模/TEM_{00}	TEM_{00}
脉冲能量/J	—	1~2	2/0.2	0.005
光斑面积/mm^2	0.025	1（对应于 10 个区域内）	2	0.2
工作通量/（J/cm^2）	200	1	5/0.5	5/0.5
重叠度（%）	1 轴，75	—	2 轴，50	2 轴，50
生产率/（cm^2/s）	0.1	0.01	0.5	1
脉冲间隔/nm	≈1	10~50	10~50	50~100

（续）

	可调谐连续 Ar/Kr	脉冲红宝石激光器	脉冲 YAG 激光器	重复率 Q-S YAG
加热深度/μm	≈50	0.1~0.5	0.5~1	0.2~1
稳定性	非常好	不好	好	非常好
可控性	非常好	不好	好	非常好
运行成本/（＄/h）	4.00	1.50	4.00	1.50
运行成本/（＄/cm²）	1.1	4	0.2	0.04

图 9-7 所示为脉冲 Q 开关红宝石激光器对 Si（001）样品进行退火处理的 TEM 照片，激光脉宽分别为 20ns 和 50ns。

从图中可看到，非晶层首先转换为多晶，当出现单晶时，往往在单晶中存在位错，但可以通过增加激光能量消除位错，最后获得高质量的单晶退火层。上述微观结构的转变可用一种瞬时表面熔化模型解释（见图 9-8）。开始时只是初始非晶层的外表面被熔化，单晶基体被剩余的非晶层屏蔽；当熔化层再凝固时，形成随机排列的多晶，但在这些样品中，未被退

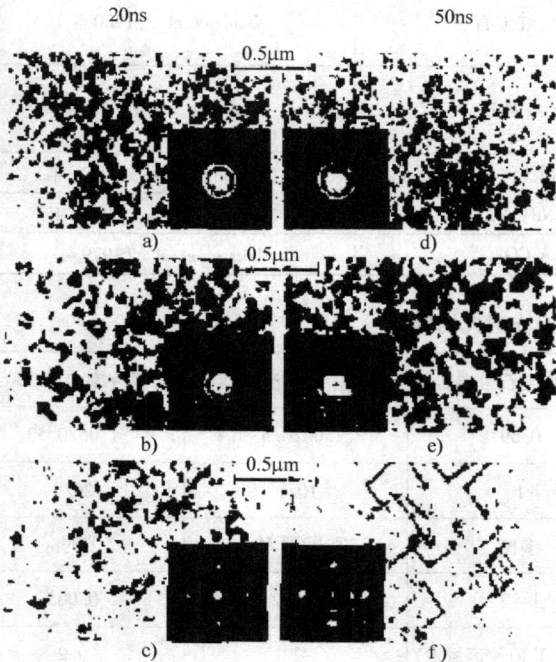

图 9-7　Q 开关红宝石激光器对 Si（001）样品进
行退火处理的 TEM 照片

　a）31MW/cm²，62J/cm²　b）51MW/cm²，102J/cm²
　c）110MW/cm²，220J/cm²　d）12MW/cm²，60J/cm²
　e）20MW/cm²，100J/cm²　f）50MW/cm²，250J/cm²

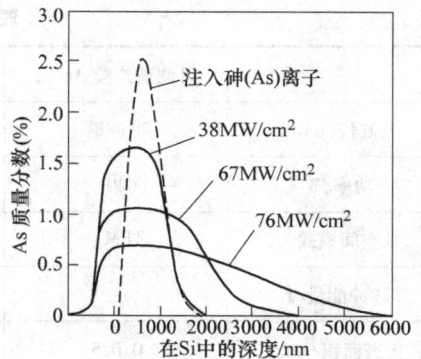

图 9-8　As 在 Nd：YAG 激光辐射下
的质量分数分布

火处理的晶格缺陷仍保持在最初的非晶特征中，如果随后进行低温退火，则剩余的非晶硅又可外延生长成单晶。当激光能量密度进一步增加时，只要激光能量密度在 0.2J 范围内变化，则微观结构就不会发生明显的变化，尽管熔化前沿已到达原始非晶-单晶层的界面，图 9-9 所示为脉冲 YAG 激光的强度对激光退火的影响。

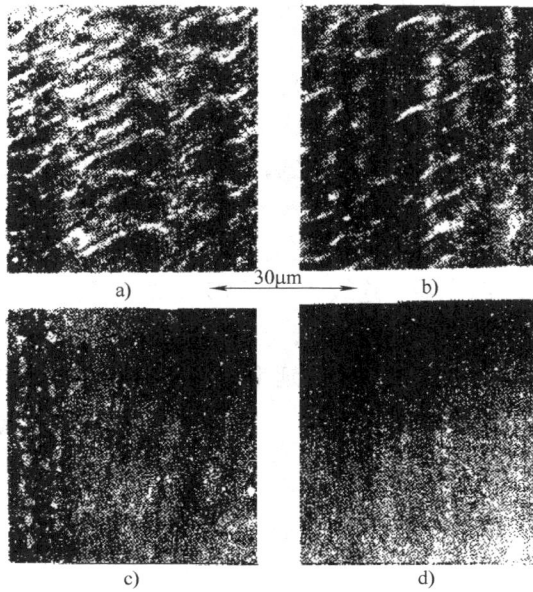

图 9-9　激光退火硅的干涉对比

a）38MW/cm^2　b）49MW/cm^2　c）57MW/cm^2　d）76MW/cm^2

研究表明，毫秒级激光退火能获得单晶外延层，在激光多次辐照下，所要求的激光脉冲数取决于退火的温度。在这种情况下，多晶内形成岛形小区。这种小区的数量随激光脉冲数的增加而逐渐充满整个样品表面，最终形成完整的单晶层。

Venkatesan 等人 1978 年研究了半导体中离子的掺杂量与脉冲激光退火参数的关系，半导体掺杂量影响半导体对不同波长激光的吸收，从而影响激光退火所需的激光能量。半导体掺杂浓度越高，所需激光能量阈值降低。Miyao 等人 1978 年在研究中发现在 P：Si 掺杂中，当掺杂浓度在 $10^{14} \sim 10^{16} \mathrm{cm}^{-2}$ 时，其非晶层的破损程度对激光吸收系数影响很大，继而严重影响激光退火参数。

由于 Nd：YAG 激光波长恰好处在 Si 中半导体基带隙的吸收峰边缘，故 Si 结构和退火温度的轻微改变均会影响对 YAG 激光的吸收。Allmen 等人 1979 年研究表明，在一定条件下，随着激光吸收的增加又会导致半导体局部区域的热破坏。故往往对基片预热，消除其不均匀性。Lietoila 和 Gibbons 等人 1979 年已开始研究采用 Q 开关 Nd：YAG 激光或红宝石激光加热 Si 基片温度分布的理论模型。

Fowler 和 Hodgson 1980 年采用脉冲 Nd：YAG 激光对 Si 基片退火，通过对激光不同的吸收和重掺杂得到很好的线性模图，如图 9-10 所示。

从图 9-10 中可以看到 100nm 厚的非晶硅覆盖在 Si 单晶基片上，用以制备 n 型硅。在激光照射下，n 型硅对激光吸收较大，促使硅基片上的非晶层重新晶化。

Larsen 等人 1978 年研究发现，促使对掺 B 硅基片进行脉冲激光退火时，激光快速加热和冷却会在退火区导致应变。激光导致的应变与所掺 B 的含量有关。晶格的破坏是掺杂类型的函数。例如在 Si 中掺 B 和 P 会产生收缩应变，而在 Si 中掺 Sb 则会产生膨胀应变。

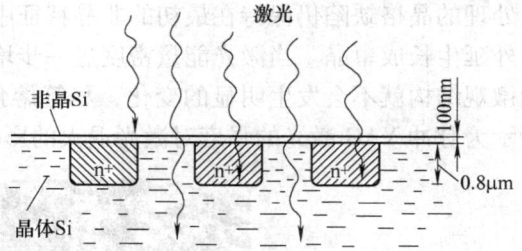

图 9-10　掺杂硅上产生的精细线性模图

由于 Q 开关激光退火是一个非平衡过程，且熔体具有很高的凝固速率（大于 2m/s），所以大剂量注入的杂质能很好地进入晶格位置，造成表面方向晶格收缩的现象，这也是溶质和基质原子直径差别大引起的。

2. 连续激光退火

人们通常采用连续 CO_2 激光器、连续 Nd：YAG 激光器及连续 Ar^+ 激光器对半导体进行退火。连续激光退火过程类似于热退火过程，且是一个平衡态过程，其退火时间长于脉冲激光退火，连续激光退火大都是基于固态的外延生长。Gai 和 Gibbons 1978 年采用连续 Ar^+ 激光对 Si 进行退火，其退火参数如下：

激光波长：488nm

激光功率：7W

TEM_{00} 光斑尺寸：38.5μm

激光功率密度：$6 \times 10^5 \, W/cm^2$

x 方向扫描速度：2.76cm/s

图 9-11 所示为掺 As^+ 的 Si 的激光退火和热退火的影响。

从图 9-11 中可看出：在激光退火中，As 浓度分布没有明显的影响，而对于热退火则影响很大；此外，在重新晶化区和非晶区有一个很陡的边界。Gai 等人研究发现连续激光退火掺杂 Si 能在重新晶化区产生 100% 的电子激活率，同时得到了外延生长速率 v

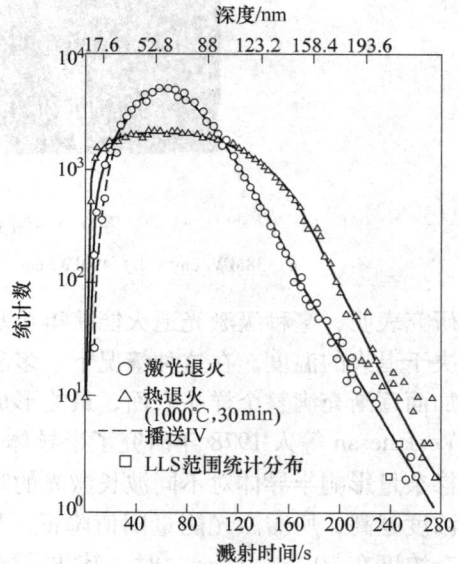

图 9-11　掺 As^+ 的 Si 的激光退火和热退火模型

$$v = 1.55 \times 10^{14} \cdot \exp\left[-\frac{2.3}{kT(r)}\right] \quad (9\text{-}1)$$

式中，k 是玻耳兹曼常数；$T(r)$ 是距激光光斑中心径向 r 处的温度。采用连续 CO_2 激光退火时，自由载流子的吸收是主要吸收机理。这是由于 Si 带隙是 1.1eV，而 CO_2 激光辐射（$hv = 0.12eV$）并不能强烈被吸收，主要是杂质能级的自由载流子的吸收。由于对 CO_2 激光和 Nd：YAG 激光两种波长的吸收均较小，故对 Si 基片进行 300～400°C 预热是有利的。由于 CO_2 激光的电子激活率小于 Ar^+ 和 Kr^+ 激光，故连续 CO_2 激光退火的效果实际上介于 Ar^+ 激光退火和热退火之间。

连续 CO_2 激光通常用来制备 GaAs0.6P0.4 光发射二极管，而 CW Nd：YAG 激光可用来对 GaAs 太阳能电池进行退火。

9.1.5　激光微调

1. 激光微调电阻

在薄膜和厚膜电路中，为了得到精确的电阻，通常采用调整的工艺。1966 年开始应用激光微调薄膜和厚膜电路的电阻，目前已是微调电阻的常用方法。激光微调电阻的机理是通过激光对薄膜的蒸发或对薄膜的改性来微调电阻。

如图 9-12 所示，如果沿直线 A 切割电阻，并将其微调到标准值 R_f，这时必须注意两个不希望有的影响，电阻值改变 ΔR，切割长度相当大，这时作精确调整比较困难。最热斑发生在电阻的最窄区，并沿 A 调整到 R，然后沿 B 完成微调（图 9-12 中 B 下面是单位长度具有更小斜率 ΔR_B）。这有助于精确调整和保持到一个更大的最窄宽度，使热斑变化最小。如果选择激光沿 A-C 切割，则电阻值在达到 R_f 之前，必须调整。

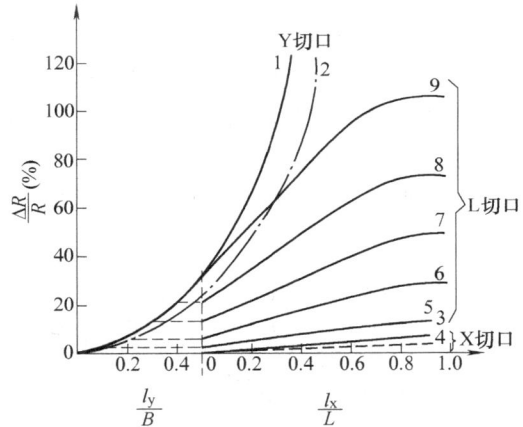

图 9-13 所示为薄膜电阻值变化与切口几何参数的关系。在图 9-13 中，曲线 1、2——Y 切口（1—实验，2—计算）；曲线 3、4—X 切口（3—实验，4—计算）；曲线 5~9—Y 部分长度不同的 L 切口（实验）；5—$Y = 0.1B$，6—$Y = 0.2B$，7—$Y = 0.3B$，8—$Y = 0.4B$，9—$Y = 0.5B$。

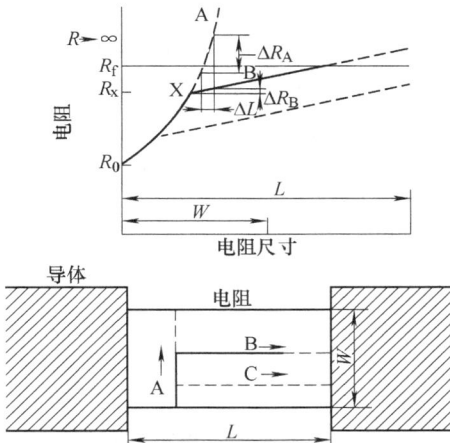

図 9-12　激光微调电阻　　　　図 9-13　薄膜电阻器阻值变化与切口几何参数的关系

薄膜电阻的阻值计算公式为

$$R = \frac{\rho}{h} \cdot \frac{L}{B} \tag{9-2}$$

式中，ρ 是薄膜材料电阻率；h 是薄膜厚度；L 是电阻的长度；B 是电阻的宽度。由该式可知，要改变 R，可改变薄膜结构的有关参数：电阻率 ρ、薄膜厚度 h 和电阻器的外形尺寸 L 与 B 之比（方形电阻率 N，$N = L/B$）。

电阻器的阻值变化取决于薄膜的熔融面积，故可通过电阻薄膜层的部分蒸发来微调电阻值，例如可以通过对薄膜打孔或对薄膜实施 X（或称为 A）和 Y（或称为 B）切口（X 切口为电流线的切口，Y 切口为横过电流线的切口）来实现微调电阻的目的（见图 9-12）。在切口宽度比电阻宽度小许多的情况下，仅对 A 切口有效。由图 9-13 可见，在 $\left(\dfrac{\Delta R}{R}\right)_Y \gg \left(\dfrac{\Delta R}{R}\right)_X$ 时，为了得到最好的调阻精度，最好采用 L 切口（X 切口与 Y 切口的综合）。此时激光微调电阻的效率最高。例如 Cohen 等人对一组 Ta_2N 薄膜电阻激光微调后，研究发现 L 切口的公

差在 ±0.1% 以内。图 9-14 所示为激光微调以陶瓷为基底的薄膜电路的照片。

如果采用 Q 开关 Nd：YAG 激光器微调薄膜电路，其工艺参数如下：

波长：1.06μm

脉宽：200ns

峰值功率：1 ~ 10kW

重复频率：1kHz

扫描速度：1cm/s

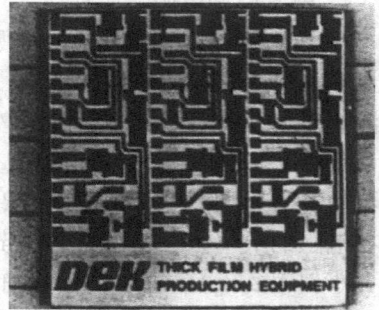

图 9-14　激光微调以陶瓷为基底的薄膜电路照片

激光在微调电阻值时，除了使电阻薄膜层部分脱落外，还会使薄膜切口附近受热区退火、氧化和熔化，甚至可能使薄膜基片产生裂纹，因为在激光蒸发过程中伴随熔体溅射，其液体可能落入切口。图 9-15 所示为薄膜电阻器调整后电阻值与时间的关系曲线。从图中可看到，激光微调后，薄膜电阻会发生漂移（变化）。这主要是因为激光调整时，在打孔或切口周围产生热影响区，使其老化特点与其他材料的老化规律不同。克服漂移的最好办法是采用打孔或连续激光切口的方式。Cohen 等人 1972 年在研究激光微调 Ta_2N 薄膜电阻切口时，发现小直径孔对微调的电阻值漂移最大。

在厚膜电阻激光微调中，裂纹是电阻值产生漂移的重要原因。为了减少激光采用切口方式微调电阻时产生的裂纹，可采用 J 切口方式，使末端裂纹处于电阻器不工作的部位。

图 9-16 所示为激光微调电阻的放大图。

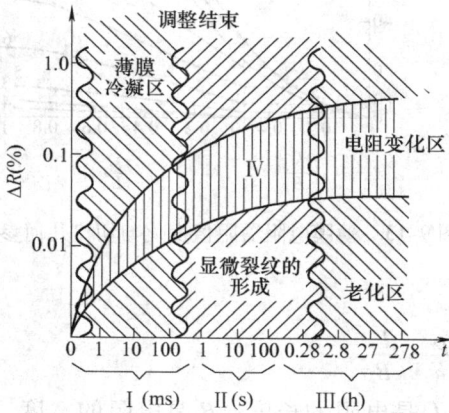

图 9-15　薄膜电阻器调整后电阻值与时间的关系曲线

图 9-16　激光微调电阻的放大图

影响激光微调电阻结果的另一个因素是切口表面粗糙度，这与电阻的漏电流有关。厚膜电路的漏电流与激光重复频率和激光功率有关。

研究还表明，加热电阻（基片温度达 600K）有利于减少激光调整电阻值时的漂移，提高激光微调精度。

2. 激光微调电容

激光可以调整厚、薄膜电路的电容，其中以调整诸如 $BaTiO_3$ 为基底的陶瓷开缝薄膜电容最为合适。它能在有效地调整电容值的同时，还能防止电容击穿。开缝电容的电容值的计

算公式为

$$C = \frac{\varepsilon_0 \varepsilon N L}{b} \tag{9-3}$$

式中，ε 和 ε_0 分别是介质和真空的介质常数；L 是电容的长度；b 是缝宽；N 是槽缝的数量。

图 9-17 所示为采用氮分子激光微调开缝电容器的布局图，对电容器的容量按每隔一根或是几根板条方式进行微调。图 9-18 所示为开缝电容器的电容值与横过电极的激光切口长度的关系曲线。图 9-18 中直线 2 是根据式（9-3）计算值得到的，计算值与实验结果略有差异，这可能与隔断时形成窄缝所产生的寄生电容有关。

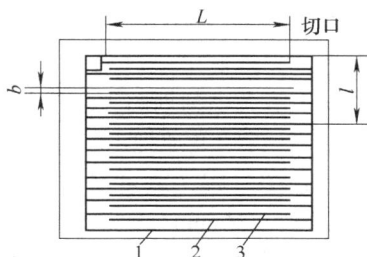

图 9-17　开缝薄膜电容器的布局图
1—左电极片　2—右电极片　3—电介质基片

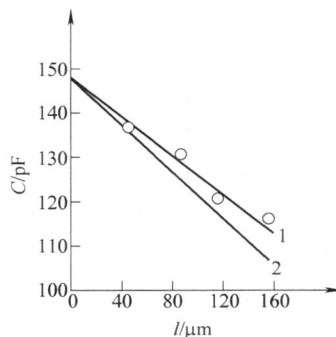

图 9-18　开缝电容器的电容值与横过电极
的激光切口长度的关系
1—实验　2—计算

9.1.6　激光修补（修复）集成电路

在激光微调应用中，激光除了可对薄膜电路中的电阻、电容进行微调外，还有一种所谓的功能微调。激光功能微调是模拟实际工作条件，对电路中少数不合格的组件进行修复或修补，直至所有工艺参数合格为止的工艺。而在有些复杂电路中，手工修复是很困难的，采用激光对混合集成电路进行修复具有重要意义。

随着大规模混合 IC 电路的出现，薄膜之间的连接密度越来越大。在这种情况之下，由于某一工序残留在基片上的金属搭接部分使本应分离的导体电路短路，使得大规模 IC 电路成品率下降。金属的搭接在开缝电容器中也容易出现。故在混合大规模集成电路生产工艺中可应用激光微调和修补工艺，这对提高 IC 电路的成品率具有重要的意义。

例如，美国机电公司 S. E. 休斯等人利用了脉冲激光在 IC 电路中形成点连接的原理，对有缺陷的 IC 电路进行修补，即采用 $2 \sim 6 \text{ns}$、峰值功率 3kW 的染料激光照射需要修补的地方，使物质在微调范围内重新分布，不致损坏邻近电路中的热敏组件。美国桑迪亚国家重点实验室已研究出另一种激光修补 IC 电路的新技术，该项新技术可降低 IC 电路设计检验和毛坯分析所花费的时间和费用。此技术采用小真空室，真空室内充满反应气体，并采用低功率密度的脉冲激光，减少了残渣对环境的污染，为修补 IC 电路提供了一种更有效的手段。

在集成电路的修补过程中，硅片放在充满氯气的真空室内，然后使低功率 KrF 激光通过真空室的石英窗聚焦到待蚀刻的某点上，在每秒 $20 \sim 30$ 个脉冲的作用下，铝线上的氧化层被破碎，暴露在氯气中，形成氯化铝气体被抽走。据说这种 IC 电路的修补方法与麻省理工学院林肯实验室所开发的技术类似，后者是使用 0.4W 的 Ar^+ 连续激光，在真空室内充满乙硼烷和硅烷气体，计算机控制的定位器使激光束下面的硅片移动，在二氧化碳绝缘层上蚀刻和加热出一条缝格，当缝格达到适当的温度时，乙硼烷和硅烷分解，使导电的多元硅沉积。上述方法经过一系列检测，证明并不损坏下层的线路。

此外，日本电气公司也开发了利用激光修补 IC 电路的技术。他们采用的是 Ar^+ 激光，已利用 CVD 技术（化学气相沉积）修复了 4000 门电路阵列的误配线。有关技术参数是：$2.66 \times 10^{-2} \mu m$ 波长的 YAG 激光（脉宽 $10 \mu s$），辐照强度为每平方厘米几十毫瓦，蚀刻速度为每照射一次推进 $0.1 \mu m$；接线采用化学气相沉积，在 $Mo (CO)_6$ 气体中用 Ar 激光照射，使宽 $5 \mu m$ 的钼沉积，与下层的放大器输入电路连接。接触电阻为 10Ω，扫描速度为 $4 \mu m/s$，大大提高了工效。

9.1.7　激光光刻

超大规模集成电路的研究开发日趋激烈，最小线宽为 $1 \mu m$ 的 1MB 的 DRAM（动态随机存取存储器）已投入批量生产，现在正向更小的尺寸发展。

在光刻技术中，首先制作标线板，在板上用电子束以 5 倍大小刻划超大规模集成电路图形；然后采用大孔径投影透镜把电路图形缩成原尺寸的 1/5，无畸变地把 $15 \mu m^2$ 以上的方形区域转印到涂覆在硅片上的感光树脂（抗蚀刻）上。重复这个过程，就可对硅片表面曝光，因此得到常数分布重复曝光机。以往都是使用泵浦灯的 g 线（436nm）作为光源，透镜的数值孔径（NA）为 $0.35 \sim 0.45 \mu m$，后改善到 $0.5 \mu m$ 以上；同时也开发了采用更短波长（365nm）高数值孔径化的透镜。几年前人们认为：不采用 X 射线和电子曝光，无论如何也不可能达到 $0.5 \mu m$，现在用曝光法已达到可分辨的程度。但是，更小的 $0.2 \mu m$ 左右的 64MB 的 DRAM 的生产就不能采用常规方法。美国电报电话公司贝尔研究所采用的是波长更短的 KrF 准分子激光（248nm）和石英透镜，其分辨率可达 $0.4 \mu m$ 或 $0.3 \mu m$ 以上。

生产集成电路时，科学工作者已将激光用于光刻。在芯片的加工步骤中，芯片结构一面接一面——由掩膜转给单芯片上的光刻胶层。这里准分子激光用作投影光源。在下一道生产工序中，光刻胶在照射位置被有选择地蚀刻掉。所形成的胶片图案用来实际构成某种结构，如由扩散、蒸发或蚀刻形成的掩膜。

微光刻是生产电路的关键性步骤，其费用占芯片生产成本的 35% 以上，激光光刻通常由芯片步进机完成。

例如杜邦公司开发的准分子光刻系统能直接刻蚀出 100nm 的线条。不仅大大优于普通光源，而且与 X 光相比也不相上下。据最近报道，准分子光刻系统刻蚀的线宽已达 30nm，图 9-19 所示为准分子光刻样品，用干涉法获得聚亚胺样品的高倍放大扫描电子显微镜照片。

图 9-19　用干涉法获得聚亚胺样品的高倍放大扫描电子显微镜照片

（结构宽 167mm，暗区宽 80mm，用 $58 mJ/cm^2$ 激光辐照，600 个光脉冲）

9.2　激光在汽车工业中的应用

激光切割、激光焊接和激光表面改性及激光打标等技术在汽车制造业中得到了广泛的应用，可以毫不夸张地说，激光加工技术提升了整个汽车制造业的制造水平。在当今任何一家汽车公司，采用激光技术的程度都是代表该公司汽车制造水平先进性的重要标志。

9.2.1　激光切割

激光切割大量应用于汽车的冲孔和模板的修边，尤其是在新车型的开发和小批量生产中。三维激光切割，不仅能节省大量的模具，同时能使新车型的开发周期大大缩短。

采用激光切割可用于汽车仪表盘（例如用于汽车内、外表板，仪表外伸前、后板以及仪表防护板等）。例如美国通用汽车公司为了将本公司的车出口到日本，不得不将原设计的左驾驶座改成右驾驶座。故需将左驾驶座部件作许多修改。他们将原左驾驶座相关的 6 块主要仪表板（包括内、外仪表板，仪表外伸前、后板及防护板等）都采用激光切割方法进行了修改。

采用激光切割轿车车身用的剪切板也是激光切割在汽车工业中的一个重要应用。目前轿车车身板大多采用剪切板拼焊方法，由于激光拼焊对焊件配合间隙要求较严，用常规剪切机难以达到要求，故许多汽车公司在激光拼焊前也采用激光切割下料的方法。

激光对轧辊进行毛化，用激光毛化后的轧辊制出来的轿车用钢板，能使轿车身的油漆附着性能大大加强，且经过激光毛化后的轿车车身钢板表面油漆光滑亮泽，大大提高了轿车的外形美观质量。

9.2.2　激光焊接

激光焊接在汽车制造业是应用最多的一种激光加工技术，其中激光拼焊技术在国外轿车制造业中得到了广泛的应用。据不完全统计，2000 年全球范围内的轿车车身剪切板的激光拼焊生产线，已超过 100 条，年产轿车结构件拼焊板 7000 万件，在近几年还在继续迅速扩大。轿车车身板的激光拼焊是现代轿车制造业中最先进的方法之一。

根据车身不同部分的承载和使用要求，利用激光拼焊方式，将不同材质、不同厚度和不同表面状态的坯板拼焊在一起，车身部件使用激光将不同厚度薄板拼焊成组合板，然后一次压制成形，这样取代了原来电阻焊工艺，节省了材料，大大减轻了车身的重量，显著降低了成本。

美国通用汽车公司在 20 世纪 80 年代就首次将激光拼焊引入汽车生产线，代替原电阻焊。1985 年日本 Toyota 公司也开始采用激光拼焊技术。德国的奥迪（A6 型）、宝马的 300 和 800 系列，Volvo850、S70 和 V70 以及奔驰汽车公司和意大利的菲亚特汽车公司等相继采用激光车身拼焊装配技术。日本的本田、丰田也建立了汽车激光拼焊生产线。20 世纪 90 年代美国的福特和克莱斯勒汽车公司也将激光拼焊引入汽车制造，尽管起步较晚，但发展很快。

图 9-20 所示为轿车车身板拼焊示意图。图 9-21 所示为激光拼焊照片。图 9-22 所示为车身结构件的激光焊接。图 9-23 所示为 BMW 轿车拼焊。

在国内，奥迪也开始采用激光拼焊的剪切组合坯板件。但总的说来，国内的车身激光拼焊技术距进入轿车生产线还有一段距离。

汽车齿轮激光焊接在汽车制造业中另一个重要应用。早在 20 世纪 70 年代，意大利菲亚特汽车公司就已率先将激光焊接应用到汽车组合齿轮的焊接。至 20 世纪 90 年代，欧洲许多汽车公司已建立激光焊接汽车组合齿轮生产线。例如德国的奔驰汽车公司建立了 6 条齿轮激光焊接生产线。齿轮从毛坯料到成品齿轮，全部实现制造一条龙，其中齿轮激光焊接是这一条生产线中的重要一环。

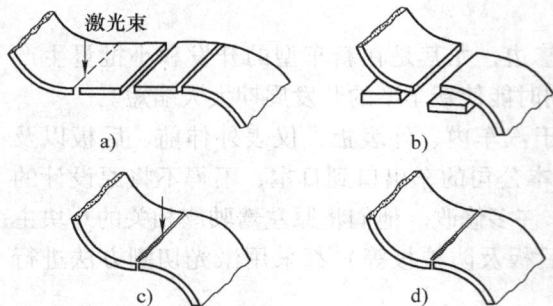

图 9-20　轿车车身板拼焊示意图
a）切割　b）去除　c）焊接位置　d）焊接连接

图 9-21　轿车车身钢板由激光拼焊剪切板构成

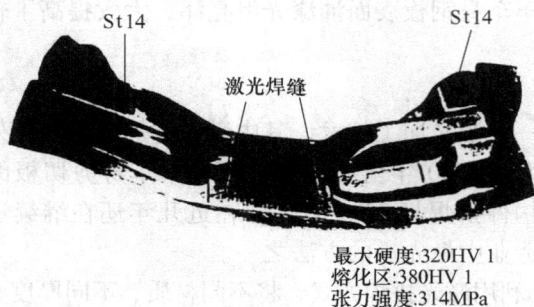

最大硬度:320HV 1
熔化区:380HV 1
张力强度:314MPa

图 9-22　车身结构件的激光焊接

图 9-23　BMW 轿车拼焊

汽车变速箱内部件的激光焊接取代了传统的花键联接、电子束焊接，节省了材料，减少了多种工艺流程，大大提高了汽车变速箱质量与性能。

例如法国的雷诺（RANAULE）公司采用激光焊接变速箱内的传动轴。

图 9-24 所示为激光焊接变速箱传动轴。

9.2.3　激光表面改性

激光表面强化技术在汽车发动机部件中应用最多。

1. 缸套（缸体）激光淬火

例如利用激光可对发动机缸套（缸体）进行内表面淬火，其耐磨性可提 1～3 倍以上。早在 20 世纪 70 年代国

图 9-24　激光焊接变速箱传动轴

外就已开始采用激光对缸套内壁进行淬火处理。20 世纪 80 年代，国内西安内燃机厂和华中科技大学（原华理工大学）就已对激光淬火缸套进行了研究。并在西安内燃机配件厂建立了多条缸套激光处理生产线。缸套的耐磨性提高 1～2 倍以上。1993 年北内集团和华中科技大学合作，将激光处理缸套技术应用于汽车制造生产线。图 9-25 所示为激光淬火处理铸铁缸套内壁（处理速度 254mm/min）。

2. 齿轮的激光表面硬化

图 9-26 所示为齿轮的激光强化。

图 9-25　激光淬火处理铸铁缸套内壁

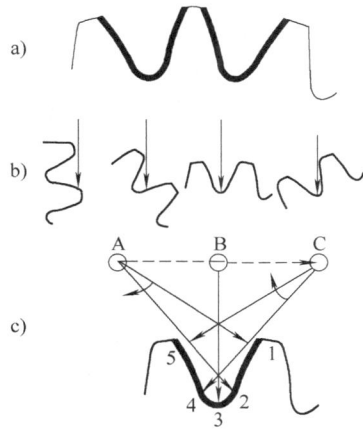

图 9-26　齿轮的激光强化

a）激光硬化齿轮根部图　b）通过齿轮运动光束扫描
辐照齿根部　c）通过运动扫描整个齿

3. 曲轴激光强化

前苏联对汽车曲轴进行了激光淬火强化处理，通过 90h 的台架试验，证明激光淬火后的曲轴颈平均磨损比普通淬火减少 90%。汽车行驶 4.5~5 万 km，曲轴的耐磨性提高 1 倍以上。在这以后，欧洲一些汽车公司也相继采用激光对汽车曲轴和柴油发动机曲轴进行强化处理。激光处理曲轴可节省 20% 的成本费用。图 9-27 所示为曲轴激光淬火硬化处理。

4. 凸轮轴的激光强化处理

图 9-28 所示为汽车凸轮轴激光硬化处理。

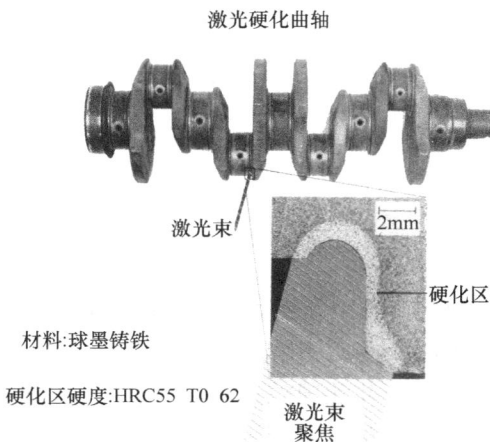

图 9-27　曲轴激光淬火硬化处理

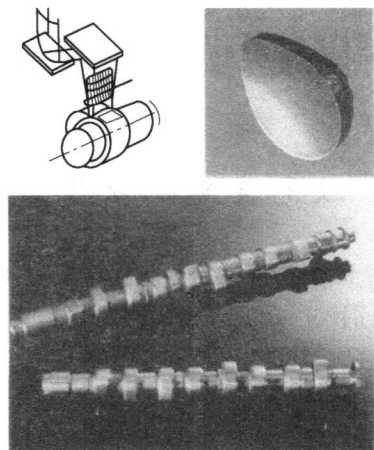

图 9-28　汽车凸轮轴激光硬化处理

汽车的铝活塞环槽采用激光表面强化，包括两种强化方式：一种是活槽采用激光重熔处理方式，另一种是采用激光合金化方式。

5. 激光排气阀的激光强化

对汽车排气阀的激光强化主要是强化阀锥面，采用激光熔覆方式对阀锥面进行激光熔覆。以往阀锥面采用 TIG 焊和等离子弧喷涂方式，采用 TIG 焊方法，由于 TIG 焊加热慢，使阀组织结构粗大，且热影响区大。而采用激光涂覆方式，可使阀组织结构细化，且耐磨性大大提高。图 9-29 所示为阀锥面激光处理。

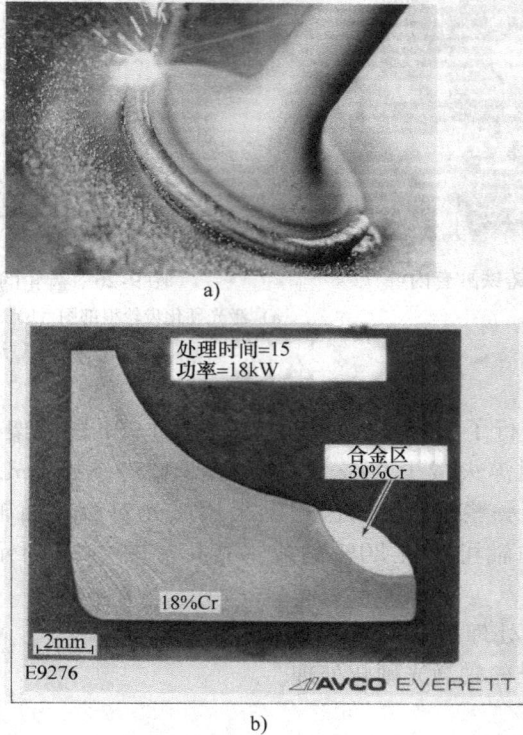

a)

b)

图 9-29 阀锥面激光处理

a）CO_2 激光在排气阀锥面熔覆钴基合金粉末 b）排气阀的激光表面合金化

9.3 激光在其他方面的应用

9.3.1 激光在钢铁冶金行业中的应用

在钢铁冶金行业中，可采用激光对钢板进行拼焊。在冷轧钢过程中，每卷钢板需先经过焊接连在一起才能过轧辊生产线，以往每卷钢板的连接是采用闪光焊，日本 Kawasaki 钢厂最早采用激光拼焊取代闪光焊，取得了很好效果。1985 年德国的 Thyssen 钢厂也采用了激光拼焊，钢板供奥迪车使用。另外硅钢片也采用激光拼焊方法进行焊接。

在钢铁行业中，另一个激光应用是对轧辊进行毛化处理。例如经过毛化处理的轧辊，用于轧制轿车用的车身板，可增强轿车车身的油漆附着强度，提高车身耐蚀性能，且车身油漆具有色彩鲜艳亮泽的极好效果。

此外，近几年采用激光对轧辊进行修复。在大型轧辊生产线中，由于轧辊受力负载大，且受力复杂，轧辊表面经常出现磨损或撕裂，造成轧辊表面破坏而报废。一个直径 800mm 的轧辊价格在 30～50 万元。采用激光对轧辊进行修复，可以使原本报废的轧辊重新使用，具有很大的经济效益。

9.3.2　激光在航空航天工业的应用

激光在航空航天工业中应用也很多，例如采用激光对机翼的铆钉进行激光冲击强化处理，提高了铆钉的抗疲劳强度。

欧洲的空中客车采用激光焊接技术，直接焊接机翼取代了铆钉连接。图 9-30 所示为空中客机部件的激光焊接。图 9-31 所示为美国 F15、F16 型战斗机机翼的激光焊接。

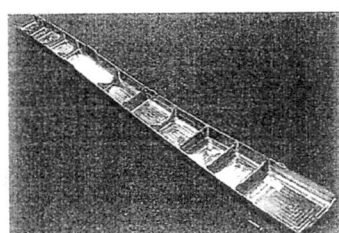

a)

图 9-30　空中客机部件的激光焊接

b)

图 9-31　战斗机机翼激光焊接

a）机翼　b）小型部件

9.3.3　激光在石油化工行业的应用

激光在石油化工行业应用的例子也很多，例如采用激光对输油管进行切割，提高生产效率。采用激光对输油管内壁进行激光表面强化处理，可提高输油管的耐蚀性能。

采用激光破岩方法对石油钻井是一种新的钻井方法，其基本原理是将高能激光束照射岩石表面，在短时间内将岩石局部加热到很高温度，从而使岩石破损、熔化甚至汽化，并通过高速辅助气体将岩石碎块和熔岩转移到作用区外。现有研究证明，在深度超过 4572m 的深井中采用激光的钻井的钻进速率远高于传统机械旋转钻井。

9.3.4　激光在船舶行业的应用

在船舶行业目前主要有两个方面应用：其一是采用激光对柴油机缸套内外壁进行强化处理，提高内壁耐磨性和外壁的耐蚀性。其二是随着激光功率水平的提高，激光深穿透焊接工艺进一步成熟。

郑启光等人在 20 世纪 80 年代已开始研究柴油机缸套外壁的强化处理，提高柴油机缸套外壁的抗空化腐蚀性能。

随着激光功率水平的提高，激光深穿透焊接工艺的更进一步成熟，近几年激光用于船舶加强筋板的激光切割和焊接已开始走向实用化。

图9-32所示为德国 Meyer Werft 造船公司采用激光复合焊接方法焊接船的加强筋板。图9-33所示为激光切割船板。

图9-32　德国 Meyer Werft 造船公司采用激光焊接
方法焊接船的加强筋板

图9-33　激光切割船板

9.3.5　激光在建筑行业的应用

激光在建筑行业也有应用，采用激光切割大理石，具有切割速度快的优点。近几年，激光用于桥梁钢的切割和焊接具有很大的应用前景。

习　题

1. 激光对半导体退火通常有哪几种类型？采用调 Q 激光退火有什么优越性？

2. 为什么激光能进行薄膜电阻微调和电容微调？试叙述电阻微调过程。

3. 为什么激光可修补集成电路？它有哪些优越性？

4. 轿车车身板采用激光拼焊有什么优越性？试叙述不同厚度剪切板的激光拼焊方法。（提示：不同厚度板的放置方式，以及激光束作用位置等）

5. 试举出一种提高齿轮激光表面强化生产效率的光路及光束变换方式。（提示：采用单光束或是双光束？）

6. 激光冲击强化技术可应用于航空工业吗？试举出几种应用场所。

第10章 激光加工成套设备系统

激光加工成套设备系统包括激光器、导光系统、工作台和控制部分。目前国内外已有多种型号的激光加工成套设备投入使用。激光加工成套设备中的激光器和导光系统已在前面作了介绍，在这里重点介绍激光加工机和成套设备系统。

10.1 激光加工成套设备的组成

10.1.1 用于激光加工的激光器

1. 激光打孔

目前激光打孔多采用脉冲激光器，通常根据被打孔工件的材料、打孔的孔径以及打孔的速度来决定采用何种类型激光器。就材料而言，一般对金属材料打孔多采用脉冲 CO_2 激光器、脉冲红宝石激光器和钕玻璃激光器。对非金属材料打孔，可采用脉冲 CO_2 激光器。就打孔尺寸而言，打深孔可采用高重复率脉冲 YAG 激光器，打微型孔可采用准分子激光器或飞秒脉冲激光器。

2. 激光切割

激光切割目前大多采用轴快流 CO_2 激光器（见图 10-1），也可采用 YAG 激光器。随着近年来光纤激光器的发展，光纤激光器也可应用来进行激光切割。高重复率 YAG 激光器也可用来对硅片划片。在激光功率要求不太高的非金属（木材、塑料等）的激光切割和服装剪裁中，也可采用封离型 CO_2 激光器或射频 CO_2 激光器。在超微件的激光切割中可采用飞秒激光器。

3. 激光焊接

微电子行业中的激光焊接多采用脉冲 YAG 激光器，在金属材料的激光焊接中大多可采用轴快流 CO_2 激光器和 YAG 激光器。横流 CO_2 激光器经过选模后也可用于激光焊接（见图 10-2）。半导体二极管泵浦 YAG 激光器具有转换效率高、输出功率大、光纤传输等特点（见图 10-3），近年来越来越多地应用于汽车生产线的激光焊接。

图 10-1 轴快流 CO_2 激光器

图 10-2 横流 CO_2 激光器

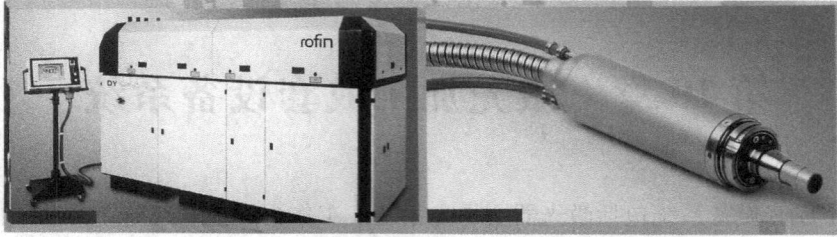

图 10-3 半导体二极管泵浦 YAG 激光器

光纤激光器发展迅速，由于其转换效率高，输出功率大，光束质量好，也越来越多地应用于激光焊接生产线。对于塑料激光焊可采用半导体激光器。

4. 激光表面热处理

大多激光表面热处理（包括激光淬火、熔覆和合金化等）均采用高功率横流 CO_2 激光器和 YAG 激光器，但对于改性层要求不太深的零部件可采用准分子激光器。激光清洗多采用准分子激光器和脉冲重复率 YAG 激光器。

10.1.2 激光加工工作台

为完成各种激光加工的目的，必须使激光束与工件作相对运动。激光加工机按运动方式可分为以下四种：

1) 光束不动，工作台运动，工作台由计算机控制，在 x-y 平面运动，如图 10-4 所示。

2) 光束在数控系统驱动和控制下，作 x-y 二维运动，如图 10-5 所示。从图中可以看出，设计者设计了两个工作台，可交替使用。这两种类型的加工机均可加工平面板材。

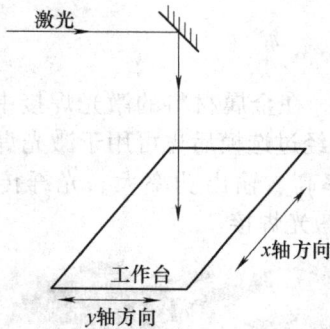

图 10-4 工作台作二维运动

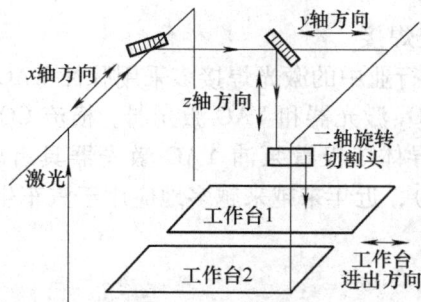

图 10-5 光束作 x-y 二维运动

3) 五轴联动激光加工机可进行三维空间加工，五个轴中有三个直线轴，即 x 轴、y 轴、z 轴，两个旋转轴，即 w 轴和 v 轴。激光加工的工作原理是通过示教的方法进行编程，然后输给数控系统，这两种加工机的光束运动分别如图 10-6 和图 10-7 所示。光束可作五轴运动，进行空间曲面的加工。

4) 工作台在 x 方向运动，光束可沿 y、z 轴和 w、v 轴四个方向运动，如图 10-8 所示。

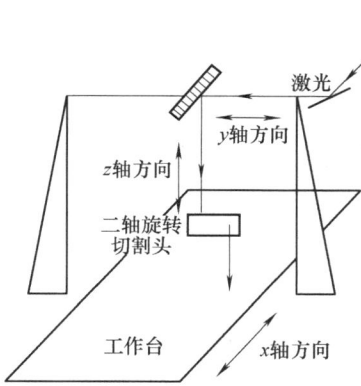

图 10-6　光束沿 y 轴方向运动，
工作台沿 x 轴方向运动

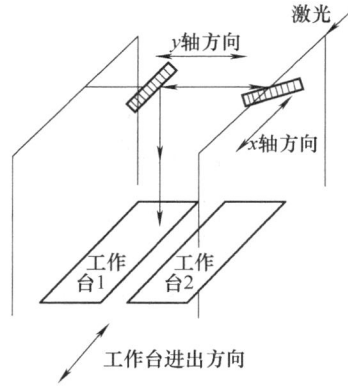

图 10-7　光束在 x-y 平面移动

德国迈瑟尔·格瑞斯海姆公司开发的 LASCONTUR 0.2 型和 LASCONTUR 2.0 型加工机属于第二种，LASCONTUR 4.1 型和 LASCONTUR 5.0 型激光加工机属于第三种，LASCONTUR 4.1 型激光加工机属于第四种。

在日本，有大量的第一种和第二种类型的激光加工机出售，目前国内主要有第一种激光加工机出售。

10.1.3　激光加工设备的激光传输与聚焦系统

固体激光加工机的光学系统包括激光束的传输系统、聚焦系统和光学观察系统、显示系统。

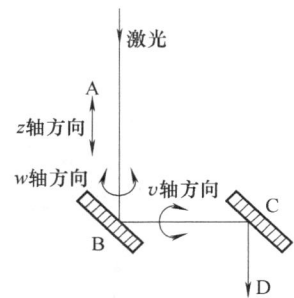

图 10-8　五轴联动激光加工机

在 YAG 激光束的传输中，有两种方式：一种是通过反射镜变换光路；另一种是采用光纤传输。光纤传输系统与机器人结合可任意地将激光束导向被加工工件，可任意加工三维复杂形状的零件，且能远距离传输。

光纤通常由石英制成，直径可为 $100\mu m$、$200\mu m$、$400\mu m$、$600\mu m$ 等，可分为单膜光纤和多膜光纤。光纤的折射率沿径向变化，可以是阶跃形式突变，也可以是梯度形式渐变，一般是中心折射率高，外层折射率低。当激光束进入光纤后便在内部产生全反射，向前传输而不逸出光纤外。工业用的光纤一般插入尼龙管内，并加数根柔性钢丝加强刚性，然后在最外层包一层塑料。一般的光纤长度在 $5\sim50m$，但超过 $100m$ 的光纤也有应用。在光纤传输中的另一个问题是光纤耦合问题，目前已有光纤耦合器产品销售。图 10-9 所示为采用光纤传输的 YAG 激光加工系统。

图 10-10 所示为透镜位置自动调焦装置，图 10-11 所示为带有传感器的 Z 轴驱动 C30 激光加工头。

10.1.4　激光加工设备的观察系统

如前所述，由于激光束的方向性好，可以用一块透镜将激光束聚焦。图 10-12 所示为几种固体激光加工机的聚焦观察系统。

图 10-13 所示为光学观察系统。

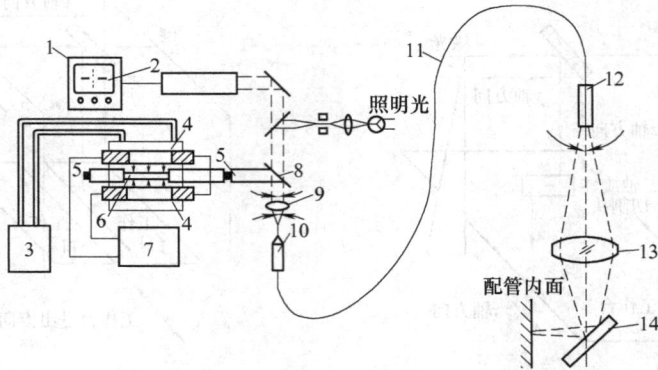

图 10-9　YAG 激光加工系统示意图

1—记录器　2—电视　3—冷却水系统　4—灯　5—反射镜　6—激光棒　7—电源

8—转折反射镜　9—聚焦透镜　10—光纤输入耦合器　11—光纤

12—光纤输出耦合器　13—加工用聚焦透镜　14—反射镜

图 10-10　透镜位置自动调焦装置

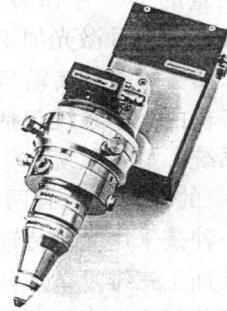

图 10-11　带有传感器的 Z 轴驱动

C30 激光加工头

a)　　　　　　　　b)

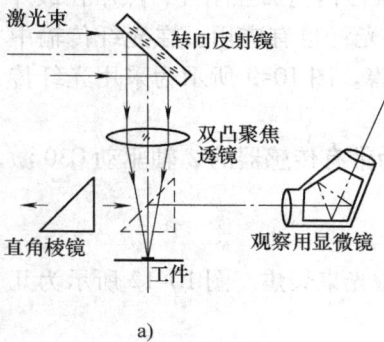

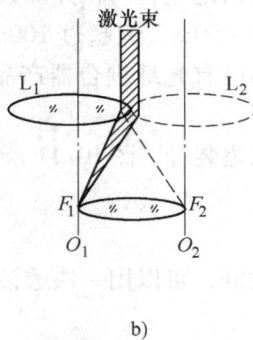

图 10-12　固体激光加工机的聚焦系统示意图

图 10-13　光学观察装置（20 倍目镜）

用激光进行微型打孔或微型焊接时，聚焦光斑尺寸与激光束的发散角和透镜的焦距成正比，所以为了减小激光的发散角，通常在光路系统中加准直扩束系统。图 10-14 所示为两种典型的准直扩束系统。这样激光束经过发散压缩后，入射光可以视为准平行光。图 10-15 所示为固体激光加工机的典型观察系统。

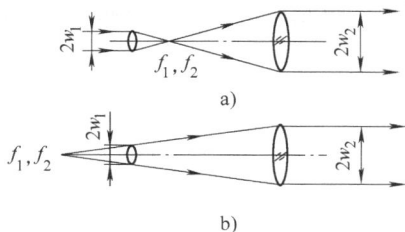

图 10-14　准直扩束系统示意图

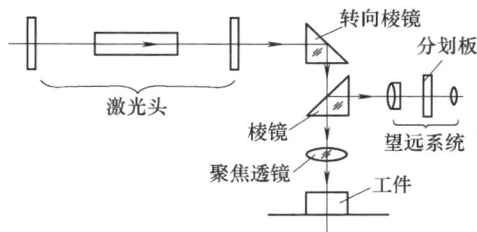

图 10-15　固体激光加工机的典型观察系统示意图

10.2　激光加工成套设备

10.2.1　激光打孔机

图 10-16 所示为 Nd：YAG 脉冲激光打孔/切割机。本机主要用于各种金属材料的激光打孔和切割，也可对部分非金属材料进行加工，具有热影响区小、效率高、加工成本低等特点。通过外部信号的联动控制，可方便地进行自动化/半自动化的工业生产。在航空航天设备、光通信设备、电真空器件、仪器仪表、计算机外围设备、纺织机械、汽车制造、核工业设备制造等行业中有着广泛的应用。

主要技术参数如下：

波长：$1.06\mu m$

脉冲能量：$0.5 \sim 80J$

脉冲频率：$1 \sim 100Hz$

图 10-16　Nd：YAG 脉冲激光打孔/切割机

10.2.2　激光切割机

图 10-17 所示为二轴联动的 CO_2 激光平面切割系统。

该平面激光切割系统是日本 MH1010 型二轴联动 CO_2 激光平面加工系统，工作台固定不动，光束沿 x 和 y 两维方向移动。

主要技术参数如下：

波长：$10.6\mu m$

输出功率：400W

模式：$TEM_{00} + TEM_{01}$

x 方向移动：1000mm

y 方向移动：1000mm

激光加工精度：±0.01mm

图 10-18 所示为五轴联动大功率 CO_2 激光加工机加工立体工件的照片，CO_2 激光器选用 ROFIN SINAR 公司的板条扩散冷却 CO_2 激光器，选用意大利 PRIMA 公司生产的立体 CO_2 激光器加工系统。该激光立体加工系统配有自动交换工作台，激光加工机床均为悬臂结构，采用飞动导光技术，床身轻巧灵活，开放性好，运行速度高。

主要技术参数如下：

波长：10.6μm

输出功率：2500W

光电转换效率：>24%

模式：$TEM_{00} + TEM_{01}$

图 10-17　二轴联动的 CO_2 激光平面切割系统

图 10-18　五轴联动大功率 CO_2 激光加工机加工立体工件的照片

五轴联动大功率 CO_2 激光加工系统，在切割和焊接任意形状的零件及材料时，具有精度高、热影响区小的特点，其自动排料功能可实现最快速度、最省材料、最低成本的排料。立体加工系统的切割、焊接功能可解决复杂空间曲面的激光加工难题。该机型广泛应用于轿车、造船、桥梁等生产线上的激光切割和焊接。

10.2.3　激光标刻机

图 10-19 所示为 HC-2000 型激光标刻机。

HC-2000 型激光标刻机标刻的特点是：非接触加工，可在任何异型表面标刻，工件不会变形和产生内应力；适合于金属、塑料、玻璃、陶瓷、木材、皮革、纸张等各种材料的标刻；标记清晰、永久、美观，并

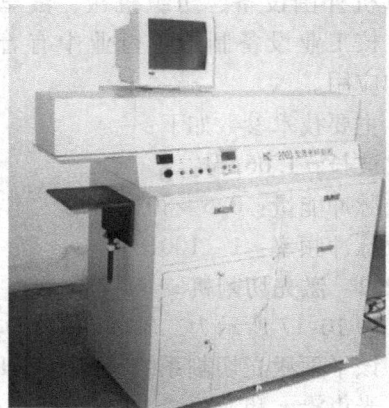

图 10-19　HC-2000 型激光标刻机

可有效防伪；具有标刻速度快、运行成本低，无污染等特点，可显著提高被标刻产品的档次。

　　HC-2000 型激光标刻机广泛应用于电子元器件、汽（摩托）车配件、医疗器械、通信器材、计算机外围设备的制造，以及烟酒、食品的防伪，钟表、冶金等行业。

　　HC-2000 型激光标刻机主要包括以下组件：①高速振镜头；②高速 D/A 控制卡；③AutoCAD R14 的二次开发软件；④Nd：YAG 激光器及 IGBT 恒流电源；⑤声光 Q 开关及高功率驱动电源；⑥高性能兼容计算机一台；⑦恒温冷水机组（选件）。

　　主要技术参数如下：

　　激光介质：Nd：YAG

　　波长：1064nm

　　声光调制频率：10～50 kHz

　　标记速度：200～3000mm/s（约 200 字符/s）

　　标记深度：0.01～0.2 mm

　　标记范围：85mm×85mm

10.2.4　激光焊接机

　　图 10-20 所示为 Nd：YAG 脉冲激光焊接机。本机主要用于微、小型金属零件的焊接，金属材料的激光打孔、切割等，也可以对部分非金属材料进行加工，可对金属零件进行点焊、缝焊及气密性焊接，具有焊点牢固、热影响区小、效率高、焊接成本低等特点。采用计算机控制可方便地对金属薄板进行任意图形的焊接、切割。在光通信设备、电真空器件、仪器仪表、计算机外围设备、纺织机械、汽车、核工业设备制造等行业中有着广泛的应用。

　　主要技术参数如下：

　　波长：1.06μm

　　脉冲能量：0.5～60J（可调）

　　脉冲频率：可达 200Hz

　　图 10-21 所示为轿车生产线上的 Nd：YAG 激光焊接系统，从图中可看到，YAG 激光由光纤传输，并由机器人控制，可实现空间曲面的 YAG 激光焊接。

图 10-20　Nd：YAG 脉冲激光焊接机　　　　图 10-21　轿车生产线上的 Nd：YAG 激光焊接系统

主要技术参数如下：

波长：$1.06\mu m$

输出功率：2kW

发散角：<5mrad

图 10-22 所示为激光复合焊接头。

图 10-23 所示为激光交流脉冲 MIG 复合焊接系统。

图 10-22　激光复合焊接头　　　　　图 10-23　激光交流脉冲 MIG 复合焊接系统

图 10-24 所示为机器人控制的激光焊接系统。

图 10-25 所示为三维激光焊接系统。

图 10-24　机器人控制的激光焊接系统　　　　图 10-25　三维激光焊接系统

图 10-26 所示为金刚石锯片激光焊接机。

10.2.5　激光毛化（刻花）设备

图 10-27 所示为激光毛化轧辊系统示意图。

图 10-26　金刚石锯片激光焊接机

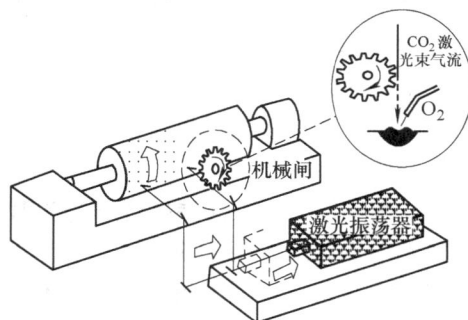

图 10-27　激光毛化轧辊系统示意图

从图 10-27 中可看到 CW CO_2 激光束通过一个斩波器调制，并聚焦在旋转的轧辊表面。从激光器输出的 CO_2 激光束一方面被斩波器调制，另一方面沿轧辊轴作直线运动，而轧辊本身沿其轴作旋转运动，使之激光束对整个轧辊表面进行毛化。轧辊和激光束在运动过程中，激光束从透镜到轧辊表面的相对光程不变。激光束通过一个高速旋转的斩波器进行脉冲调制，图 10-28 所示为激光的闸刀结构说明轧辊表面的预热机理。

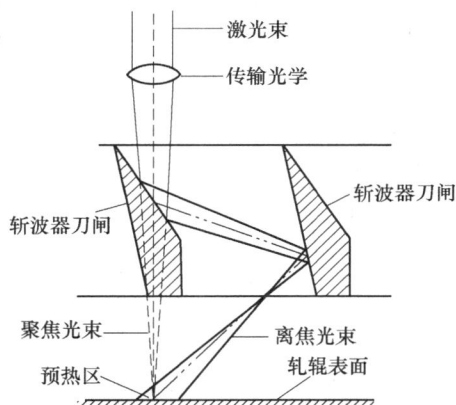

图 10-28　激光的闸刀结构

CO_2 激光轧辊毛化系统参数如下；

激光输出功率：1.5 ~ 3kW

激光峰值功率密度：$10MW/cm^2$

激光聚焦光斑：$100\mu m$

斩波器调制频率：25 ~ 45kHz

激光脉宽：10 ~ 50μs

10.2.6　激光表面热处理设备

图 10-29 所示为大功率 CO_2 激光表面热处理成套设备系统。

用激光热处理缸体、缸套可提高其耐磨性能，延长使用寿命，具有良好的经济效益。由高功率 CO_2 激光与通用数控机床组成的激光热处理系统，可对各种型号的发动机缸套进行处理，具有冷却速度快、热影响区小、硬度高、组织致密、耐磨性好等特点。

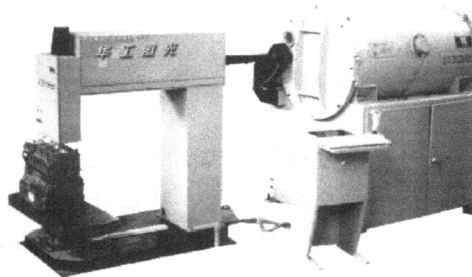

图 10-29　大功率 CO_2 激光表面热处理
成套设备系统

10.3　激光加工生产线中的检测与监控技术

高功率激光加工技术（尤其是激光焊接和表面热处理），在汽车、航天等领域的应用越来越广泛，同时人们也对激光焊接质量提出了更高的要求。影响激光焊接质量的因素比较多，例如激光功率、光束特性（模式、偏振等）、离焦量（工件表面偏离光束焦平面的大小）和焊接速度、辅助吹气等。在长时间连续激光焊接过程中，某些参数势必发生变化，例如在薄板激光焊接过程中，错边就是一种常见的误差。存在错边的情况下，焊接过程必然出现不同特征，焊接质量也会出现问题。因此激光焊接质量的实时检测和闭环控制是一个很重要的问题。

10.3.1　汽车传动轴激光焊接过程的实时检测

激光焊接监控智能化的关键之一是对熔池实时监视，因此，跟踪传感器的选择成为一个至关重要的问题。传感器可分为机械传感器、电传感器和光学传感器几种。在所有传感器中，光学传感器以其灵敏度和测量精度高、动态特性好、与工件无接触以及信息量大等特点，成为发展最快和采用最多的跟踪传感器。而 CCD 集成光学器件的应用，又使得光学传感器上升到视频传感器的新高度。

1. 采用光学方法检测激光焊缝质量

图 10-30 所示为采用光学方法检测激光焊缝质量的装置示意图。

（1）检测原理　采用光学传感器，通过在线检测光致等离子体信号来检测激光焊接质量。其检测原理如图 10-31 所示。

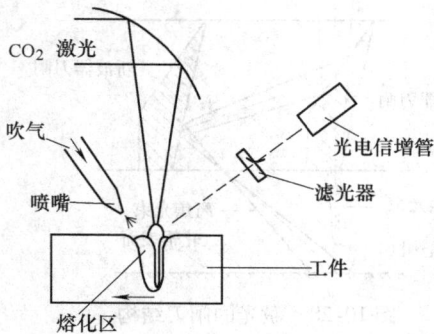

图 10-30　光学方法检测激光
焊缝质量的装置

图 10-31　检测原理图

通过光电二极管将等离子体起伏的信号转换成电信号，信号经过放大器放大，由于等离子体起伏信号是高频信号，故需通过低频滤波器滤波，然后将检测到的等离子体起伏信号与标准信号（信号不产生起伏）比较，最后从输出端输出信号。通过信号的识别和判断，则可检测出激光焊缝质量。

（2）激光焊接的实时检测　根据上述光电检测原理，可以对激光焊缝质量进行实时检测。

1）焊缝间隙的检测。图 10-32 所示为激光诱导等离子体的强度起伏。

在激光对焊中，如果焊接效果不好，则在焊缝内有间隙。

图 10-33 所示为激光焊接过程中输出的信号。

在焊接前先在焊道处打一个 1mm 直径的小孔，当激光束作用孔内时，等离子体逸出。

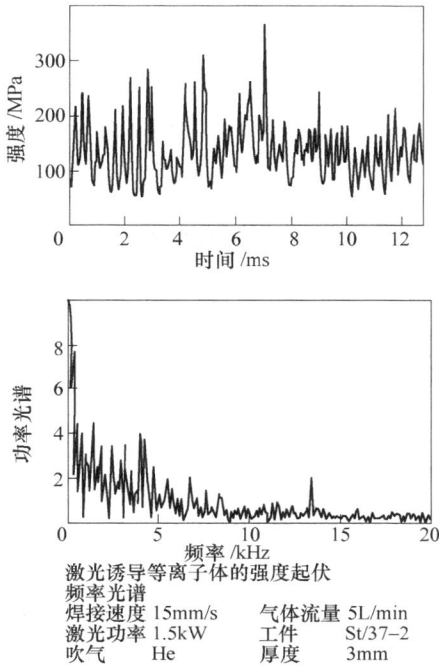

图 10-32　激光诱导等离子体的强度起伏

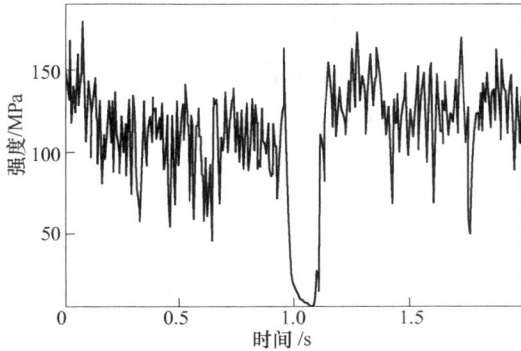

图 10-33　激光焊接过程中输出的信号

这时输出端没有信号输出。在经过 0.1s 后，等离子体又重新出现，这个时间就是近似通过孔的时间，于是焊道内孔的直径则可以根据焊接的速度计算出来。这里值得指出的是，等离子体信号是高频信号，正如前述，它可以通过低频滤波方法解决，截止频率为 100Hz。

2）焊件上的油脂斑。在制作焊件时焊件的焊缝可能存在油脂斑，在激光焊接过程中，油脂会对激光产生高反射，所以只有较少的能量耦合到等离子体。这时在焊道内观察到较弱的输出信号（见图 10-34）。

焊接后对焊件分析可知，焊件在此处没有完全焊透，所以等离子体检测方法也可用来检测焊件未被焊穿的情况。

3）激光聚焦光斑的漂移。在激光焊接进行之前另一个失效的原因是激光束作用点位置的漂移。由于激光光学元件受热会引起变形，使得激光束聚焦光斑位置会产生漂移。光斑的漂移会造成焊接部位的光束能量密度的降低。图 10-35 所示为聚焦漂移的检测情况。聚焦 1.2s 后漂移最佳位置 1.0mm。

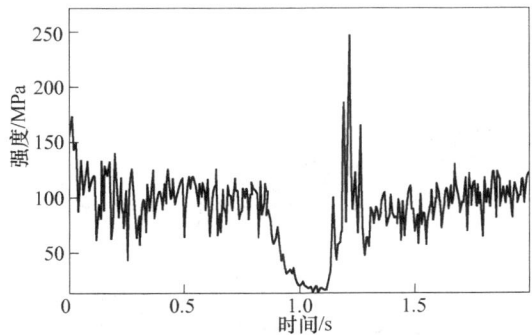

图 10-34　与焊接轨迹相对应的油脂轨迹的检测

4）焊接材料厚度的变化。如果在激光焊接中，激光功率和焊速被确定，则焊接可达到一个最大的焊深。图 10-36a 所示为一个最大的焊接厚度。

采用 1.6kW 激光功率，焊件较薄的一端被完全焊透，焊件较厚的一端（右边）没有完全熔化。图 10-36b 所示为等离子体在板较厚的一端有较强的等离子体信号。这是由于材料

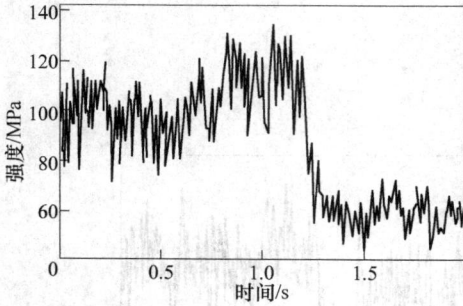

图 10-35　聚焦漂移的检测

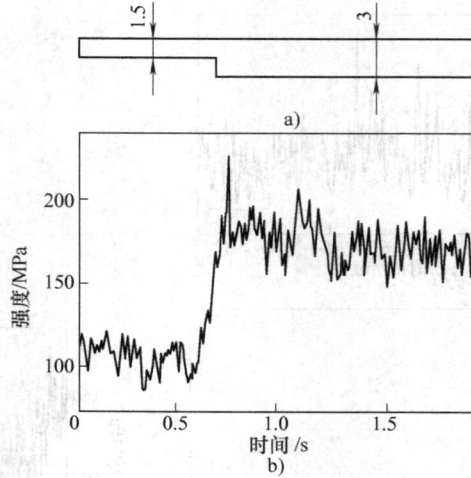

图 10-36　不同厚度钢板的激光焊接

a）材料的横截面　b）等离子体辐射

的动力学行为引起的。在焊件左端，焊缝在焊件上表面和下表面均是连通的，这时等离子体在上、下表面均被辅助气体吹开而使等离子体信号变弱。而在板较厚的一端，等离子体仅在焊件上表面被吹开，故此处等离子体辐射比左端要强。所以通过检测等离子体信号可以检测焊接深度的误差。

下面以法国雷诺（RENAULT）汽车公司采用激光焊接新车型"SAFRNE"的传动轴为例，说明整个激光焊接示范过程。图 10-37 所示为雷诺车外型。

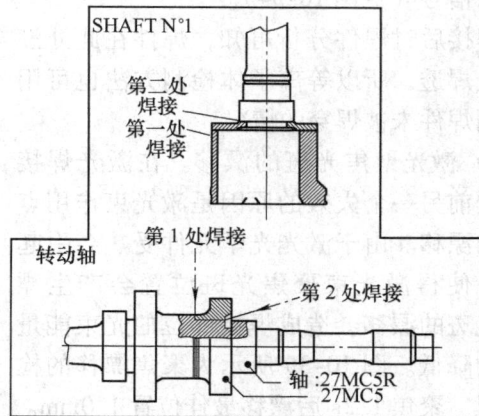

激光焊接传动轴部位和焊缝质量要求见图 10-38，从图 10-38 中可看到，激光焊接两个部位。第一个部位的焊缝形状复杂，且厚度在改变。焊缝处材料也不同，一种为 1042 钢，另一种材料为 1008 钢。第二部分需要作径向圆周焊和轴向圆周焊。

图 10-37　雷诺车外型

图 10-38　激光焊接传动轴部位

对激光焊接的要求如下：

1）激光焊接后轴的破坏小，变形小。

2）激光焊接要与生产线连接。

3）焊接有好的焊缝质量，焊缝区在轴加载和未加载检验时有好的金相结构和力学性能。

2. 焊接的工艺参数

对于第一个部位的焊接：①由于焊接复杂，焊缝由圆弧和直线组成。因此，当焊件旋转时，焦点的变化大于 10mm。光束的入射角也发生改变。②由于形状复杂，当以一个固定速度旋转时，激光焦点的线速度也随半径发生改变。③由于连接处的厚度改变，导致焊接深度随之改变。在激光焊接过程中，为了保证一定的焊接深度，工件旋转速度要相应改变。

第二个部位焊后要经过 2×10^5 次循环强度试验，扭矩为 $\pm 10^4 N \cdot m$。由于连接处半径较小，再加上应力强度因素，第二部位的焊接深度必须达到 5mm。

激光焊接工艺参数如下：

激光功率：4kW $\pm$ 0.2kW

聚焦透镜焦距：$f = 200mm \pm 2mm$ 聚焦头移动始终保持在焊件表面一定距离

焊接速度：120cm/min

光束入射角：$\dfrac{\pi}{6} \times$ 半径。

吹气喷嘴：高度 $H = 7mm$，直径 $D = 6mm$

吹气气体：Ar

Ar 气体流量：8L/min

吹气 Ar 气流量：20L/min

焊件材料成分也有一定的影响，如果钢中硫的含量高。焊接时容易产生裂纹。图 10-39 所示激光焊缝截面照片和吹气嘴的相对位置。

3. 激光焊接设备系统

（1）传动轴第一部位的激光焊接设备（见图 10-40）

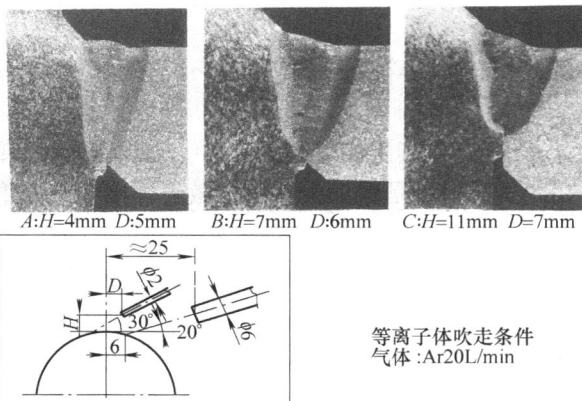

A:H=4mm D:5mm　　B:H=7mm D:6mm　　C:H=11mm D:7mm

等离子体吹走条件
气体：Ar20L/min

图 10-39　等离子体吹气条件

图 10-40　轴在加载和未加载的情况

1）采用 5kW 横流 CW CO_2 激光器（Rofin Sina 860）。

2）从激光器到激光焊接头的光路有保护装置。

3）焊接头固定在可沿 x、y 轴运动的支撑架上，焊接头可在 x、y 平面作两维运动，准确地说，它适合这两个部位的焊接。

对于第一个焊接部位，焊接头沿旋转轨迹作一个方向运动。而焦点位置在焊件表面不变。

对于第二个焊接位置，焊接头相对圆周位置维持不变。

焊接头由一块平面转向镜和一个抛物聚焦镜组成，焊接时，抛物镜将激光束聚焦到工件上，与工件焊缝处相距约 200mm。

4）机械部分。机械部分是由四个旋转工作台组成。

① 配置 A 是三个部件，这三个部件支撑着传动轴和未加载的被焊接的传动轴。

② 配置 B 相对于配置 A 来说是激光焊接配置。在这里以相同次序，首先焊接 1，紧接着焊接 2。

③ 配置 C 包含检测连接处的激光功率计；考虑到激光光路系统的实际损耗，要将激光功率控制在焊接过程允许的误差范围内。一旦误差超过 50W 则通过 AMDEC 分析能反馈到激光器进行功率补偿。

④ 配置 D 是激光焊接轴的激光打标系统。

（2）传动轴第二个部位的激光焊接设备　通过保护光路系统中的两个固定的焊接头提供 3kW 激光束。第一个焊接头是作径向圆周焊接，第二个配置焊接头是通过两块换向反射镜将激光束用作轴向圆周焊接。

整个机械系统由两个配置组成：一个是加载和未加载的传动轴，第二个是能精确进行激光焊接。

4. CNC 控制系统

通过数控系统（NUM > 60）控制激光焊接整个过程，包含：激光焊接周期的序贯功能和逻辑功能；工作台和焊接头的伺服位置功能；过程运行功能，例如通过这些功能对运行参数的控制等。采用通过检测焊接时的等离子体辐射来进行激光焊接质量的实时在线检测和控制。

10.3.2　钢板激光拼焊过程的实时检测

近来年，国内外的研究主要针对激光焊接过程中光致等离子体产生得声、光、电、热等信息进行提取寻找特征信号。

在激光焊接中，焊速可达 10m/min 以上，在高速连续激光焊接过程中，如果出现焊接缺陷，将在极短时间内造成大量废品，实现在线实时检测是保证生产线中激光焊接质量的重要环节。

华中科技大学设计的信号处理及反馈控制系统通过将声、光传感器所采集的信号放大、滤波，双项比较后进行 A/D 转换，再将数字信号由微机进行处理，对激光输出功率、焊接速度、等离子体工艺参数进行控制，实现最佳工艺参数的组合。

实时检测是实现闭环控制的第一步。检测焊接过程中工作区的发射信号一直是监测焊接质量的重要手段。目前在线监测激光焊接质量的方法很多，主要有声学法、超声探测法及光、声监测等。

在实际的激光焊接过程中，以在工作区产生耀眼的蓝光并有"咝咝"声为焊接质量较好的标志，但由于可见、可听范围内信号干扰大而不适合作为检测信号。可通过检测等离子体谱线和等离子体的声谱来检测激光焊接质量。但这种方法缺乏直接反映激光熔池状态的信号，而且与光信号相比，声信号传播速度较慢，不宜作实时控制。也可采用双波段信号监测法，同时检测工作区近红外（IR）和紫外（UV）辐射。

所用聚焦透镜材料为 GaAs，焦距为 119mm，紫外探测器采用国产 UV—Ⅱ 型紫外探测器加上紫外滤光片（通过波长为 200 ~ 400nm），红外探测器采用日本锗探测器加上红外滤光片（通过波长为 1 ~ 2μm）。在探测信号时，首先预处理（滤波、放大），再由数据采集卡输入计算机进行记录与分析。

图 10-41 所示为激光焊接过程中的双波段信号。图中所用工艺参数为：激光焊接功率为 2kW，焊接速度为 75cm/min，辅助吹气所用气体为氮气，吹气量为 15 L/min，样品为 2mm 的 45 钢板。在整个焊接过程中，都有耀眼蓝光出现。图 10-42 所示为激光焊缝的形貌。可见，在这种参数条件下焊接得到的为成功的焊缝。

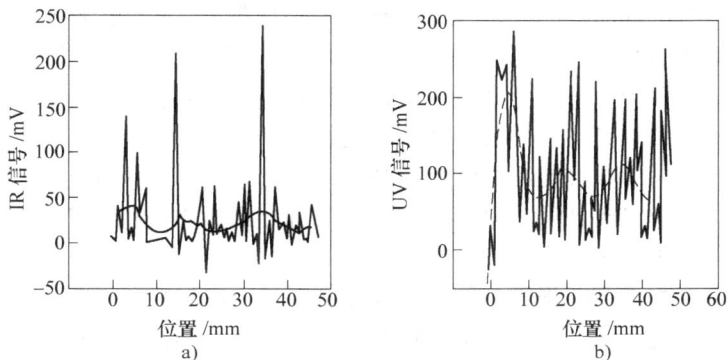

图 10-41　激光焊接过程中的双波段信号
a）红外信号　b）紫外信号

图 10-42　采用适当离焦量所得的激光焊接缝形貌

当焊接参数改变，例如离焦量改变时，双波段检测的信号也会变化，如图 10-43 所示。这时激光焊接质量如图10-44所示。

在激光焊接过程中，通过对激光焊接过程的监测实现闭环控制。激光焊接的在线监测是

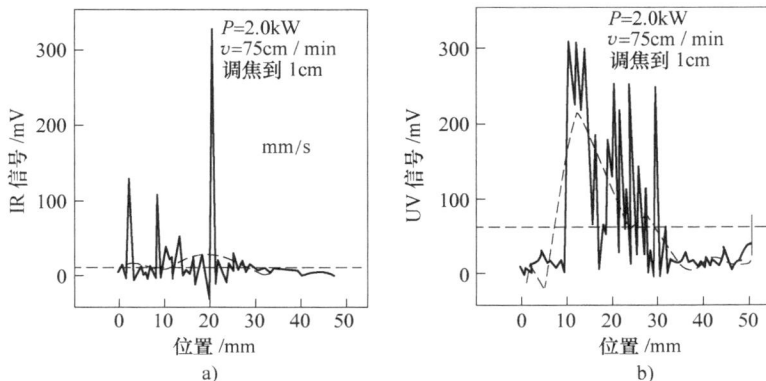

图 10-43　调节聚焦镜所得的双波段信号
a）红外信号　b）紫外信号

实现闭环控制的第一步。

闭环控制可实现从坏的焊接结果到好的焊接结果之间的转变，甚至可实现从变坏的趋势到变好的趋势之间的转变。例如在轿车生产线

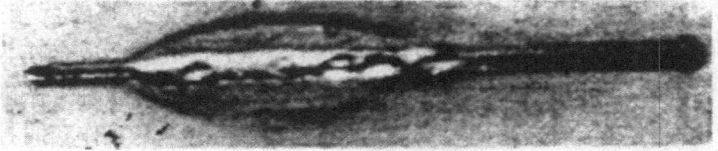

图 10-44　激光焊接质量

上，可通过监测激光焊接过程（监测激光焊接时等离子体的光、声信号）来及时发现激光焊接中出现的缺陷（气孔、过热、未焊透等）。如果监测到缺陷，则将及时反馈到激光焊接自动控制系统，再调整（修正）某些参数以得到良好的激光焊接质量。

在激光表面热处理过程中，对材料表面的温度场、浓度场、速度场和应力场等需进行计算机模拟，其工艺过程反馈到自动控制系统包括两个方面：一方面将激光表面改性过程中的主要工艺参数最佳配合后反馈到自动控制系统，实现实时最佳配合闭环反馈自动控制调整，以保证激光改性层质量的稳定。另一方面是激光改性层质量主要指标的实时监测，自动鉴别过程是否稳定正常。

国内外已有报导，可采用快速高温计、高温成像 PID 控制单元等来实现激光表面热处理过程工艺参数及性能指标的控制。激光功率控制能使表面温度最大变化由原来的 100 倍减少至 4 倍，可实现对激光表面改性精确控制的目的。

第 11 章　激 光 安 全

激光具有能量，激光辐射对人体尤其是眼睛都有一定的危害，故需对激光的安全进行了解，并对激光进行安全防护。

激光对人身的危害主要表现在：对眼睛的损伤、对皮肤的伤害、电危害、烟雾危害等几方面。

11.1　激光安全标准

许多国家和部门都建立了自己的激光安全防护标准，但最近激光协会已开始建立一个统一的标准，安全标准涉及到激光制造商设备和操纵人员两个方面。安全标准可以是官方法律上规定的，也可以是单位自己的标准，例如，1993 年电子技术协会在其他激光安全标准基础上制定了自身的 IEC851—1 激光安全标准。最早的激光安全标准是 1984 年建立的，1990年对标准进行了修订。激光安全标准覆盖了激光器、制造商和操作人员。这个标准一直使用到 1997 年，到 1997 年下半年重新进行了修正。

欧盟的电子技术标准（CENELEC）也采用了 IEC825 作为欧盟标准取代了 EN60825。欧盟 EN60835—1 标准与 IEC825—1 标准一致，到 1996 年对标准进行了重新修订。现在欧盟仍采用 EN60825—1 作为产品的坚定标准。它超过 EC 和 EFTA 国家激光安全标准。

美国的国家标准协会（ANSI）在 1993 年也颁布了 ANSTZ—1 标准。它与欧洲的 IEC 标准在某些方面有些差别。这些差别经过双方协调后在 1998 年重新公布了一个类似的新标准。

激光加工是欧盟标准（CEN）和美国标准（ISO）中的一个特例。因为一般来说也是机械设备中的一部分。于是在 1996 年由 ISO 瑞士等国家制定了一个机械和激光加工设备的 ISO11553 安全标准。这个标准是机械设备安全标准 EN292 的第一和第二部分，也是机械安全 1992 年的 ISO/Tr2100 标准的第一和二部分。

上述标准对工程控制、提供的防护仪器工艺过程和装备以及某些特殊控制等方面提供了一个指导的原则。激光加工设备近似于第四类激光设备。它也应该有一个安全员了解这些安全规则。符合这些规则的激光设备是安全的，违背这些规则将会发生事故。

11.2　安全极限

激光束照射眼睛会使眼睛背面视网膜遭到潜在的损伤，激光作用到眼视网膜上，经过眼球透镜的聚焦对激光作用的功率密度将放大 105 倍。这意味着处于可见光波长或接近可见光波长的激光器（Ar 离子激光、He-Ne、Nd：YAG）的激光等对眼睛的损伤程度远远超过这些波长范围外的波长（CO_2 激光、准分子激光）。不同激光波长对人体的损伤列于表 11-1。

表 11-1　不同激光波长对人体的损伤

激光器类型	波长/μm	生物效应	激光生物危害			
			皮肤	角膜	眼球（透镜）	视网膜
CO_2	10.6	热理	×	×		
H_2F_2	2.7	热理	×	×		
Er：YAG	1.54	热理	×	×		
Nd：YAG	1.33	热理		×	×	×
Nd：YAG	1.06	热理		※※		×
GaAs 二极管	0.78~0.84	热理		※※		×
He-Ne	0.633	热理	×		×	
Ar^+	0.488~0.514	热理，光化学				×
XeF	0.351	光化学	×	×	×	
XeCl	0.308	光化学		×		
KrF	0.254	光化学		×		

注：×—较严重损伤；※—严重损伤；※※—最大损伤。

1. 眼睛损伤

通过实验已找到激光对眼睛瞳光的极限，确定为最大的曝光水平（MPE）。高于安全范围内的激光功率和曝光作用时间均会损伤眼睛，低于这些激光功率密度和曝光时间，眼睛是安全的。例如对于 He-Ne 激光来说，1mW 的激光功率光斑直径为 3mm，其激光入射的功率密度为 $0.014W/cm^2$，那么到达眼睛视网膜上则有 $0.014W/cm^2$ 的激光密度。在这个功率水平范围的致盲的反射不得超过 0.2s，这是对应于第二类激光器的最小曝光 MPE 水平（见表 11-2）。上述 MPE 是假定所有激光辐射全部射入眼睛瞳孔内。

表 11-2　第二类激光器的最小曝光 MPE 水平

激光器的分类	说　明
1	保证安全在 1ns 内少于 0.2μJ，在 1s 脉冲期间少于 0.7mJ
2	眼安全范围连续激光器 <1mW
3A	对反射光和光斑作用区对 $2W/m^2$ 的激光功率密度要小于 5MW（或者 5mW，输出 16mm 光斑直径）
3B	从漫反射对于 1ns 激光脉冲要小于 2.4mJ，或者对可见光要小于 0.5W
4	全部的高功率激光器，直接观察不安全，或者有漫反射可引起着火
	必须采取安全防护

一台激光器周围的激光辐射强度超过了最大曝光水平则定义为危害区。这个区域叫标准危害区。这个危害区的范围可以根据从激光谐振腔输出的光束扩展到透镜或者光纤以及工件的漫反射等数据来计算。例如，对于一台 2kW CO_2 激光器，发散角为 1mrad，那么依据 MPE 水平计算可得到：激光功率密度为 $0.01W/cm^2$，这个区域将以 504cm 为直径，距离为 5020m 远。这意味着人们为了安全必须远离激光，在上述范围之外。但可以通过一些保护屏或者对光路进行封闭来加以防护。因此，在人们接近工作的激光时，一条原则是不能直接对视激光束，就好像不能对准"枪口"一样。

2. 皮肤的损伤

对皮肤的损伤也有一个最大的曝光水平（MPE），这是远远大于眼睛安全的水平，所以实际上是没有关系的。激光能打穿人体犹如激光穿透钢板那样快，所以聚焦后的激光束要特别注意。激光对皮肤的损伤主要表现在皮肤起泡或者切开。它不能像伤口那样去清洗，和对眼睛的伤不一样。如果皮肤被激光烧伤甚至会流血，所以要特别小心。

一般原则是不要将身体任何部位置于激光束的光路中。在调整光路时，手应置于光学镜的边缘。

3. 电危害

对于任何一台激光器均有一个泵浦系统，尤其对常用的激光材料加工系统（如 CO_2 激光、Nd：YAG），均有一个电源系统、一台典型 CO_2 激光器。它需要一个高压触发，其电压达 30kV，电流达 300mA，这个供电系统是危险的。工作时操作人员必须按照标准程序来操作。在电源系统中含有大量电容，所以甚至当使用总电源开关时，电源系统要接地来加以保护。同时必须在激光器系统或出口的地方安装紧急保险开关。另外高电压电路必须进行保护，这是常识。

4. 烟雾危害

在激光材料加工中产生的高温与材料作用会产生蒸气雾。尤其在加工有机物或木材等非金属材料时，会产生很多分解物形成烟雾。有些烟雾含有机化学物质，对人体造成危害。故在激光加工系统中除了房间通风设备好以外，更重要的是对激光加工过程中产生的烟雾要及时由排风设备抽走。表 11-3 列出了激光切割非金属排除分解物情况。

表 11-3　激光切割非金属排除分解物情况

分解产物	激光切割非金属排除的主要分解物 材料				
	聚酯	皮革	PVC 塑料	可伐	Kevlar/Epoxy
乙炔	0.3 ~ 0.9	4.0	0.1 ~ 0.2	0.5	1.0
CO_2	1.4 ~ 4.8	8.7	0.5 ~ 0.6	3.7	5.0
HCl			9.7 ~ 10.9		
氰化物				1.0	1.3
苯	3.0 ~ 7.2	2.2	1.0 ~ 1.5	4.8	1.8
NO_2				0.6	0.5
苯乙炔	0.2 ~ 0.4			0.1	
苯乙烯	0.1 ~ 1.1	0.3	0.05	0.3	
甲苯	0.3 ~ 0.9	0.1	0.06	0.2	0.2

11.3　激光安全培训

激光材料加工系统大多是 3B 和 4 级激光设备，不仅对使用者而且对相应距离范围内的其他人员均可能造成危害。所以只有受过一定专业水平训练的人员才可能被安排来操作该系统。

激光训练内容包括以下方面：

1）熟悉激光加工系统的加工过程。

2）正确执行危害操作步骤，正确使用安全警告标志等。

3）所需要的个人安全防护。

4）事故报告程序。

5）激光对眼睛和皮肤的生物效应。

在激光安全管理中，激光加工系统的主管工作人员有重要责任，主要包括以下方面：

1）教育和培训工作人员，对有关激光危害及其操作的教育和培训。

2）对激光危害的控制，只有对激光危害作出满意的控制后，主管人员才允许起动激光设备。

3）对激光安全提供安装和改造，在激光安全员批准后才可执行。

4）提供设备使用资料，告知有潜在激光危害的地方。

5）妥善处理实际的激光安全事故，对出事故的人员进行必要的医学检查。

在激光安全管理中，激光设备操作人员的责任包括以下方面：

1）激光设备操作人员只有在主管人员允许情况下才能操作激光设备。

2）在被允许的情况下，才可停留在激光运行的激光设备附近。

3）遵守激光安全规则，按安全规则操作激光设备。

4）报告激光安全事故，并妥善处理。

参 考 文 献

[1] 闫毓禾，钟敏霖. 高功率激光加工及其应用 [M]. 天津：天津科技出版社，1994.

[2] 郑启光，辜建辉. 激光与物质相互作用 [M]. 武汉：华中理工大学出版社，1996.

[3] 吕百达. 激光光学 [M]. 成都：四川大学出版社，1992.

[4] 曾秉斌. 激光光束质量因子 M^2 的物理概念 [J]. 应用激光，1994 (3)：104.

[5] 曹明翠，郑启光，等. 激光热加工 [M]. 武汉：华中理工大学出版社，1995.

[6] 左铁钏. 21 世纪先进制造——激光技术工程 [M]. 北京：科学出版社，2007.

[7] TERRY L. Precision Drilling with OFC [J]. Industrial Laser Solutions for Manufacturing, 2004 (5)：20.

[8] 辛健. 激光微加工技术在印刷电路板中应用 [J]. 激光与光电子学进展，2005 (2)：48.

[9] 张魁武. 国外激光加工实例 [J]. 激光与红外，1996 (3)：207.

[10] 施志果，等. 第三代数字计算机 [J]. 国外激光，1994 (4)：23.

[11] Willian M Steen. Laser Material Processing [J]. Springer- Verlag London Limited, 1998.

[12] 中村昭. プラズマ切断かしザ切断か [J]. 溶接技術，1991 (5)：71.

[13] 通斌章. CO_2 しザ光学部品 [J]. 溶接技術，1993 (11)：102.

[14] 施志果，等. 激光切割符合家具制造商的质量要求 [J]. 激光与光电子学进展，1996 (4)：32.

[15] Li Lijun, et al. A Study of Three- Dimensional Machining of Ceramics Proceeding of 2nd International Conference on Manufacturing Technology [D]. 1993.

[16] 刘劲松. 三维激光烧蚀加工的机理与加工精度 [D]. 长沙：湖南大学. 1997.

[17] 刘忠贵. 激光打标技术在汽车工业中的应用 [J]. 激光集锦，1997 (5)：58.

[18] 武申浩郎. YAG しーザ加工 [J]. 溶接技術，1993 (3)：149.

[19] 晓晨. 用 Nd：YAG 激光加工玻璃内部结构 [J]. 激光与光电子学进展，1996 (3)：149.

[20] L G Hector, et al. Focused Energy Beam Work Roll Surface Texturing Science and Technology [J]. Journal of Materials Processing and Manufacturing Science, 1993, 112：63-117.

[21] 田乃良，郑启光. 硬质合金与碳钢的激光焊接机理研究 [J]. 中国激光，1996 (4).

[22] 荒谷雄. レーザ加工技術の関連報 [J]. 溶接技術，2004 (1)：153.

[23] 小野守章. レーザによる表面処理鋼板の溶接 [J]. 溶接技術，2004 (11)：97.

[24] 郑启光. 激光先进制造技术 [M]. 武汉：华中科技大学出版社，2002.

[25] 郑启光，等. 齿轮激光深熔焊的研究 [J]. 华中理工大学学报，1991, 9 (6).

[26] 唐霞辉. 激光焊接金刚石工具 [M]. 武汉：华中科技大学出版社，2004.

[27] 朱海红，唐霞辉，等. 金刚石锯片的激光焊接设备与工艺研究 [J]. 激光技术，2000, 24 (3)：141- 144.

[28] 王凤荣，张晋远，等. 关于钴基胎体材料金属粘结剂的应用研究 [J]. 金刚石与磨料磨具工程，1998 (4)：2- 6.

[29] 宋月清，甘长炎，等. 预合金粉末在金刚石工具中的应用研究 [J]. 金刚石与磨料磨具工程，1997 (1)：2- 7.

[30] 何艳艳，唐霞辉，等. 混凝土专用激光焊接锯片的研制 [J]. 金刚石与磨料磨具工程，2002 (3)：35- 37.

[31] 朱海红，唐霞辉，等. 激光焊接金刚石锯片焊缝强度的研究 [J]. 激光技术，1998, 22 (5)：275- 276.

[32] 王家全. 激光加工技术 [M]. 北京：中国计量出版社，1992.

[33] 史晓强, 李力钧. 金刚石锯片的激光焊接工艺参数试验研究 [J]. 中国激光, 1999, 26 (4): 379-383.

[34] 金湘中, 李力钧. 激光焊接金刚石锯片在制造业中应用 [J]. 机械工艺师, 1999 (6): 9-10.

[35] 朱海红, 唐霞辉, 等. 激光焊接技术在粉末冶金材料中的应用 [J]. 粉末冶金技术, 2000, 18 (2): 117.

[36] 王玉英. 半导体激光器在焊接汽车塑料零件中的应用 [J]. 激光技术与应用, 2006 (1): 27-30.

[37] 松下 直久, 饭田 进. 情报家电じずりる精密・微细加工 [J]. 溶接技术, 2004 (10): 68-70.

[38] Hans Keebner. Industrial Applications of Lasers [M]. New York: Plenum Press, 1984.

[39] 李泉华. 激光热处理在汽车生产线中的应用 [J]. 激光集锦, 1997 (5): 20.

[40] 汪洪海, 郑启光, 等. Ti、Al 合金的激光气相氮化 [J]. 中国激光. 1998 (10): 955.

[41] 石世宏, 郑启光. 耐酸不锈钢表面激光熔覆层控制的研究 [J]. 光学技术, 1999 (2).

[42] 石世宏, 等. 激光熔覆与堆焊成分稀释度对比研究 [J]. 激光杂志, 1998 (4).

[43] 石世宏, 郑启光, 等. 耐酸不锈钢表面激光熔覆层耐腐蚀研究 [J]. 光学技术, 1999 (2): 54-56.

[44] 王忠柯, 郑启光, 等. 激光熔覆硬质合金中颗粒相行为特征 [J]. 金属学报, 1999 (10): 1027.

[45] 郑启光, 等. 激光金属表面陶瓷化的组织结构 [J]. 华中理工大学学报, 1993 (2): 41.

[46] 郑启光, 童杏林. 激光熔覆多元复合硬质合金覆层结构的研究 [J]. 中国机械工程, 2004 (1).

[47] 石世宏, 付戈雁. 多冲载荷表面熔覆层覆盖形式与基体开裂 [J]. 激光杂志, 2003 (6): 66-68.

[48] 胡木林. 激光熔覆材料相容性的研究 [D]. 武汉: 华中科技大学, 2001.

[49] 许伯藩. 双层预覆层对激光熔覆金属陶瓷层的影响 [J]. 中国激光, 1998, 25 (8): 763-767.

[50] 许华, 郑启光, 丁周华, 等. 电磁搅拌辅助激光熔覆硬质合金的研究 [J]. 激光技术, 2005 (5): 449-451.

[51] 郑启光, 等. 激光快速上釉非晶组织结构的研究 [J]. 中国激光, 1993 (10).

[52] 黄妙良, 等. 非金属材料激光诱导化学局域镀覆金属的研究 [J]. 激光与光电子学进展, 1998 (1): 11.

[53] 何毅, 等. 扫描激光雷达的视场角和角分辨率 [J]. 激光与光电子学进展, 1998 (10): 32.

[54] 叶建华. 激光快速成型技术 [J]. 激光与红外, 1996 (3): 206.

[55] 陈丽江等. 快速制模工艺——激光辅助的产品研制革新 [J]. 激光与光电子进展, 1997 (4): 6.

[56] 颜永年, 等. 快速成型技术的功能集成研究 [J]. 中国机械工程, 1997, 18 (5): 13.

[57] 赵万华, 等. 光固化快速成型中复杂零件型面精度形成机理研究 [J]. 中国机械工程, 1997, 18 (5): 37.

[58] 冯涛, 等. 用选择性激光烧结实现快速精密铸造 [J]. 中国机械工程, 1997, 18 (5): 21.

[59] 黄树槐, 等. 快速原型制造技术的进展 [J]. 中国机械工程, 1997, 18 (5): 8.

[60] 谭永生, 王健. 快速成型技术进展 [J]. 航空工艺技术, 1997 (增刊): 21.

[61] 谭玮, 等. 激光快速成型系统中激光数控电源的总体设计方案 [J]. 中国机械工程, 1997, 18 (5): 40.

[62] 谢绍安, 等. 快速制模法加速模型制造. 激光与光电子进展, 1998 (1): 34.

[63] Narendra B Dahotre. Laser in Surface Engineering [J]. ASM International Materials Park, 1998.

[64] 郑启光, 陶星之, 等. 激光烧结合成 Al_2O_3-WO_3 材料的结构及特性 [J]. 华中理工大学学报, 1995, 23 (3): 5-9.

[65] 李家容, 郑启光, 等. CO_2 激光合成氧化陶瓷 [J]. 中国激光, 1991, 18 (5): 770-774.

[66] 辛建辉, 郑启光, 等. 高功率 CO_2 激光熔凝 ZrO_2 [J]. 无机材料学报, 1995, 10 (1): 76-80.

[67] 唐娟, 等. 紫外激光器及其在激光加工中的应用. 激光技术及应用, 2007, 44 (8): 55.

[68] Muenchausen R E, et al. Effects of Beam Parameters on Excimer Laser Deposition of $YBa_2Cu_3O_{7-x}$ [J].

Appl Phys Lett, 1990, 56 (6): 578.

[69] 刘大明. 激光沉积超导薄膜过程中的等离子体研究 [D]. 武汉: 华中理工大学激光技术与工程研究院, 1993.

[70] 魏柯, 麦捷夫. 激光工艺与微电子技术 [M]. 吴国安, 邓存熙, 译. 北京: 国防工业出版社, 1997.

[71] 汪洪海. 反应式脉冲激光溅射沉积 AlN 薄膜及其性质的研究 [D]. 武汉: 华中理工大学激光技术与工程研究院, 1998.

[72] Sajjadi A, et al. Laser Ablation Deposition of Uniform Thin Films of Bi2Sr2CaCu$_2$O$_x$ [J]. Appl Surf Sci, 1990, 46 (1~4): 84.

[73] Kennedy, Robin J, et al. New Laser Ablation Geometry for the Production of Smooth Thin Single-layer YBa$_2$Cu$_3$O$_{7-x}$ and Multilayer YBa$_2$Cu$_3$O$_{7-x}$/PrBa$_2$Cu$_3$O$_{7-x}$ Films [J]. Thin Solid Films, 1992, 214 (2): 223.

[74] Vispute R D, et al. Growth of Epitaxial GaN Films by Pulsed Laser Deposition [J]. Appl Phys Lett, 1997, 71 (1): 102.

[75] Вейко В л, КайлаНоВ А. илокаlb НоелазерНое КоНэТруироВа-(Н) Не В алекТроииоЙ ТоНкиХ ПлеНок [J]. НаВесТНи РАН Сер физииескаl, 1999, 2 (4): 125.

[76] John C Ion. Laser Processing in Engineering Materials [M]. Burlington. Elsevier Butterworth-Heinemann. 2004.

[77] E Delord, et al. Laser welding production of transmission shafts for the automobile industry [J]. I SATA Florence, 1992: 339-446.

[78] 田 道忠, 電子部品溶接 [J]. 溶接技術, 2004 (6): 63-68.

[79] 沓名 宗春, 最近 加工機用 [J]. 溶接技術. 2004 (1): 74-79.

[80] TRUMPF Total. Laser Technology Prepared Answer Global Automotive Needs [J]. Automotive Body, 1997, 2 (2): 20.

[81] E Delord et al. Laser welding production of transmission shafts for the automobile industry [J]. ISATA Silver Jubilee International Symplsiam on Automotive Technology and Automotion Florence, 1992: 95-184.

[82] 骆红. 马口铁激光焊接质量的实时声光监测 [J]. 华中科技大学学报, 1993 (4): 95.

[83] 雒江涛. 双波段信号实时监测高功率激光焊接 [J]. 中国激光, 1997 (9): 844.